遨游大学数学

杨　明　编著

东南大学出版社
SOUTHEAST UNIVERSITY PRESS
·南京·

内 容 提 要

数学对人类社会进步具有重要作用,数学教育一直是人才培养的重要方面。本书对大学数学中最基础的微积分、线性代数和概率统计做了系统扼要的介绍,突出重要的数学概念、数学思想和数学应用,语言平实易懂,同时配有适当的例题和习题,难易兼顾,层次分明,适合自学。本书是快速入门大学数学的基础性书籍,适用于普通高等教育的建筑、外语、人文、历史、艺术、法律、设计、管理等人文社会科学专业,对于理工科专业学生也是十分适合的参考书。

图书在版编目(CIP)数据

遨游大学数学 / 杨明编著. — 南京 : 东南大学出版社, 2022.9(2023.10 重印)

ISBN 978-7-5766-0231-9

Ⅰ.①遨… Ⅱ.①杨… Ⅲ.①高等数学 Ⅳ.①O13

中国版本图书馆 CIP 数据核字(2022)第 166430 号

责任编辑:陈 淑 **责任校对**:韩晓亮 **封面设计**:余武莉 **责任印制**:周荣虎

遨游大学数学 Aoyou Daxue Shuxue

编　　著 杨 明
出版发行 东南大学出版社
社　　址 南京市四牌楼 2 号 邮编:210096 电话:025-83793330
网　　址 http://www.seupress.com
电子邮箱 press@seupress.com
经　　销 全国各地新华书店
印　　刷 广东虎彩云印刷有限公司
开　　本 700mm×1000mm 1/16
印　　张 13.75
字　　数 230 千字
版 印 次 2023 年 10 月第 1 版第 2 次印刷
书　　号 ISBN 978-7-5766-0231-9
定　　价 45.00 元

本社图书若有印装质量问题,请直接与营销部联系,电话:025-83791830。

序　言

数学是一门历史悠久的学科，早在一万多年前就有了人造数字，而数学作为一门独立的知识体系起始于公元前6世纪的古希腊。古希腊多山岭且土地贫瘠，周围都是强大的农耕文明，幸运的是古希腊位于欧亚非三大洲的交汇之处，海路四通八达，更重要的是古希腊有两种特殊资源橄榄和葡萄，于是他们研发出了橄榄榨油技术和葡萄酒酿造技术。古希腊人用这两样东西和周边交换食物做生意，为了方便做生意，顺便研发了航海技术，发展成以海洋为基础的商业文明，由此自然就会产生出数学。数学发展至今已有了两千多年的历史，我们一般将数学的发展分为三个阶段，即常量数学(初等数学)、变量数学和现代数学。

常量数学在西方最早源于古希腊的泰勒斯，他开创了“证明”的思想，将数学从经验上升为理论。毕达哥拉斯继承了泰勒斯的数学和哲学思想，认为客观世界是按照数学的法则创造的，将数学看做是万物之源。受他们的影响，柏拉图将苏格拉底的“思考人”扩展成“思考世界”，突出强调数学对哲学和认识宇宙的重要作用。柏拉图的学生亚里士多德认识到，虽然数学源于客观世界，但数学需要在抽象概念中体现事物的本质特征，亚里士多德建立了形式逻辑，用于数学命题的证明，使数学研究具有了严密性。接着欧几里得在其著作《几何原本》中最先建立了公理化体系，并对几何命题做了系统严格的逻辑论证。最后阿基米德兼收并蓄了古希腊和周边的文化，非常重视数学知识的应用，在几何形体的度量上成就巨大。在世界的其他地方，数学也有着广泛的发展和交流。印度人发明了“阿拉伯数字”，并在算术和代数的研究上颇有成果。在9世纪，波斯数学家花剌子米写成的《印度数字的计算》，把“阿拉伯数字”和印度数学传入西方，花剌子米也研究了一元二次方程的求根问题。常量数学的另外一个源头在古代中国，涌现了大批数学家，如刘徽、祖冲之、李冶、秦九韶、杨辉等人。中国数学家们编著了众多数学著作，特别是在东汉时期成为定本的《九章算术》，总结了中国在战国、秦、汉时期的数学成就，标志着中国的初等数学研究形成了体系。中国古代数学在线性方程组、同余数论、有理数开方、高次方程数值求解、等差级数以及圆周率计算等方面，都长期居世界领先地位。公元6世纪始，中国的数学开始传入日本。17世纪初，日本数学家开始写出自己的著作，到17世纪末期，通过关孝和等人的工作，逐渐形成了日本的数学体系“和算”。

古希腊文明从公元前800年开始，大约持续了650年，就被碾入历史的尘土之中，辉煌却短暂。但是随着中世纪教会和欧洲各国的国王之间的权力斗争，欧洲国王们发现古希腊文化中哲学和数学的理性具有天然的反教会性质，于是将古希腊文化重新捡起来，用来反击教会的神权。这期间，阿拉伯人将中国的造纸术和印刷术传入欧洲，在这之前，欧洲人只能靠羊皮纸和莎草纸来传递信息，知识的传播成本很高，由于技术条件的限制，古希腊的哲学和数学无法广泛传播，被教会控制在很小的范围之内。知识的广泛传播，解放了思想，产生了文艺复兴，也带来了数学的变革，产生了变量数学！变量数学的起点是笛卡尔在17世纪初引入了坐标系和变量的概念。变量数学时期，最重要的工作当属牛顿和莱布尼茨发明了微积分。微积分的发明，为人类提供了认识世界和改造世界的威力巨大的武器，从而使得基础学科取得了巨大的进步。数学和基础学科的革命性进步又为人类社会的工业化打下了坚实的基础，促成了第一次工业革命和第二次工业革命，最终让人类社会的发展日新月异。随着工业的大发展，更多的新问题涌现出来，比如热的扩散、波的传播、流体的运动等现象需要用数学工具进行精确地刻画，这反过来也促进了数学的进一步发展。到了19世纪末，微积分已经发展成一门更加广阔的数学领域，即数学分析，包括无穷级数、微分方程、变分法、傅里叶分析等，线性方程理论发展成为线性代数，几何与代数和分析交叉形成解析几何和微分几何。同时期，数学的基础研究也形成了三个理论，即实数理论、集合论和数理逻辑，这些理论为数学的进一步发展奠定了坚实的基础。

从19世纪末开始，数学发展到了现代数学时期，开始研究更加一般的数量关系和空间形式，数和量仅是它的特殊情形，通常的一维、二维、三维空间的几何形象也仅是特殊情形。在此阶段数学分析进一步发展为泛函分析，线性代数进化为抽象代数，几何学则抽象为拓扑学，并且其他数学分支也逐渐发展壮大，比如概率统计、运筹优化等等。20世纪四五十年代，世界科学发生了三件大事，即原子能的利用、电子计算机的发明和空间技术的兴起，这些研究对科学计算的需求越来越大，促使数学发生巨大的变化，产生了计算数学、控制理论、信息论等新的数学分支。与此同时数学也开始渗透到几乎所有的科学分支中去，从而形成了许多交叉学科，例如计算电磁学、生物数学、统计物理学、计量经济学、数理语言学等等。在历史上相当长的一段时间里，人文社会科学领域中难以见到数学的踪影。但是进入20世纪后，在人文社会科学的研究中，数学化的定量研究已占有相当大的比重，对数学工具的合理应用变得相当关键，特别是与数学结合得最紧密的经济学领域。进入21世纪后，随着互联网技术、计算芯片和计算方法的发展，人类拥有了前所未有的巨大算力和海量数据，又产生了以大数据处理和深度学习为代表的新数学分支，这些新的数学工具也必然会对人类社会产生深远的影响。

鉴于数学对人类社会进步的重要作用，数学教育一直是人才培养的重要方面。在我校已广泛开设了人文社会科学等各个专业的大学文科数学课程。在中学阶段，大家已经掌握了常量数学知识体系，对变量数学的基础内容也有了一定的了解，在大学文科数学课程中我们将系统学习变量数学以及现代数学的入门知识。该课程一共64学时，主要内容包括：微积分基础、线性代数基础和概率统计基础。我们希望通过这门课程，让学生掌握基本的近现代数学工具以及数学语言，理解基本的数学思想，从而能够遨游精彩的数学世界，体验到数学之美，并深刻认识数学的重要作用，以及数学对人类社会发展的深远影响。我们这本书是写给人文社会科学专业的，当然对于理工科专业的学生来说，也可以作为快速入门大学数学的参考书。

对本书内容编排的几点说明。首先，我们只介绍了一元函数微积分，由于课时的缘故，对于多元函数微积分只能舍去，所以多元函数微积分与线性代数和概率统计的很多精彩联系也只能一并割爱。其次，由于课程性质和课时的限制，我们没有系统地介绍微分方程的知识，只是在微积分的科学应用中做了简单介绍，有兴趣的读者可以通过其他参考书学习。同样的原因，本书中的某些比较复杂的定理没有给出严格的证明，但并不妨碍大家理解和运用这些定理。最后，本书的内容是按照 64 学时安排的，由于学期间有各种假期，所以教学时间可能略显紧张，教师可以根据实际情况以及学生的水平，灵活地对教学内容的广度和深度做合理的取舍，比如可将微积分发展历程与科学应用、正交子空间、矩阵特征值、数据关系等作为选讲内容。

本书的编写得到东南大学数学学院领导和同事的关心和帮助，在此表示感谢！本书曾在东南大学建筑学院 2021 级的文科数学课程中试用，建筑学院的同学对本书细节上的提升提出了不少有益的建议，在此表示感谢！硬核又有趣是我们对这门课的追求，但是由于作者水平所限，书中难免有不少不足之处，欢迎读者批评指正。

作　者

2021年 冬月

2023年 修订

目　录

第 1 章　微积分：用数学解构局部与整体

1.1　预备知识

1.1.1　实数

整数 $\{\cdots,-3,-2,-1,0,1,2,3,\cdots\}$ 可以形象地被想象为数轴上按等间隔标出的点. 所有整数构成整数集，记为 $\mathbb{Z}$. 所有正整数构成自然数集，记为 $\mathbb{N}$. 做出整数的所有可能的比值，例如 $\frac{1}{2}, \frac{14}{3}$，那么我们就得到了被古希腊人称作的有理数. 在数轴上标出有理数后，留给我们的是一个看起来更稠密的图形. 所有有理数构成有理数集，记为 $\mathbb{Q}$.

利用几何知识，容易得到数轴上 $\sqrt{2}$ 的构造. 在数轴上标出 $\sqrt{2}$ 时，自然要问 $\sqrt{2}$ 是有理数吗？毕达哥拉斯的一个学生西帕索斯 (Hippasus) 研究了这个问题，他证明了 $\sqrt{2}$ 不是有理数. 这个认识让他的同事们大为恼怒，以至于将他处死. 但也有其他人以正面的观点看待这个突破，为此献祭了 100 头牛. $\sqrt{2}$ 不是有理数的证明是反证法的经典例子，证明如下. 假设 $\sqrt{2}$ 是有理数，即 $\sqrt{2}=\frac{q}{p}$，其中 p, q 为整数，那么

$$2p^2=q^2.$$

一般来说，一个整数可以表示为 2 的幂和一个奇数的乘积，比如 $40=2^3\cdot 5$. 现在将 p 和 q 用这种形式表示，即

$$p=2^m\cdot p_0,\quad q=2^n\cdot q_0,$$

其中 p_0, q_0 都是奇数. 带入前面的等式得

$$2^{2m+1}\cdot p_0^2=2^{2n}\cdot q_0^2.$$

由于 p_0^2 和 q_0^2 都是奇数，故等式两边 2 的幂次必须相同，所以 $2m+1=2n$. 显然 $2m+1$ 是奇数，而 $2n$ 是偶数，两者不可能相等，得出矛盾.

古希腊人将不是有理的数称为无理数，从这个名字也反映出他们对于无理数的态度. 我们把有理数和无理数合并在一起便得到微积分中用到的数集，即实数集，

记为 $\mathbb{R}$. 每个实数都可以用一个无限小数的展开式表示，比如

$$\sqrt{2}=1.41421\cdots,\qquad \pi=3.14159\cdots.$$

1.1.2 微积分是什么？

微积分是一种使用无限过程来解决有限性问题的数学方法.

微积分研究如下两个基本问题.

(1) 切线问题 如何求一条曲线在一点 P 处的切线？

(2) 面积问题 如果一条曲线围成一个区域 D，如何计算 D 的面积？

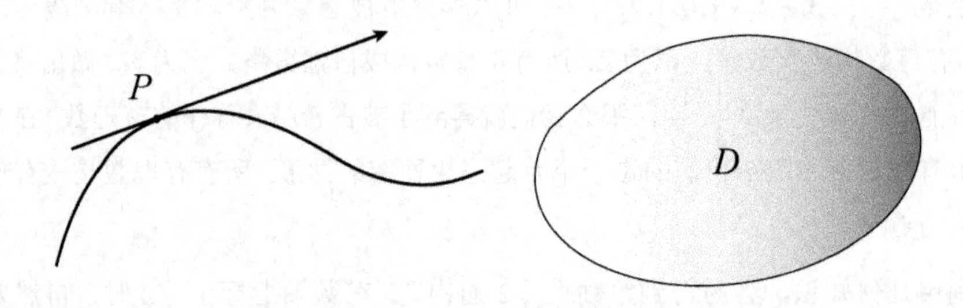

在现实环境中，这些问题自然地会遇到. 例如，设想曲线是一架战斗机飞行的轨迹，如果发射一枚导弹，它将沿着此曲线的切线的路径飞出去，这就要求准确地计算出曲线的切线. 再考虑一个海洋上油轮的油污泄漏问题，如果我们知道海流和风的条件，我们便能得到泄漏的边界曲线的近似情况，而后应用微积分便能计算出油污所覆盖区域的面积.

初看起来，这两个问题没有什么关联. 但是牛顿和莱布尼茨发现了这两个问题是相互关联的，它们的求解过程恰好是互逆的. 为了得到曲线在一点处的切线，微分运算提供了有顺序的一系列步骤，而对于区域面积的计算则由相反的一系列步骤构成. 把这个结论陈述出来，我们便得到了微积分基本定理. 该定理的严格推导，我们会在本章里给出，它是微积分内容的核心. 牛顿在发明微积分的时候还是剑桥大学的学生，因为瘟疫的关系，学校放假了，他回到家里发明了微积分. 而莱布尼茨是一个各方面都非常优秀的人，数学是他兴趣的一部分. 他们两人有点争论，争论谁是微积分的发明者. 这个争论是没有意义的，事实上莱布尼茨是第一个发表微积分论文的人，该论文发表于 1684 年，而牛顿的工作大约是在 1666 年，早于莱布尼茨，但牛顿没有发表，而且我们现在使用的微积分里的符号，很多都是来源于莱布尼茨.

微积分是建立在极限这个关键的概念之上的. 像 $\sqrt{2}$ 这样的无理数，无法用有限项小数来表示，但是可以将其定义为一个有理数序列的极限，即

$$1,\ 1.4,\ 1.41,\ 1.414,\ 1.4142,\ 1.41421,\ \cdots\ \to\ \sqrt{2}.$$

我们将极限思想用在微积分的基本问题中，具体来说就是，将一点处的切线看成是过该点运动着的割线的极限位置，而通过构造简单图形的面积序列去逼近所求区域的面积. 这里所谈到的极限过程是一个无限过程，*利用运动变化的无限过程去分析一个有限问题的观念是革命性的思想*. 这一革命性的思想已经应用到整个基础科学、工程技术、以及经济学等领域，产生了巨大的社会和文化成果，工业革命便是突出的例证.

1.1.3　函数

微积分的基本问题涉及到曲线和区域都需要用函数来表示，所以函数是微积分研究的对象，而函数又是定义在集合上的，下面我们就简单回顾一下集合以及函数的基本概念. *集合*是由确定的对象汇集的总体. 数的集合称为数集，比如整数集、有理数集和实数集. 组成集合的对象称为集合的元素，比如 x 是集合 E 的元素，记为 $x \in E$. 如果 y 不是集合 E 的元素，则记为 $y \notin E$. 如果集合 E 的元素都是集合 F 的元素，则称集合 E 是集合 F 的子集，记为 $E \subset F$，读作 E 包含于 F. 为了方便起见，我们引入一个不含任何元素的集合–空集，记为 $\varnothing$，显然空集是任何集合的子集.

定义 1.1　已知两个集合 D, E. 从 D 到 E 的一个*函数*是一个对应法则 f，它对集合 D 中的每个元素 x 指定了集合 E 中一个唯一的元素 y 与之对应，记为

$$y = f(x),\quad x \in D,\quad y \in E.$$

自变量 x 所在的集合 D 称为函数 $y = f(x)$ 的定义域，而函数值的集合称为 $f(x)$ 的值域，记为 $f(D)$. 函数在集合论里也称为映射.

函数无处不在，例如，D 是菜场中蔬菜的集合，而 E 是价格的集合，于是我们有了一个价格函数，注意价格是唯一的，一个蔬菜不会存在两个价格.

例 1.1　设圆的半径为 r，则圆的面积 S 是 r 的函数，即

$$S = \pi r^2.$$

例 1.2　自由落体经过的路程 s 是时间 t 的函数，即

$$s = \frac{1}{2}gt^2.$$

例 1.3 有一些函数具有“分段”的表达形式，比如符号函数 $\operatorname{sgn}(x)$，即

$$\operatorname{sgn}(x)=\begin{cases}1, & x>0,\\ 0, & x=0,\\ -1, & x<0.\end{cases}$$

例 1.4 狄利克莱 (Dirichlet) 函数也是分段函数，定义如下

$$D(x)=\begin{cases}1, & x\text{ 是有理数},\\ 0, & x\text{ 是无理数}.\end{cases}$$

例 1.5 设 x 是一个实数，我们用符号 $[x]$ 表示不超过 x 的最大整数，容易看到

$$[1.31]=1,\quad [0.29]=0,\quad [-1.8]=-2,\quad [x]\le x<[x]+1.$$

我们称 $[x]$ 是自变量 x 的取整函数.

例 1.6 一个函数 $f:\mathbb{N}\to\mathbb{R}$，记

$$x_1=f(1),\ x_2=f(2),\ \cdots,\ x_n=f(n),\ \cdots,$$

意味着用自然数编号的一串实数，这样的一串实数 $\{x_n\}$ 称为实数列.

如果在平面坐标系中描画出自变量 x 对应的所有点 $(x,f(x))$，则得到函数 f 的图像，与之对应称 $y=f(x)$ 是此图像的方程. 我们常用函数的表达式和函数的图像来认识函数.

给定两个函数 $f(x), g(x)$，那么我们可以对它们进行加减乘除以得到一个新的函数，即

$$f(x)+g(x),\quad f(x)-g(x),\quad f(x)\cdot g(x),\quad \frac{f(x)}{g(x)}.$$

要使这些运算有意义，则必须要求 f 和 g 的定义域一致，且加减乘除在 f 和 g 的值域内有效，比如在做除法时要求 $g(x)\neq 0$. 函数的运算相比实数的运算要复杂一些，比如还有复合运算和反函数运算.

定义 1.2 已知函数 $f: D\to E$，函数 $g: G\to H$. 如果 $f(D)\subset G$，那么从 $x\in D$ 开始，相继经过 f 和 g 的作用，就得到 $g(f(x))$，这样的对应关系

$$x\mapsto g(f(x))$$

也是一个函数. 我们把这个函数称为 g 与 f 的复合函数，记为 $g\circ f$.

例 1.7 考察函数 $f(x)=x^2$ 和 $g(x)=x+2$. 这两个函数在整个实数集 $\mathbb{R}$ 上都有定义，因而 $g\circ f$ 和 $f\circ g$ 也都在 $\mathbb{R}$ 上有定义，但是这两个复合函数并不相同.

$$g\circ f(x)=x^2+2,\quad f\circ g(x)=(x+2)^2=x^2+4x+4.$$

定义 1.3　已知 $f: D \to E$ 是一个函数，且对任意的 $y \in E$ 都存在唯一的自变量 $x \in D$ 与之对应，此时称 f 是一一对应的函数. 已知 $g: E \to D$ 也是一个一一对应的函数，如果 $g \circ f(x) = x$，则称 g 是 f 的反函数，记为 $g = f^{-1}$.

例 1.8　设 $y = f(x) = \sin x$，$x \in [-\frac{\pi}{2}, \frac{\pi}{2}]$，容易看到 $f: [-\frac{\pi}{2}, \frac{\pi}{2}] \to [-1, 1]$ 是一个一一对应函数，那么它存在反函数，记为 $x = f^{-1}(y) = \arcsin y$，$y \in [-1, 1]$. 习惯上，我们称 $\sin x$ 的反函数为 $\arcsin x$，请读者在运用时注意变量在写法上的区别.

1.1.4　连加符号

在数学中，常遇到一连串的数相加，为了方便起见，欧拉引入了连加符号：

$$\sum_{i=1}^{n} x_i = x_1 + x_2 + \cdots + x_n.$$

这里的指标 i 仅仅用来表示求和的范围，把 i 换成别的符号 j, k 等，仍然表示同一和式，这样的指标称为“哑指标”.

$$\sum_{j=1}^{n} x_j = x_1 + x_2 + \cdots + x_n = \sum_{i=1}^{n} x_i.$$

例 1.9　利用连加符号，可以将二项式展开表示为

$$(a+b)^n = \sum_{k=0}^{n} C_n^k a^k b^{n-k},$$

其中系数

$$C_n^k = \frac{n!}{k!(n-k)!}.$$

例 1.10　考虑恒等式

$$k^2 - (k-1)^2 = 2k - 1.$$

对于 $k = 1, 2, \cdots, n$，将相应的恒等式加起来，得到

$$\sum_{k=1}^{n} \left(k^2 - (k-1)^2\right) = 2\sum_{k=1}^{n} k - \sum_{k=1}^{n} 1,$$

$$\Rightarrow \quad n^2 = 2\sum_{k=1}^{n} k - n \quad \Rightarrow \quad \sum_{k=1}^{n} k = \frac{1}{2}n^2 + \frac{1}{2}n = \frac{n(n+1)}{2}.$$

类似，可由

$$k^3 - (k-1)^3 = 3k^2 - 3k + 1,$$

推导出

$$\sum_{k=1}^{n} k^2 = \frac{1}{3}n^3 + \frac{1}{2}n^2 + \frac{1}{6}n = \frac{n(n+1)(2n+1)}{6}.$$

可由

$$k^4-(k-1)^4=4k^3-6k^2+4k-1,$$

推导出

$$\sum_{k=1}^{n} k^3=\frac{1}{4}n^4+\frac{1}{2}n^3+\frac{1}{4}n^2=\left(\frac{n(n+1)}{2}\right)^2.$$

1.1.5 不等式

(1) 涉及绝对值的不等式. 考察不等式 $|x|<a$，根据绝对值的定义，这个不等式等价于 $-a<x<a$，即 $|x|<a \Leftrightarrow -a<x<a$，类似地 $|y|\leqslant b \Leftrightarrow -b\leqslant y\leqslant b$，于是

$$-|a|\leqslant a\leqslant |a|,\quad -|b|\leqslant b\leqslant |b|,$$

相加得

$$-(|a|+|b|)\leqslant a+b\leqslant |a|+|b|,$$

即

$$|a+b|\leqslant |a|+|b|.$$

运用这样的不等式，可以得到

$$|a|=|(a-b)+b|\leqslant |a-b|+|b| \quad\Rightarrow\quad |a|-|b|\leqslant |a-b|.$$

同理可得

$$|b|-|a|\leqslant |b-a|=|a-b|,$$

那么

$$-|a-b|\leqslant |a|-|b|\leqslant |a-b|,$$

即

$$\big||a|-|b|\big|\leqslant |a-b|.$$

利用归纳法，可以把不等式 $|a+b|\leqslant |a|+|b|$ 推广到 n 个实数的情形

$$|a_1+a_2+\cdots+a_n|\leqslant |a_1|+|a_2|+\cdots+|a_n|.$$

(2) 伯努利 (Bernoulli) 不等式. 设 $x\geq 0$，则由二项式展开定理得

$$(1+x)^n=1+nx+\frac{n(n-1)}{2}x^2+\cdots+x^n,$$

于是

$$(1+x)^n \geqslant 1+nx.$$

这个不等式其实对任意的 $x \geqslant -1$ 都成立，请看下面的定理.

定理 1.1　伯努利不等式成立：$(1+x)^n \geqslant 1+nx,\ \forall x \geqslant -1.$

这里的符号“$\forall$”表示“任意给定”.

证明　采用归纳法. 当 $n=1$ 时，上式显然以等式的形式成立. 假设已经证明了

$$(1+x)^n \geqslant 1+nx,\quad \forall x \geqslant -1,$$

那么考虑 $n+1$ 的情形

$$\begin{aligned}(1+x)^{n+1} &= (1+x)(1+x)^n \geqslant (1+x)\big(1+nx\big)\\ &= 1+(n+1)x+nx^2 \geqslant 1+(n+1)x,\quad \forall x \geqslant -1.\end{aligned}$$

于是由归纳法知，对于一切自然数 n，伯努利不等式成立. □

(3) 平均值不等式. 设 x_1 和 x_2 是非负实数. 我们把 $\frac{x_1+x_2}{2}$ 称为这两个数的算术平均值，把 $\sqrt{x_1x_2}$ 称为这两个数的几何平均值. 那么显然有 $(\sqrt{x_1}-\sqrt{x_2})^2 \geqslant 0$，从而得到

$$\frac{x_1+x_2}{2} \geqslant \sqrt{x_1x_2},$$

即算术平均值大于等于几何平均值. 对于 n 个非负实数，也有相应的结果.

定理 1.2　设 $x_1, x_2, \cdots, x_n \geqslant 0$，则以下的平均值不等式成立

$$\frac{x_1+x_2+\cdots+x_n}{n} \geqslant \sqrt[n]{x_1x_2\cdots x_n}.$$

证明　采用归纳法. 当 $n=1$ 时，上式显然以等式的形式成立. 假设对任意 $n-1$ 个非负实数，平均值不等式成立. 我们考虑 n 个非负实数 $x_1, x_2, \cdots, x_n$ 的情形. 不妨设 x_n 是这 n 个数中最大的一个，因为我们总可以从小到大排列这 n 个数. 记

$$A=\frac{x_1+x_2+\cdots+x_{n-1}}{n-1},$$

则有

$$x_n \geqslant A=\frac{x_1+x_2+\cdots+x_{n-1}}{n-1} \geqslant \sqrt[n-1]{x_1x_2\cdots x_{n-1}}.$$

于是

$$\left(\frac{x_1+x_2+\cdots+x_n}{n}\right)^n=\left(\frac{(n-1)A+x_n}{n}\right)^n$$

$$= \left(A + \frac{x_n - A}{n}\right)^n = A^n + nA^{n-1}(\frac{x_n - A}{n}) + \cdots$$

$$\geqslant A^n + nA^{n-1}(\frac{x_n - A}{n}) = A^{n-1}x_n \geqslant x_1x_2\cdots x_n,$$

即

$$\frac{x_1 + x_2 + \cdots + x_n}{n} \geqslant \sqrt[n]{x_1x_2\cdots x_n}.$$

□

(4) 涉及三角形的不等式. 从几何角度来思考，也是发现和证明不等式的重要途径. 在数学推导时，涉及角的度量时，通常以弧度作为单位.

定理 1.3 对于用弧度表示的角 x，有以下的不等式成立

$$\sin x < x < \tan x, \quad \forall\, x \in (0, \frac{\pi}{2}).$$

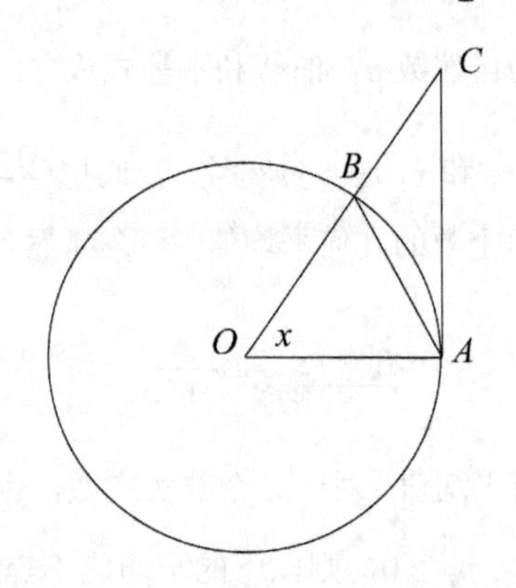

证明 在单位圆中作圆心角 x，$OA \perp CA$，由图形可以看到

三角形 OAB 的面积 < 扇形 OAB 的面积 < 三角形 OAC 的面积，

即 $\frac{1}{2}\sin x < \frac{1}{2}x < \frac{1}{2}\tan x$，所以 $\sin x < x < \tan x$, $\forall\, x \in (0, \frac{\pi}{2})$. □

推论 1.1 下面的不等式成立

$$|\sin x| \leqslant |x|, \quad \forall\, x \in \mathbb{R}.$$

证明 当 $x \in [0, \frac{\pi}{2})$ 时，有 $|\sin x| = \sin x \leqslant x = |x|$，当 $x \in [0, \frac{\pi}{2})$ 时，有 $|\sin(-x)| = \sin x \leqslant x = |-x|$，综合即得 $|\sin x| \leqslant |x|$, $\forall\, x \in (-\frac{\pi}{2}, \frac{\pi}{2})$. 而当 $|x| \geqslant \frac{\pi}{2}$ 时，又有 $|\sin x| \leqslant 1 < \frac{\pi}{2} \leqslant |x|$. 于是得到 $|\sin x| \leqslant |x|$, $\forall\, x \in \mathbb{R}$. □

1.2 数列的极限与数项级数

1.2.1 有界数列

用自然数编号的一串实数 $\{x_n\}$，称为一个*实无穷数列*，简称为*数列*. 已知 $\{x_n\}$ 是一个数列，如果存在实数 M，使得对任意的自然数 n 有 $x_n \leqslant M$，我们就称数列 $\{x_n\}$ 有上界，实数 M 是它的一个上界. 类似方法可以定义数列的下界. 如果 $\{x_n\}$ 有上界也有下界，那么我们就称数列 $\{x_n\}$ 有界.

数列 $\{x_n\}$ 有界的充分必要条件是：存在实数 K，使得对任意的自然数 n 有 $|x_n| \leqslant K$.

引入逻辑符号 $\forall$ 表示“任意给定”，$\exists$ 表示“存在”. 数列 $\{x_n\}$ 有界这个语句，可以用符号表述为

$$\exists\, K \in \mathbb{R},\ \forall\, n \in \mathbb{N},\ |x_n| \leqslant K.$$

对于“数列 $\{x_n\}$ 无界”是上面陈述的否定，也可以用符号表述为

$$\forall\, K \in \mathbb{R},\ \exists\, n \in \mathbb{N},\ |x_n| > K.$$

请注意，当我们对一个陈述加以否定时，应该把逻辑用词“$\exists$”换成“$\forall$”，把“$\forall$”换成“$\exists$”，并且把最后的陈述换成原来的否定.

例 1.11　数列 $x_n = (-1)^n,\ n = 1,2,\cdots$ 是有界的，因为 $|x_n| \leqslant 1$.

例 1.12　数列 $x_n = \dfrac{n+(-1)^n}{n},\ n = 1,2,\cdots$ 是有界的，因为 $|x_n| \leqslant 1 + \dfrac{1}{n} \leqslant 2$.

例 1.13　数列 $x_n = (1+\dfrac{1}{n})^n,\ n = 1,2,\cdots$ 是有界的，因为

$$\begin{aligned}
0 < x_n &= 1 + n\cdot\frac{1}{n} + \frac{n(n-1)}{2}\cdot\frac{1}{n^2} + \frac{n(n-1)(n-2)}{3!}\cdot\frac{1}{n^3} + \cdots + \frac{1}{n^n} \\
&\leqslant 1 + 1 + \frac{1}{2!} + \frac{1}{3!} + \cdots + \frac{1}{n!} \leqslant 1 + 1 + \frac{1}{1\cdot 2} + \frac{1}{2\cdot 3} + \frac{1}{3\cdot 4} + \frac{1}{(n-1)\cdot n} \\
&= 1 + 1 + (1-\frac{1}{2}) + (\frac{1}{2}-\frac{1}{3}) + \cdots + (\frac{1}{n-1}-\frac{1}{n}) = 3 - \frac{1}{n} < 3.
\end{aligned}$$

1.2.2 数列极限的概念

数列极限的概念很早就已经出现，比如公元前三世纪春秋战国时期，庄子在《天下篇》里记载“一尺之锤，日取其半，万世不竭”，庄子已经对数列极限过程有

了初步的描述. 到了公元三世纪魏晋时期，刘徽提出了求圆周率的割圆术，即用单位圆的内接正 n 边形的面积 P_n 来逼近圆周率 π. 随着 n 的增大，不断改进了 π 的近似值的精确程度，在这不断改进的过程中，逐渐产生了朴素的极限概念. 刘徽在解释其割圆术时说："割之弥细，所失弥少，割之又割，以至于不能割，则与圆周合体而无所失矣". 这就是说，只要 n 充分大，用 P_n 逼近 π 的误差可以任意小，P_n 的极限就应该是 π. 虽然朴素的极限概念产生很早，但是极限概念的严格精确的阐述却是 18 世纪以后的事情. 下面，我们来介绍极限的确切含义，即由柯西在 1821 年提出后经过维尔斯特拉斯改进的 $\varepsilon-N$ 定义.

[1]

定义 1.4　设 $\{x_n\}$ 是一个数列，a 是一个实数. 如果对任意实数 $\varepsilon>0$ 都存在自然数 N，使得只要 $n>N$，就有 $|x_n-a|<\varepsilon$，那么我们就称数列 $\{x_n\}$ 收敛，它以 a 为极限，或者说数列 $\{x_n\}$ 收敛于 a，记为

$$\lim_{n\to+\infty} x_n=a \quad 或者 \quad x_n\to a\ (n\to+\infty),$$

其中符号"lim"是英文"limit"的缩写. 不收敛的数列称为*发散数列*.

我们用 $|x_n-a|$ 表示用 x_n 逼近 a 的误差. 按照定义，数列 $\{x_n\}$ 收敛到 a 的意思就是，只要我们取 n 充分大，就可以使得逼近的误差任意小，小于任何预先给定的正数 ε.

用符号表示 $\lim\limits_{n\to+\infty} x_n=a$ 定义中的条件，可以写成

$$\forall\,\varepsilon>0,\ \exists\,N\in\mathbb{N},\ \forall\,n>N,\ |x_n-a|<\varepsilon.$$

而数列 $\{y_n\}$ 不收敛到 b 则可以表示为

$$\exists\,\varepsilon>0,\ \forall\,N\in\mathbb{N},\ \exists\,n>N,\ |y_n-b|\geqslant\varepsilon.$$

[1]图中左边的是中国数学家刘徽 (约225-295)，著有《九章算术注》和《海岛算经》，他是中国最早主张用逻辑推理的方式来论证数学命题的人. 中间的是法国数学家柯西 (1789-1857)，右边是德国数学家维尔斯特拉斯 (1815-1897)，这两位是微积分严格化运动的代表人物. 柯西的著作极其丰富，他在数学分析、复变函数以及常微分方程领域都做出了巨大贡献. 维尔斯特拉斯早年在中学教书，大器晚成，他精确地定义了极限、导数等基本概念，创立了解析函数理论，被誉为现代分析之父.

我们把区间 $(a-\varepsilon, a+\varepsilon)$ 称为点 a 的半径为 ε 的邻域. 极限定义中的不等式 $|x_n - a| < \varepsilon$ 即为 $x_n \in (a-\varepsilon, a+\varepsilon)$. 因此，如果采用几何语言，极限的定义可以表述为：不论 a 的邻域多么小，数列 $\{x_n\}$ 从某一项之后的所有项都要进入这个邻域中，或者说 a 的邻域外只有有限多项. 换句话说就是，$\{x_n\}$ 几乎都聚集在点 a 附近.

对于一个数列 $\{x_n\}$，如果点 a 的任意一个邻域内都有该数列的无穷多项，那么称点 a 为该数列的聚点. 显然，如果 $\lim\limits_{n\to+\infty} x_n = a$，则 a 为该数列的聚点.

例 1.14　试用极限的定义证明：$\lim\limits_{n\to+\infty} \dfrac{n}{n+1} = 1$.

证明　对于任意的 $\varepsilon > 0$，要使 $\left|\dfrac{n}{n+1} - 1\right| = \dfrac{1}{n+1} < \varepsilon$，只须 $n > \dfrac{1}{\varepsilon} - 1$. 取大于 $\dfrac{1}{\varepsilon} - 1$ 的任意自然数作为 N，例如取 $N = [\dfrac{1}{\varepsilon}]$，则当 $n > N$ 时，就有 $\left|\dfrac{n}{n+1} - 1\right| = \dfrac{1}{n+1} < \varepsilon$. □

1.2.3　收敛数列的性质

将数列中的各个数看成是数轴上的点，那么容易从几何角度分析出来下面的唯一性定理、有界性定理以及夹逼准则.

定理 1.4　如果数列 $\{x_n\}$ 收敛，则它的极限是唯一的或者说它的聚点是唯一的.

由唯一性定理得，数列 $\{(-1)^{n-1}\}$ 有两个聚点，所以这个数列是发散的.

定理 1.5　收敛的数列是有界的.

证明　设 $\lim x_n = a$，则对于 $\varepsilon = 1$，存在 N，使得当 $n > N$ 时，就有

$$-|a| - 1 \leqslant a - 1 < x_n < a + 1 \leqslant |a| + 1,$$

即 $|x_n| < |a| + 1$. 记 $K = \max\{|x_1|, |x_2|, \cdots, |x_N|, |a|+1\}$，则 $|x_n| \leqslant K$，$\forall\, n \in \mathbb{N}$. □

数列有界是数列收敛的必要条件. 考虑数列 $\{n\}$，显然该数列是无界的，所以该数列发散.

定理 1.6　(夹逼准则) 已知数列 $\{x_n\}, \{y_n\}, \{z_n\}$ 满足条件 $x_n \leqslant y_n \leqslant z_n$，$\forall\, n \in \mathbb{N}$. 如果 $\lim\limits_{n\to+\infty} x_n = \lim\limits_{n\to+\infty} z_n = a$，则 $\lim\limits_{n\to+\infty} y_n = a$.

例 1.15　设 $a > 1$，求证 $\lim \sqrt[n]{a} = 1$. (不引起混淆的情况下，可省略极限过程)

证明　因为 $a > 1$，所以 $\sqrt[n]{a} > 1$. 令 $x_n = \sqrt[n]{a} - 1$，则 $a = (1+x_n)^n > 1 + nx_n$，从而 $0 < x_n < \dfrac{a-1}{n}$，由夹逼准则知，$\lim x_n = 0$，所以 $\lim \sqrt[n]{a} = 1$. □

例 1.16　求证 $\lim \sqrt[n]{n} = 1$.

证明　令 $y_n = \sqrt[n]{n} - 1$，则 $n = (1+y_n)^n = 1 + ny_n + \frac{n(n-1)}{2}y_n^2 + \cdots > \frac{n(n-1)}{2}y_n^2$，从而 $0 \leqslant y_n < \sqrt{\frac{2}{n-1}}$，$\forall\, n \geqslant 2$，由夹逼准则知，$\lim y_n = 0$，所以 $\lim \sqrt[n]{n} = 1$.　□

定理 1.7　(极限的四则运算法则) 设 $\lim x_n = a$，$\lim y_n = b$，则

(1)　$\lim(x_n \pm y_n) = \lim x_n \pm \lim y_n = a \pm b$;

(2)　$\lim(x_n \cdot y_n) = \lim x_n \cdot \lim y_n = a \cdot b$;

(3)　$\lim \frac{x_n}{y_n} = \frac{\lim x_n}{\lim y_n} = \frac{a}{b}$，$b \neq 0$.

证明

$$|(x_n \pm y_n) - (a \pm b)| \leqslant |x_n - a| + |y_n - b|,$$

可以看到当 n 充分大时，不等式右端可以任意小，由此得到加减法法则.

$$\begin{aligned} |x_n \cdot y_n - a \cdot b| &= |(x_n y_n - a y_n) + (a y_n - ab)| \\ &\leqslant |y_n| \cdot |x_n - a| + |a| \cdot |y_n - b|. \end{aligned}$$

数列 $\{y_n\}$ 收敛，必然有界，所以存在 M 使得 $|y_n| \leqslant M$，这样

$$|x_n \cdot y_n - a \cdot b| \leqslant M \cdot |x_n - a| + |a| \cdot |y_n - b|,$$

由此可得乘法法则. 除法法则的证明留给读者.　□

例 1.17　计算极限 $\lim \frac{2n^2 - n + 5}{3n^2 + 1}$.

解　$\lim \frac{2n^2 - n + 5}{3n^2 + 1} = \lim \frac{2 - \frac{1}{n} + \frac{5}{n^2}}{3 + \frac{1}{n^2}} = \frac{\lim\,(2 - \frac{1}{n} + \frac{5}{n^2})}{\lim\,(3 + \frac{1}{n^2})} = \frac{2}{3}$.　□

例 1.18　求证对于 $0 < b \leqslant 1$，也有 $\lim \sqrt[n]{b} = 1$.

证明　对于 $b = 1$ 显然成立. 只须考虑 $0 < b < 1$ 的情形. 在前面的例子里我们已经知道：对于 $a > 1$ 有 $\lim \sqrt[n]{a} = 1$. 对于 $0 < b < 1$，记 $a = \frac{1}{b}$，则 $a > 1$，于是

$$\lim \sqrt[n]{b} = \lim \frac{1}{\sqrt[n]{a}} = \frac{1}{\lim \sqrt[n]{a}} = 1.$$

□

1.2.4 单调有界准则

给定一个数列，如何判断其是否收敛？下面我们给出一个单调数列是否收敛的判别方法. 先看一下单调数列的定义.

定义 1.5　如果数列 $\{x_n\}$ 满足 $x_n \leqslant x_{n+1}$, $\forall n \in \mathbb{N}$，则称这个数列是递增的或者单调增的. 如果数列 $\{y_n\}$ 满足 $y_n \geqslant y_{n+1}$, $\forall n \in \mathbb{N}$，则称这个数列是递减的或者单调减的. 单调增的数列和单调减的数列统称为单调数列. 如果上面的不等式总是严格地成立，则称为严格单调增和严格单调减.

定理 1.8　(单调有界准则) 单调增的数列 $\{x_n\}$ 收敛的充分必要条件是它有上界；单调减的数列 $\{y_n\}$ 收敛的充分必要条件是它有下界.

由于一个数列的收敛性及其极限值只与该数列的尾部有关，那么上述定理中数列的单调性可以减弱为从某一项之后数列单调.

容易看到如果一个数列有上界，那么上界不是唯一的，我们将最小的上界称为上确界，类似地，如果一个数列有下界，那么下界也不是唯一的，我们将最大的下界称为下确界.

定理 1.9　单调增有上界的数列收敛到它的上确界，而单调减有下界的数列收敛到它的下确界.

例 1.19　设 $x_1 = \sqrt{2}$, $x_2 = \sqrt{2+\sqrt{2}}$, $\cdots$, $x_n = \sqrt{2+\sqrt{2+\cdots+\sqrt{2}}}$ (n 个根号), $\cdots$. 试求 $\lim x_n$.

解　容易看到

$$x_{n-1} = \sqrt{2+\sqrt{2+\cdots+\sqrt{0}}} < x_n < \sqrt{2+\sqrt{2+\cdots+\sqrt{4}}} = 2,$$

即数列 $\{x_n\}$ 单调增有上界，这样由单调有界准则知，数列 $\{x_n\}$ 收敛，设其极限为 a，即 $\lim x_n = a$. 注意到

$$x_n = \sqrt{2+x_{n-1}},$$

等式两边取极限得 $a = \sqrt{2+a}$，即 $a^2 - a - 2 = 0$，解得 $a = -1$ 或 $a = 2$，显然 $a > 0$，舍去 $a = -1$，所以 $\lim x_n = 2$. □

例 1.20　考虑数列 $x_n = (1+\dfrac{1}{n})^n$ 和 $y_n = (1+\dfrac{1}{n})^{n+1}$ 的单调性和收敛性.

解 将 x_n 表示为 $n+1$ 个数相乘，由平均值不等式得

$$x_n=(1+\frac{1}{n})\cdot(1+\frac{1}{n})\cdot\cdots\cdot(1+\frac{1}{n})\cdot 1\leqslant\Big(\frac{n(1+\frac{1}{n})+1}{n+1}\Big)^{n+1}=x_{n+1},$$

即 $\{x_n\}$ 单调增，再看 $\{y_n\}$ 的单调性. 使用类似的技巧

$$\frac{1}{y_n}=(\frac{n}{n+1})^{n+1}\cdot 1\leqslant\Big(\frac{(n+1)\frac{n}{n+1}+1}{n+2}\Big)^{n+2}=(\frac{n+1}{n+2})^{n+2}=\frac{1}{y_{n+1}},$$

即 $\{\frac{1}{y_n}\}$ 单调增，所以 $\{y_n\}$ 单调减. 再考虑两个数列的有界性.

$$2=x_1\leqslant x_n<y_n\leqslant y_1=4,$$

所以由单调有界准则知，数列 $\{x_n\}$ 和数列 $\{y_n\}$ 都收敛. 将数列 $\{x_n\}$ 的极限记为 e，即

$$e:=\lim(1+\frac{1}{n})^n.$$ [2]

符号“:=”表示“定义为”. 显然 $\lim y_n=e$. 有兴趣的读者请用数学软件比较前面这两个例子中数列的收敛速度. □

1.2.5 数项级数及其收敛性

当有限个数相加时，结果总是不变的. 捷克数学家波尔查诺 (1781-1848) 研究了下面的无穷和式

$$1-1+1-1+1-1+\cdots.$$

波尔查诺给出了三种算法. 第一种算法，答案是 0，理由是

$$(1-1)+(1-1)+(1-1)+\cdots=0.$$

第二种算法，答案是 1，理由是

$$1-(1-1)-(1-1)-(1-1)-\cdots=1.$$

第三种算法，答案是 $\frac{1}{2}$. 波尔查诺取 $x=1-1+1-1+1-1+\cdots$，则

$$x=1-(1-1+1-1+1-1+\cdots)=1-x\ \Rightarrow\ x=\frac{1}{2}.$$

这个被称为是“无穷悖论”. 波尔查诺认为第三种算法是对的，为此他较为牵强的解释道，一个父亲给两个儿子一块宝石，可是宝石不能分开，于是决定兄弟俩一年换一次，轮流保存这块宝石，结果两人都有 $\frac{1}{2}$ 块宝石.

[2] 自然常数 e 是数学中最重要的常数之一，字母 e 取自数学家欧拉 (Euler) 的首字母，$e=2.71828\cdots$ 是一个无理数. 欧拉 (1707-1783) 是瑞士数学家，是数学史上最多产的数学家，他的微积分著作标志着微积分从懵懂的少年时代走向蓬勃发展的成年时代.

无穷悖论令数学家们烦恼不已，直到 1821 年，法国数学家柯西给出了合理的解释. 柯西解释道，这三种方法都选择了特殊的计算顺序，这就是悖论产生的原因. 如果规定这个无穷和式按照原来的次序来求和，就不会产生悖论.

定义 1.6　设 a_n, $n=1,2,\cdots$ 是实数，称无穷和式 $\sum\limits_{n=1}^{\infty} a_n$ 是数项级数. 记 $S_N = \sum\limits_{n=1}^{N} a_n$，称之为该级数的前 N 项的部分和. 这样我们得到一个部分和构成的数列 $\{S_N\}$，如果部分和数列 $\{S_N\}$ 收敛，记其极限为 S，那么我们称该数项级数收敛于和 S，即

$$S = \lim_{N\to+\infty} S_N = \sum_{n=1}^{\infty} a_n.$$

如果部分和数列 $\{S_N\}$ 发散，我们则称该数项级数发散.

例 1.21　考虑下列级数的敛散性.

$$(1)\ \sum_{n=1}^{\infty}(-1)^{n-1},\qquad (2)\ \sum_{n=1}^{\infty}\frac{1}{n},\qquad (3)\ \sum_{n=1}^{\infty}\frac{1}{n^2},\qquad (4)\ \sum_{n=1}^{\infty}\frac{(-1)^{n-1}}{n}.$$

证明　(1) $S_1=1$, $S_2=0$, $S_3=1$, $S_4=0$, $\cdots$，容易看到部分和数列有两个聚点，所以部分和数列发散，从而该级数发散.

(2) $S_n = 1+\frac{1}{2}+\cdots+\frac{1}{n}$，我们来证明这个部分和数列是无界的，从而级数是发散的. 事实上，对任意的自然数 N，只要取 $n=2^{2N}$，就有 $S_n > N$，具体过程如下

$$\begin{aligned} S_n &= 1+\frac{1}{2}+(\frac{1}{3}+\frac{1}{4})+(\frac{1}{5}+\frac{1}{6}+\frac{1}{7}+\frac{1}{8})+\cdots+(\frac{1}{2^{2N-1}+1}+\cdots+\frac{1}{2^{2N}}) \\ &> 1+\frac{1}{2}+2\frac{1}{2^2}+4\frac{1}{2^3}+\cdots+2^{2N-1}\frac{1}{2^{2N}} = 1+2N\cdot\frac{1}{2} > N. \end{aligned}$$

此种情况，也可以记为 $\sum\limits_{n=1}^{\infty}\frac{1}{n}=+\infty$.

(3) $S_n = 1+\frac{1}{2^2}+\cdots+\frac{1}{n^2}$，显然这个部分和数列单调增，我们来证明它还是有上界的. 事实上

$$S_n < 1+\frac{1}{1\cdot 2}+\cdots+\frac{1}{(n-1)n} = 1+(1-\frac{1}{2})+\cdots+(\frac{1}{n-1}-\frac{1}{n}) = 2-\frac{1}{n} < 2.$$

这样由单调有界准则知，部分和数列 $\{S_N\}$ 收敛，从而该级数收敛.[3]

(4) $S_n = 1-\frac{1}{2}+\cdots+\frac{(-1)^{n-1}}{n}$ 不再是单调数列，但是仍然有规律可以寻找. 注意

[3]此级数称为巴塞尔级数，巴塞尔是瑞士的一个城市. 该级数的求和问题于 1644 年提出，曾难住不少大数学家，是一个世纪难题，直到 1735 年 28 岁的欧拉利用函数项级数算出 $\sum\limits_{n=1}^{\infty}\frac{1}{n^2}=\frac{\pi^2}{6}$.

到

$$S_{2n}=(1-\frac{1}{2})+(\frac{1}{3}-\frac{1}{4})+\cdots+(\frac{1}{2n-1}-\frac{1}{2n})<S_{2(n+1)},$$

$$S_{2n}=1-(\frac{1}{2}-\frac{1}{3})-(\frac{1}{4}-\frac{1}{5})-\cdots+(\frac{1}{2n-2}-\frac{1}{2n-1})-\frac{1}{2n}<1,$$

这就告诉我们偶数个项构成的部分和数列 $\{S_{2n}\}$ 单调增且有上界，所以 $\{S_{2n}\}$ 收敛，设 $\lim S_{2n}=S$. 再来看奇数个项构成的数列，容易看到

$$S_{2n-1}=S_{2n}+\frac{1}{2n},$$

所以

$$\lim S_{2n-1}=\lim S_{2n}=S.$$

综合可得 $\lim S_n=S$. 所以级数 $\sum_{n=1}^{\infty}\frac{(-1)^{n-1}}{n}$ 收敛. □

1.2.6　习题

1. 用 $\varepsilon-N$ 语言证明.

(1) $\lim\frac{\sin n}{n}=0$,　(2) $\lim q^n=0,\quad |q|<1$,　(3) $\lim(\sqrt{n^2+n}-n)=\frac{1}{2}$.

2. 求下列数列的极限.

(1) $\lim(\frac{1}{n^2}+\frac{2}{n^2}+\cdots+\frac{n}{n^2})$,　(2) $\lim\frac{2^n+3^n}{(-2)^n+3^{n+1}}$,　(3) $\lim\sqrt[n]{2^n+3^n}$.

3. 设 $a>0$，利用单调有界准则，证明极限 $\lim\frac{a^n}{n!}$ 存在，并求出此极限.

4. 设 $a_1>0$, $a_{n+1}=\frac{1}{2}\left(a_n+\frac{3}{a_n}\right)$，利用单调有界准则，证明 $\lim a_n=\sqrt{3}$.

5. 根据 q 的不同取值，讨论几何级数 $\sum_{n=1}^{\infty}q^n$ 何时收敛？何时发散？

6. 如果级数 $\sum_{n=1}^{\infty}a_n$ 的通项 $a_n\geqslant 0$，那么我们称该级数为正项级数. 两个正项级数 $\sum_{n=1}^{\infty}a_n$ 和 $\sum_{n=1}^{\infty}b_n$ 满足条件 $a_n\leqslant b_n$，证明：如果 $\sum_{n=1}^{\infty}b_n$ 收敛，那么 $\sum_{n=1}^{\infty}a_n$ 也收敛.

7. 证明交错级数 $\sum_{n=1}^{\infty}(-1)^{n-1}a_n$ 的收敛性，其中数列 $\{a_n\}$ 的每一项都是正的，且 $\{a_n\}$ 单调减趋于 0.

8. 已知 $x_n=1+\frac{1}{2}+\cdots+\frac{1}{n}-\ln n$，利用不等式 $(1+\frac{1}{n})^n<e<(1+\frac{1}{n})^{n+1}$ 和单调有界准则，证明数列 $\{x_n\}$ 收敛.

9. 研究斐波拉契数列，即

$$x_1 = x_2 = 1,\ x_n = x_{n-1} + x_{n-2},\ n = 3,4,\cdots.$$

(1) 利用数学软件计算出该数列的前 10 项，并画出这 10 项的分布图，由此观察数列的规律；(2) 令 $y_n = \frac{x_{n+1}}{x_n}$，用数学软件算出数列 $\{y_n\}$ 的一些项，观察 n 较大时数列 $\{y_n\}$ 值的变化趋势；(3) 假设 $\lim y_n$ 存在，计算此极限 $\lim y_n$；(4)* 尝试求出 x_n 的通项表达式.

1.3　函数的极限与连续性

1.3.1　瞬时速度

设物体沿 OX 轴运动，其位置 x 是时间 t 的函数 $x = f(t)$. 如果运动比较均匀，那么我们可以用平均速度反映其运动的快慢. 在 $[t_1,t_2]$ 这段时间的平均速度定义为

$$v_{[t_1,t_2]} = \frac{f(t_2) - f(t_1)}{t_2 - t_1}.$$

如果物体的运动很不均匀，那么平均速度就不能很好地反映物体的运动状况，必须代之以每一时刻 t_0 的瞬时速度 $v(t_0)$. 为了计算瞬时速度，我们取越来越短的时间间隔 $[t_0,t]$，以平均速度 $v_{[t_0,t]}$ 作为瞬时速度 $v(t_0)$ 的近似值. 让 t 趋于 t_0，平均速度 $v_{[t_0,t]}$ 的极限即为物体在时刻 t_0 的瞬时速度，即

$$v(t_0) = \lim_{t \to t_0} \frac{f(t) - f(t_0)}{t - t_0}.$$

1.3.2　函数极限的定义

可以看到求瞬时速度问题时，我们需要考虑一个平均速度函数的极限问题. 在实际生活中，我们会遇到大量的函数极限，即随着自变量的变化，对应的函数值无限趋于某个确定的数. 相比数列极限，函数极限的复杂性在于自变量的变化过程是多种多样的，下面我们根据自变量不同的变化过程来分别给出函数极限的定义.

定义 1.7　当 x 的绝对值无限增大时，函数 $f(x)$ 无限接近于常数 A，则称 A 为函数 $f(x)$ 当 $x \to \infty$ 时的极限，记为

$$\lim_{x \to \infty} f(x) = A \quad 或 \quad f(x) \to A \ (x \to \infty).$$

这里的定义用严密的逻辑语言来表示就是：如果对任意实数 $\varepsilon > 0$，都存在一个实数 X，使得只要 $|x| > X$，就有 $|f(x) - A| < \varepsilon$，那么我们就称 $\lim\limits_{x\to\infty} f(x) = A$.

我们将 $x \to \infty$ 称为自变量的一个极限过程，除此之外还有其他极限过程

$$x \to +\infty,\quad x \to -\infty,\quad x \to x_0,\quad x \to x_0^+,\quad x \to x_0^-,$$

其中 $x \to x_0^+$ 表示 x 从右侧趋于 x_0，而 $x \to x_0^-$ 表示 x 从左侧趋于 x_0. 下面我们再以 $x \to x_0$ 为例给出函数极限的定义，其余 4 种情况留给读者.

定义 1.8 (函数极限的 $\varepsilon-\delta$ 定义) 如果对任意实数 $\varepsilon > 0$，都存在一个实数 $\delta > 0$，使得只要 $0 < |x - x_0| < \delta$，就有 $|f(x) - A| < \varepsilon$，那么我们就称 $\lim\limits_{x\to x_0} f(x) = A$.

正如平均速度函数 $v_{[t_0,t]}$ 不需要在 t_0 处有定义，从上面的函数极限的 $\varepsilon-\delta$ 定义可以看到，并不需要 $f(x)$ 在 x_0 处有定义，只需要 $f(x)$ 在 x_0 的附近有定义. 具体来说，我们一般要求 $f(x)$ 在 x_0 的某个去心邻域里有定义，这里的去心邻域是指 $(x_0 - \eta, x_0 + \eta) \setminus \{x_0\}$.

我们将极限 $\lim\limits_{x\to x_0^-} f(x)$ 和 $\lim\limits_{x\to x_0^+} f(x)$ 分别称为函数 $f(x)$ 在点 x_0 处的左极限和右极限，左右极限统称为单侧极限. 注意到极限过程 $x \to x_0$ 意味着同时考虑 $x \to x_0^+$ 和 $x \to x_0^-$ 这两种情形，于是得到下面的定理.

定理 1.10 $\lim\limits_{x\to x_0} f(x) = A$ 的充分必要条件是 $\lim\limits_{x\to x_0^+} f(x) = \lim\limits_{x\to x_0^-} f(x) = A$.

例 1.22 设 $f(x) = \begin{cases} x, & x \geqslant 0, \\ -x+1, & x < 0. \end{cases}$ 求 $\lim\limits_{x\to 0} f(x)$.

解 因为 $\lim\limits_{x\to 0^-} f(x) = \lim\limits_{x\to 0^-} (-x+1) = 1$，$\lim\limits_{x\to 0^+} f(x) = \lim\limits_{x\to 0^+} x = 0$，$f(x)$ 在 0 处的左右极限不同，所以 $\lim\limits_{x\to 0} f(x)$ 不存在. □

1.3.3 函数极限的性质

类似于数列极限性质，也可以得到函数极限的唯一性、有界性、夹逼准则和四则运算法则，下面仅以 $x \to x_0$ 的情况给出这些性质，至于其他极限过程下的极限性质，只需稍作修改即可得到.

定理 1.11 (唯一性和局部有界性) 若极限 $\lim\limits_{x\to x_0} f(x)$ 存在，则该极限是唯一的，且 $f(x)$ 在 x_0 的附近有界.

定理 1.12 (夹逼准则) 已知函数 $f(x), g(x), h(x)$ 在 x_0 的附近有定义，且在 x_0

的附近满足条件

$$f(x) \leqslant g(x) \leqslant h(x),$$

并且 $\lim\limits_{x\to x_0} f(x) = \lim\limits_{x\to x_0} h(x) = A$，则

$$\lim_{x\to x_0} g(x) = A.$$

定理 1.13　(四则运算法则) 已知函数 $\lim f(x) = A$，$\lim g(x) = B$，那么

(1)　$\lim(f(x) \pm g(x)) = \lim f(x) \pm \lim g(x) = A \pm B$;

(2)　$\lim(f(x) \cdot g(x)) = \lim f(x) \cdot \lim g(x) = A \cdot B$;

(3)　$\lim \dfrac{f(x)}{g(x)} = \dfrac{\lim f(x)}{\lim g(x)} = \dfrac{A}{B}$，$B \neq 0$.

例 1.23　考察下列函数的极限.

(1) $\lim\limits_{x\to 0} \sin x$，　(2) $\lim\limits_{x\to a} |x|$，　(3) $\lim\limits_{x\to 2} \sqrt{x}$，　(4) $\lim\limits_{x\to 0} x\sin\dfrac{1}{x}$，　(5) $\lim\limits_{x\to 0} \dfrac{\sqrt{x+1}-1}{x}$.

解　(1) 因为 $|\sin x| \leqslant |x|$，所以 $\lim\limits_{x\to 0} \sin x = 0$.

(2) 因为 $\big||x|-|a|\big| \leqslant |x-a|$，所以 $\lim\limits_{x\to a} |x| = |a|$.

(3) 因为 $|\sqrt{x}-\sqrt{2}| = \dfrac{|x-2|}{\sqrt{x}+\sqrt{2}} \leqslant \dfrac{1}{\sqrt{2}}|x-2|$，所以 $\lim\limits_{x\to 2} \sqrt{x} = \sqrt{2}$.

(4) 因为 $|x\sin\dfrac{1}{x}| \leqslant |x|$，所以 $\lim\limits_{x\to 0} x\sin\dfrac{1}{x} = 0$.

(5) $\lim\limits_{x\to 0} \dfrac{\sqrt{x+1}-1}{x} = \lim\limits_{x\to 0} \dfrac{1}{\sqrt{x+1}+1} = \dfrac{1}{\lim\sqrt{x+1}+1} = \dfrac{1}{2}$.　□

1.3.4　两个重要极限

例 1.24　试证 $\lim\limits_{x\to 0} \dfrac{\sin x}{x} = 1$.

证明　因为

$$|\cos x - 1| = 2(\sin\frac{x}{2})^2 \leqslant 2(\frac{x}{2})^2 = \frac{x^2}{2} \to 0 \quad (x \to 0),$$

所以 $\lim\limits_{x\to 0} \cos x = 1$. 由不等式

$$\sin x < x < \tan x, \quad \forall\, x \in (0, \frac{\pi}{2}),$$

可得

$$\cos x < \frac{\sin x}{x} < 1, \quad \forall x \in (0, \frac{\pi}{2}).$$

因为 $\cos x$ 和 $\frac{\sin x}{x}$ 都是偶函数，所以上式对于 $x \in (-\frac{\pi}{2}, 0)$ 也成立，即

$$\cos x < \frac{\sin x}{x} < 1, \quad \forall x \in (-\frac{\pi}{2}, 0) \cup (0, \frac{\pi}{2}).$$

由夹逼准则得 $\lim\limits_{x \to 0} \frac{\sin x}{x} = 1$. □

例 1.25　试证 (1) $\lim\limits_{x \to \infty}(1 + \frac{1}{x})^x = e$,　(2) $\lim\limits_{x \to 0}(1 + x)^{\frac{1}{x}} = e$.

证明　(1) 先证明 $\lim\limits_{x \to +\infty}(1 + \frac{1}{x})^x = e$.

$$(1 + \frac{1}{[x]+1})^{[x]} \leqslant (1 + \frac{1}{x})^x \leqslant (1 + \frac{1}{[x]})^{[x]+1},$$

注意到

$$\lim(1 + \frac{1}{n+1})^n = \lim(1 + \frac{1}{n})^{n+1} = e,$$

所以利用夹逼准则得

$$\lim_{x \to +\infty}(1 + \frac{1}{x})^x = e.$$

再证明 $\lim\limits_{x \to -\infty}(1 + \frac{1}{x})^x = e$.

$$\lim_{x \to -\infty}(1 + \frac{1}{x})^x = \lim_{y \to +\infty}(1 - \frac{1}{y})^{-y} \qquad 令\ y = -x$$

$$= \lim_{y \to +\infty}(1 + \frac{1}{y-1})^y = \lim_{y \to +\infty}(1 + \frac{1}{y-1})^{y-1} \cdot (1 + \frac{1}{y-1}) = e.$$

综合两种情况得 $\lim\limits_{x \to \infty}(1 + \frac{1}{x})^x = e$.

(2) 由上面极限，令 $t = \frac{1}{x}$ 得，$\lim\limits_{t \to 0}(1 + t)^{\frac{1}{t}} = e$. □

1.3.5　无穷小量

定义 1.9　如果在某个极限过程下，$\lim \alpha = 0$，那么我们称 α 是此极限过程下的无穷小量.

定义 1.10　已知 α, β 是同一个极限过程下的两个无穷小量. 如果 $\lim \frac{\alpha}{\beta} = 0$，那么我们称 α 是 β 的高阶无穷小，记为 $\alpha = o(\beta)$；如果 $m \leqslant |\frac{\alpha}{\beta}| \leqslant M$，其中 m, M

是正的常数，那么我们称 α 是 β 的同阶无穷小，记为 $\alpha = O(\beta)$；特别地，如果 $\lim\dfrac{\alpha}{\beta} = 1$，那么我们称 α 与 β 是等价无穷小，记为 $\alpha \sim \beta$.

定理 1.14　$\lim\dfrac{\alpha}{\beta} = 1 \quad\Leftrightarrow\quad \alpha = \beta + o(\beta).$

证明　$\lim\dfrac{\alpha}{\beta} = 1 \ \Leftrightarrow\ \lim(\dfrac{\alpha}{\beta} - 1) = 0 \ \Leftrightarrow\ \lim\dfrac{\alpha-\beta}{\beta} = 0 \ \Leftrightarrow\ \alpha-\beta = o(\beta).$ □

例 1.26　因为 $\lim\limits_{x\to 0}\dfrac{\sin x}{x} = 1$，所以当 $x \to 0$ 时，$\sin x \sim x$，所以 $\sin x = x + o(x)$.

定理 1.15　(等价无穷小代换) 已知 α 和 $\widetilde{\alpha}$ 是等价无穷小，$\lim\dfrac{\alpha}{\beta}$ 存在，那么

$$\lim\frac{\widetilde{\alpha}}{\beta} = \lim\frac{\alpha}{\beta}.$$

证明　$\lim\dfrac{\widetilde{\alpha}}{\beta} = \lim\dfrac{\widetilde{\alpha}}{\alpha}\cdot\dfrac{\alpha}{\beta} = \lim\dfrac{\alpha}{\beta}.$ □

例 1.27　计算极限.

(1) $\lim\limits_{x\to 0}\dfrac{\sin(\sin x)}{x} = \lim\limits_{x\to 0}\dfrac{\sin x}{x} = 1.$

(2) $\lim\limits_{x\to 0}\dfrac{\arcsin x}{x} = \lim\limits_{t\to 0}\dfrac{t}{\sin t} = 1.$　(令 $t = \arcsin x$)

(3) $\lim\limits_{x\to 0}\dfrac{\tan x}{x} = \lim\limits_{x\to 0}\dfrac{\sin x}{x}\cdot\dfrac{1}{\cos x} = 1.$

(4) $\lim\limits_{x\to 0}\dfrac{\arctan x}{x} = \lim\limits_{t\to 0}\dfrac{t}{\tan t} = 1.$　(令 $t = \arctan x$)

例 1.28　计算极限.

(1) $\lim\limits_{x\to 0}\dfrac{1-\cos x}{x^2} = \lim\limits_{x\to 0}\dfrac{2(\sin\frac{x}{2})^2}{x^2} = \lim\limits_{x\to 0}\dfrac{2(\frac{x}{2})^2}{x^2} = \dfrac{1}{2}$，即 $1-\cos x \sim \dfrac{1}{2}x^2$.

(2) $\lim\limits_{x\to 0}\dfrac{\tan x - \sin x}{x^3} = \lim\limits_{x\to 0}\dfrac{\tan x}{x}\cdot\dfrac{1-\cos x}{x^2} = \dfrac{1}{2}.$

1.3.6　曲线的渐近线

函数的图形是一条曲线. 如果两条曲线在一个区间上，可以任意接近却永不相交，那么我们称为这两条曲线是渐近的. 我们经常关注的情形是一条曲线渐近于一条直线. 如果此直线恰好是竖直的，那么我们称它为竖直渐近线，而如果此直线是水平的，那么我们称之为水平渐近线. 如果此直线既不是竖直的又不是水平的渐近线，那么我们称它为斜渐近线.

例 1.29 求曲线 $y=\dfrac{1}{(x-1)^2}$ 的渐近线.

解 因为 $\lim\limits_{x\to\infty}\dfrac{1}{(x-1)^2}=0$，所以 $y=0$ 是曲线 $y=\dfrac{1}{(x-1)^2}$ 的水平渐近线.

因为 $\lim\limits_{x\to 1}\dfrac{1}{(x-1)^2}=\infty$，所以 $x=1$ 是曲线 $y=\dfrac{1}{(x-1)^2}$ 的竖直渐近线. □

假设曲线 $y=f(x)$ 有斜渐近线 $y=ax+b$，那么如何求出该斜渐近线呢？在曲线上取一个动点 $(x,f(x))$，那么该点到斜渐近线的距离为

$$d(x)=\frac{|f(x)-ax-b|}{\sqrt{1+a^2}}.$$

由渐近线的定义知 $\lim\limits_{x\to+\infty\text{或}-\infty} d(x)=0$，等价于

$$\lim_{x\to+\infty\text{或}-\infty}[f(x)-ax-b]=0,$$

于是

$$0=\lim\frac{1}{x}[f(x)-ax-b]=\lim\left[\frac{f(x)}{x}-a\right],$$

所以

$$a=\lim_{x\to+\infty\text{或}-\infty}\frac{f(x)}{x},\qquad b=\lim_{x\to+\infty\text{或}-\infty}[f(x)-ax].$$

例 1.30 求曲线 $y=\dfrac{2x^2}{3x-1}$ 的渐近线.

解 因为 $\lim\limits_{x\to 1/3}\dfrac{2x^2}{3x-1}=\infty$，所以 $x=1/3$ 是曲线的竖直渐近线. 再求斜渐近线.

$$a=\lim_{x\to\infty}\frac{2x}{3x-1}=\frac{2}{3},\qquad b=\lim_{x\to\infty}\left(\frac{2x^2}{3x-1}-\frac{2}{3}x\right)=\frac{2}{9},$$

所以直线 $y=\dfrac{2}{3}x+\dfrac{2}{9}$ 是曲线的斜渐近线. □

1.3.7 函数的连续性

一个质点沿着数轴运动时，它的位移 x 就是时间 t 的函数 $x=f(t)$，因为质点从一个位置运动到两外一个位置时，它必须经过一切中间位置，因而函数 $x=f(t)$ 的图形必然是一条连续不断的曲线. 如果用极限概念来刻画这个性质，我们就得到了下面关于连续函数的定义.

定义 1.11 设函数 $f(x)$ 在 x_0 附近有定义，如果 $\lim\limits_{x\to x_0}f(x)=f(x_0)$，那么我们就说函数 f 在 x_0 点连续. 如果 $\lim\limits_{x\to x_0^-}f(x)=f(x_0)$，那么我们就说函数 f 在 x_0 点左连续.

如果 $\lim\limits_{x\to x_0^+} f(x)=f(x_0)$，那么我们就说函数 f 在 x_0 点右连续.

容易看到，函数 f 在 x_0 点连续等价于在 x_0 点函数运算与极限运算可交换次序，即

$$\lim_{x\to x_0} f(x)=f(\lim_{x\to x_0} x).$$

定理 1.16　函数 f 在 x_0 点连续的充分必要条件是 f 在 x_0 点既是左连续又是右连续.

定义 1.12　如果函数 f 在开区间 (a,b) 中的每点都连续，那么我们就称函数 f 是 (a,b) 上的连续函数，记为 $f\in C(a,b)$；如果函数 f 是 (a,b) 上的连续函数且 f 在 a 点右连续在 b 点左连续，那么我们就称函数 f 是闭区间 $[a,b]$ 上的连续函数，记为 $f\in C[a,b]$. 类似可以定义其它各种类型区间上的连续函数.

定理 1.17　(*复合函数的连续性*) 设函数 $u=g(x)$ 在点 x_0 处连续，函数 $y=f(u)$ 在对应点 $u_0=g(x_0)$ 处连续，则复合函数 $f(g(x))$ 在 x_0 处连续.

证明　$\lim\limits_{x\to x_0} f(g(x))=f(\lim\limits_{x\to x_0} g(x))=f(g(\lim\limits_{x\to x_0} x))=f(g(x_0)).$ □

定理 1.18　(*反函数的连续性*) 函数 $y=f(x)$ 在区间 I 上严格单调且连续，那么它的反函数 $x=f^{-1}(y)$ 在对应的区间 $f(I)$ 上严格单调且连续.

我们在中学里学习过六类函数：常数函数、幂函数、指数函数、对数函数、三角函数和反三角函数，我们将它们称为*基本初等函数*. 基本初等函数经过有限次加、减、乘、除、复合运算以及反函数运算所得到的函数称为*初等函数*. 不难证明，基本初等函数在其定义域内都是连续函数，再利用极限的四则运算法则、复合函数的连续性以及反函数的连续性，可以得到，*初等函数在其定义域内都连续*.

例 1.31　求极限.

$$(1)\ \lim_{x\to 0}\frac{\ln(1+x)}{x},\qquad (2)\ \lim_{x\to 0}\frac{e^x-1}{x},\qquad (3)\ \lim_{x\to 0}\frac{(1+x)^\alpha-1}{x}.$$

证明　(1) 利用连续性

$$\lim_{x\to 0}\frac{\ln(1+x)}{x}=\ln\lim_{x\to 0}(1+x)^{\frac{1}{x}}=\ln e=1,$$

即当 $x\to 0$ 时，$\ln(1+x)\sim x$.

(2) 令 $t=e^x-1$，则 $\lim\limits_{x\to 0}\dfrac{e^x-1}{x}=\lim\limits_{t\to 0}\dfrac{t}{\ln(1+t)}=1$，即 $e^x-1\sim x$.

(3) $\lim\limits_{x\to 0}\dfrac{(1+x)^{\alpha}-1}{x}=\lim\dfrac{e^{\alpha\ln(1+x)}-1}{x}=\lim\dfrac{\alpha\ln(1+x)}{x}=\alpha$，即 $(1+x)^{\alpha}-1\sim\alpha x$.

□

例 1.32　(连续复利问题) 设有本金 P_0，计息期的利率为 r，计息期数为 t，如果每期结算一次，则 t 期后的本利和为

$$A_t=P_0(1+r)^t.$$

如果每期结算 m 次，那么每次结算的利率为 $\dfrac{r}{m}$，所以 t 期后的本利和为

$$A_m=P_0(1+\frac{r}{m})^{mt}.$$

如果 $m\to+\infty$，则表示利息随时计入本金，意味着立即存入立即结算. 这样的复利称为连续复利. 那么 t 期后的本利和为

$$\lim_{m\to+\infty}P_0(1+\frac{r}{m})^{mt}=P_0\lim e^{mt\cdot\ln(1+\frac{r}{m})}=P_0\,e^{\lim mt\cdot\ln(1+\frac{r}{m})}=P_0\,e^{\lim mt\cdot\frac{r}{m}}=P_0\,e^{rt}.$$

定义 1.13　函数 f 的不连续的点称为 f 的间断点. 如果函数 f 在 x_0 点的左右极限都存在，但至少有一个不等于 $f(x_0)$，那么就称 x_0 是第一类间断点；如果 f 在 x_0 点的左右极限至少有一个不存在，那么称 x_0 是第二类间断点.

1.3.8　闭区间上连续函数的性质

定义 1.14　如果 $x_1, x_2\in[a,b]$，且对该区间内的所有 x，有

$$f(x_1)\leqslant f(x)\leqslant f(x_2),$$

那么称 $f(x_1)$ 为函数在闭区间 $[a,b]$ 上的最小值；称 $f(x_2)$ 为函数在闭区间 $[a,b]$ 上的最大值；并将 x_1, x_2 分别称为函数的最小值点和最大值点.

从连续的几何含义，可以看到下面的定理成立.

定理 1.19　(最值定理) 函数 f 在闭区间 $[a,b]$ 上连续，那么 f 在 $[a,b]$ 上取到最大值和最小值.

定理 1.20　(零点存在定理) 函数 f 在闭区间 $[a,b]$ 上连续，且 $f(a)\cdot f(b)<0$，则存在点 $x_0\in(a,b)$，使得 $f(x_0)=0$.

定理 1.21　(介值定理) 函数 f 在闭区间 $[a,b]$ 上连续，m, M 分别是 f 在 $[a,b]$ 上的最小值和最大值，则对于任意的 $\eta\in[m,M]$，必存在点 $x_0\in[a,b]$，使得 $f(x_0)=\eta$.

值得注意的是函数在一点处的连续性是函数在该点处的局部性质，而函数在闭区间上的连续性则是函数在整个闭区间上的整体性质.

例 1.33　证明方程 $x\cdot 2^x-1=0$ 至少有一个小于 1 的正根.

证明　设 $f(x)=x\cdot 2^x-1$，则 $f\in C[0,1]$，且

$$f(0)=-1<0,\quad f(1)=1>0,$$

由零点存在定理知，存在 $x_0\in(0,1)$，使得 $f(x_0)=0$. □

1.3.9　习题

1. 用 $\varepsilon-\delta$ 定义证明 $\lim\limits_{x\to 1}\dfrac{1}{2x-1}=1$.

2. 计算极限.

(1) $\lim\limits_{x\to 0}\dfrac{\sqrt{4+x^2}-2}{x}$,　(2) $\lim\limits_{x\to -1}\left(\dfrac{1}{x+1}-\dfrac{3}{x^3+1}\right)$,

(3) $\lim\limits_{x\to 0}\dfrac{\sin 2x}{\sin 3x}$,　(4) $\lim\limits_{x\to 1}\dfrac{x^\alpha-1}{x-1}$,

(5) $\lim\limits_{x\to 0^+}\dfrac{\sqrt{1-\cos x}}{\sin x}$,　(6) $\lim\limits_{x\to +\infty}\left(\dfrac{1+x}{2+x}\right)^x$.

3. 已知 $f(x)=\sqrt{x+\sqrt{x}}$，请问 (1) 如果 $\lim\limits_{x\to 0^+}\dfrac{f(x)}{x^\alpha}=1$，那么 $\alpha=$?

(2) 如果 $\lim\limits_{x\to +\infty}\dfrac{f(x)}{x^\beta}=1$，那么 $\beta=$?

4. 已知 $\lim\limits_{x\to -\infty}\left(\sqrt[3]{x^3+2x^2-1}-ax-b\right)=0$，求常数 a, b.

5. 求曲线 $y=\dfrac{x^3}{(x+3)(x-1)}$ 的渐近线.

6. 已知函数 $f(x)=\dfrac{x}{a+e^{bx}}$ 在 $(-\infty,+\infty)$ 上连续，且 $\lim\limits_{x\to -\infty}f(x)=0$，则常数 a, b 满足什么条件?

7. 指出函数 $y=\dfrac{x}{\sin x}$ 的间断点，并确定其间断点的类型.

8. 证明方程 $x^3-2x-5=0$ 在区间 $(2,3)$ 内至少有一个根.

9. 为了求解方程 $z^2+1=0$，引入复数 i，那么该方程的解就是 $z=\pm i$. 更一般的复数就是 $z:=x+iy$，其中 x, y 是实数.

(1) 请定义复数间的四则运算，用极坐标表示复数 z 并研究复数的乘方 z^n.

(2)* 定义 $e^{iy}:=\lim\limits_{n\to +\infty}(1+\dfrac{iy}{n})^n$，试推导欧拉公式 $e^{iy}=\cos y+i\sin y$.

1.4　导数与微分

1.4.1　曲线在一点处的切线

设 $y=f(x)$ 是在 (a,b) 上有定义的函数，它表示 OXY 坐标系中的一段曲线. 我们希望过曲线 $y=f(x)$ 上的一点 $P_0\ (x_0,f(x_0))$，作该曲线的切线. 为此，考虑曲线上的另外一点 $P\ (x,f(x))$，过这两点可作一条直线，即曲线的割线 P_0P，其斜率为 $\dfrac{f(x)-f(x_0)}{x-x_0}$. 当点 P 沿着曲线变动时，割线 P_0P 的方位也随着变动；当点 P 无限接近于点 P_0 时，割线 P_0P 的极限位置就是曲线在 P_0 点的切线，所以切线的斜率为

$$\lim_{x\to x_0}\frac{f(x)-f(x_0)}{x-x_0}.$$

1.4.2　导数的概念

我们已经看到，切线和瞬时速度的讨论，都归结到同一种形式的极限，下面我们就来系统地研究这样的极限.

定义 1.15　设函数 $f(x)$ 在 x_0 点附近有定义. 如果存在极限

$$\lim_{x\to x_0}\frac{f(x)-f(x_0)}{x-x_0}$$

那么我们就称函数 $f(x)$ 在 x_0 点可导，并把上述极限称为函数 $f(x)$ 在 x_0 点的导数或者微商，记为 $f'(x_0)$ 或者 $\dfrac{\mathrm{d}f}{\mathrm{d}x}(x_0)$. 由此定义知，导数是函数相对于自变量的变化率.

为了方便书写，引入记号 $h=x-x_0$，于是 $x=x_0+h$，这样我们可以将导数写成

$$f'(x_0)=\lim_{h\to 0}\frac{f(x_0+h)-f(x_0)}{h}.$$

例 1.34　试求常值函数 $f(x)\equiv C$ 的导数.

解　$f'(x)=\lim\limits_{h\to 0}\dfrac{f(x+h)-f(x)}{h}=\lim\limits_{h\to 0}\dfrac{C-C}{h}=0.$ □

例 1.35　设 $m\in\mathbb{N}$，试求函数 $f(x)=x^m$ 的导数.

解　$f'(x)=\lim\limits_{h\to 0}\dfrac{(x+h)^m-x^m}{h}=\lim\limits_{h\to 0}\left(mx^{m-1}+\dfrac{m(m-1)}{2}x^{m-2}h+\cdots+h^{m-1}\right)=mx^{m-1}.$ □

例 1.36　设 $\alpha\in\mathbb{R}$，试求函数 $f(x)=x^\alpha$ 的导数.

解　$f'(x)=\lim\limits_{h\to 0}\dfrac{(x+h)^\alpha-x^\alpha}{h}=\lim\limits_{h\to 0}x^\alpha\cdot\dfrac{(1+\frac{h}{x})^\alpha-1}{h}=\lim\limits_{h\to 0}x^\alpha\cdot\dfrac{\alpha\frac{h}{x}}{h}=\alpha x^{\alpha-1}.$ □

例 1.37　试求函数 $f(x)=\sin x$ 的导数.

解　$f'(x)=\lim\limits_{h\to 0}\dfrac{\sin(x+h)-\sin x}{h}=\lim\limits_{h\to 0}\dfrac{2\sin\frac{h}{2}\cos(x+\frac{h}{2})}{h}=\cos x.$ □

例 1.38　试求函数 $f(x)=\cos x$ 的导数.

解　$f'(x)=\lim\limits_{h\to 0}\dfrac{\cos(x+h)-\cos(x)}{h}=\lim\limits_{h\to 0}\dfrac{-2\sin\frac{h}{2}\sin(x+\frac{h}{2})}{h}=-\sin x.$ □

例 1.39　试求函数 $f(x)=e^x$，$g(x)=a^x$，$a\neq 1$ 的导数.

解　$f'(x)=\lim\limits_{h\to 0}\dfrac{e^{x+h}-e^x}{h}=\lim\limits_{h\to 0}e^x\cdot\dfrac{e^h-1}{h}=e^x.$

$$g'(x)=\lim_{h\to 0}\frac{a^{x+h}-a^x}{h}=\lim_{h\to 0}a^x\cdot\frac{a^h-1}{h}=\lim_{h\to 0}a^x\cdot\frac{e^{h\ln a}-1}{h}=a^x\ln a.$$ □

例 1.40　试求函数 $f(x)=\ln x$，$g(x)=\log_a x$ 的导数.

解　$f'(x)=\lim\limits_{h\to 0}\dfrac{\ln(x+h)-\ln x}{h}=\lim\limits_{h\to 0}\dfrac{\ln(1+\frac{h}{x})}{h}=\dfrac{1}{x}$，$g'(x)=(\dfrac{\ln x}{\ln a})'=\dfrac{1}{x\ln a}.$ □

如果导数的定义中的极限取的是单侧极限，那么我们就得到了左右导数，即

$$f'_-(x_0)=\lim_{h\to 0^-}\frac{f(x_0+h)-f(x_0)}{h},\quad f'_+(x_0)=\lim_{h\to 0^+}\frac{f(x_0+h)-f(x_0)}{h}.$$

显然，*函数在一点可导的充分必要条件是函数在该点的左右导数存在且相等.*

例 1.41　讨论函数 $f(x)=|x|$ 在 $x=0$ 处是否可导？

解　计算 $x=0$ 处的左右导数.

$$f'_-(0)=\lim_{h\to 0^-}\frac{f(h)-f(0)}{h}=\lim_{h\to 0^-}\frac{-h}{h}=-1,\quad f'_+(0)=\lim_{h\to 0^+}\frac{f(h)-f(0)}{h}=\lim_{h\to 0^+}\frac{h}{h}=1.$$

函数在 $x=0$ 处的左右导数不相等，所以函数在 $x=0$ 处不可导. □

如果函数 $f(x)$ 在区间 I 中的每点都可导，记为 $f\in D(I)$，那么我们就得到了 I 上的一个*导函数* $f'(x)$，在不引起混淆的情况下，导函数简称为导数.

定理 1.22　如果函数 $f(x)$ 在点 x_0 处可导，那么 $f(x)$ 在点 x_0 处必连续.

证明　因为 $f'(x_0)=\lim\limits_{h\to 0}\dfrac{f(x_0+h)-f(x_0)}{h}$，即 $\lim\limits_{h\to 0}\dfrac{f(x_0+h)-f(x_0)-f'(x_0)h}{h}=0$，从而

$$f(x_0+h)=f(x_0)+f'(x_0)h+o(h),$$

所以 $\lim\limits_{h\to 0}f(x_0+h)=f(x_0)$，得证. □

连续是可导的必要非充分条件，比如函数 $f(x)=|x|$ 在 $x=0$ 处连续但不可导.

导数的几何意义：导数是切线的斜率. 曲线 $y=f(x)$ 在点 $(x_0,\ f(x_0))$ 处的切线为

$$y-f(x_0)=f'(x_0)(x-x_0).$$

1.4.3 求导法则

定理 1.23 (四则运算求导法则) 设函数 $f(x)$, $g(x)$ 在点 x 处可导，那么

(1) $\Big(f(x)\pm g(x)\Big)'=f'(x)\pm g'(x)$;

(2) $\Big(f(x)\cdot g(x)\Big)'=f'(x)\cdot g(x)+f(x)\cdot g'(x)$;

(3) $\left(\dfrac{f(x)}{g(x)}\right)'=\dfrac{f'(x)\cdot g(x)-f(x)\cdot g'(x)}{(g(x))^2}$.

例 1.42 求函数 $f(x)=e^x\sin x$ 的导数.

解 $f'(x)=(e^x)'\sin x+e^x(\sin x)'=e^x\sin x+e^x\cos x$. □

例 1.43 求函数 $\tan x$和$\cot x$ 的导数.

解 $(\tan x)'=(\dfrac{\sin x}{\cos x})'=\dfrac{(\sin x)'\cdot\cos x-\sin x\cdot(\cos x)'}{(\cos x)^2}=\dfrac{1}{\cos^2 x}=\sec^2 x$.

类似可得，$(\cot x)'=-\dfrac{1}{\sin^2 x}=-\csc^2 x$. □

例 1.44 求函数 $f(x)=e^{-x}$ 的导数.

解 $(e^{-x})'=\left(\dfrac{1}{e^x}\right)'=-\dfrac{e^x}{(e^x)^2}=-e^{-x}$. □

定理 1.24 (复合函数求导法则) 设函数 $f(x)$ 在点 x_0 处可导，函数 $g(y)$ 在 $y_0=f(x_0)$ 处可导，则复合函数 $\varphi(x)=g(f(x))$ 在点 x_0 处可导，且

$$\varphi'(x_0)=g'(f(x_0))\cdot f'(x_0).$$

例 1.45 求函数 $f(x)=\sin(ax+b)$ 的导数.

解 $\big(\sin(ax+b)\big)'=\cos(ax+b)\cdot(ax+b)'=a\cos(ax+b)$. □

例 1.46 求函数 $f(x)=e^{x^2}$ 的导数.

解 $(e^{x^2})'=e^{x^2}\cdot(x^2)'=2xe^{x^2}$. □

例 1.47 求函数 $f(x)=\ln|x|$ 的导数.

解　当 $x>0$ 时，$f'(x)=(\ln x)'=\frac{1}{x}$；当 $x<0$ 时，$f'(x)=\big(\ln(-x)\big)'=\frac{1}{-x}\cdot(-1)=\frac{1}{x}$. 所以只要 $x\neq 0$，总有 $(\ln|x|)'=\frac{1}{x}$. □

例 1.48　求函数 $f(x)=\ln|x+C|$，$g(x)=\ln|\frac{x-a}{x+a}|$ 的导数.

解　$f'(x)=\frac{1}{x+C}$，$g'(x)=\big(\ln|x-a|-\ln|x+a|\big)'=\frac{1}{x-a}-\frac{1}{x+a}=\frac{2a}{x^2-a^2}$. □

例 1.49　求函数 $y=\sqrt{x^2+a^2}$ 的导数.

解　令 $u=x^2+a^2$，则 $y=\sqrt{u}$，所以

$$y'(x)=(\sqrt{u})'\cdot(x^2+a^2)'=\frac{1}{2\sqrt{u}}\cdot(2x)=\frac{x}{\sqrt{x^2+a^2}}.$$

□

例 1.50　求函数 $y=\ln(x+\sqrt{x^2+a^2})$ 的导数.

解　令 $u=x+\sqrt{x^2+a^2}$，则 $y=\ln u$，所以

$$y'(x)=(\ln u)'\cdot(x+\sqrt{x^2+a^2})'=\frac{1}{u}\cdot(1+\frac{x}{\sqrt{x^2+a^2}})=\frac{1}{\sqrt{x^2+a^2}}.$$

□

例 1.51　求函数 $f(x)=(1+x)^x$ 的导数.

解　$f'(x)=(e^{x\ln(1+x)})'=e^{x\ln(1+x)}\cdot[x\ln(1+x)]'=(1+x)^x\Big[\ln(1+x)+\frac{x}{1+x}\Big]$. □

定理 1.25　(反函数求导法则) 设一一对应的函数 $y=f(x)$ 在点 x_0 处可导且 $f'(x_0)\neq 0$，那么反函数 $x=f^{-1}(y)$ 在 $y_0=f(x_0)$ 处可导且

$$(f^{-1})'(y_0)=\frac{1}{f'(x_0)}.$$

例 1.52　求函数 $y=\arcsin x$ 的导数.

解　$x=\sin y$，所以 $(\arcsin x)'=\frac{1}{(\sin y)'}=\frac{1}{\cos y}=\frac{1}{\sqrt{1-x^2}}$. □

同样方法可得，$(\arccos x)'=-\frac{1}{\sqrt{1-x^2}}$.

例 1.53　求函数 $y=\arctan x$ 的导数.

解　$x=\tan y$，所以 $(\arctan x)'=\frac{1}{(\tan y)'}=\frac{1}{\sec^2 y}=\frac{1}{1+\tan^2 y}=\frac{1}{1+x^2}$. □

同样方法可得，$(\operatorname{arccot} x)' = -\dfrac{1}{1+x^2}$.

定理 1.26 (隐函数求导法则) 如果按照方程 $F(x,y)=0$，对每个 $x\in D$，恰好存在唯一的 $y\in E$ 与之对应，那么我们就说，由条件 $F(x,y)=0$，$x\in D$，$y\in E$ 确定了一个隐函数 $y=y(x)$. 如果该隐函数可导，那么可对方程 $F(x,y)=0$ 两边对 x 求导，从而计算出该隐函数的导数.

例 1.54 计算由方程 $xy+\ln y=1$ 所确定的函数 $y=y(x)$ 的导数.

解 在方程两边对 x 求导得 $y+x\cdot y'+\dfrac{1}{y}\cdot y'=0$，所以 $y'=-\dfrac{y^2}{xy+1}$. □

1.4.4 高阶导数

定义 1.16 如果 f 的导函数 f' 在点 x 处的导数存在，即 $(f')'(x)$，称之为 f 在点 x 处的二阶导数，记为

$$f''(x),\ \ f^{(2)}(x)\ \text{或者}\ \frac{\mathrm{d}^2 f}{\mathrm{d}x^2}.$$

类似可以定义三阶导数 $f'''(x)$ 以及更高阶的导数 $f^{(n)}(x)$. 我们把函数自身称为 0 阶导数，即 $f(x)=f^{(0)}(x)$. 如果函数 f 在区间 I 上每点的 n 阶导数都存在，那么我们称 f 在区间 I 上 n 阶可导，记为 $f\in D^n(I)$. 如果 f 在区间 I 上的 n 阶导函数连续，则记为 $f\in C^n(I)$. 我们将 C^1 类函数称为光滑函数. 特别地，如果函数 f 在区间 I 上每点的任意阶导数都存在，此时称 f 在区间 I 上无穷次可导，记为 $f\in C^\infty(I)$.

高阶导数在实际问题中有着广泛的应用. 例如在力学中，如果用 $x(t)$ 表示沿直线运动的质点的坐标，那么一阶导数 $x'(t)$ 表示运动的速度，二阶导数 $x''(t)$ 表示运动的加速度，于是牛顿第二定律的数学表示就是 $F=mx''(t)$，其中 m 是该运动质点的质量.

例 1.55 求函数 $y=e^{\alpha x}$ 的 n 阶导数.

解 $(e^{\alpha x})^{(n)}=\alpha(e^{\alpha x})^{(n-1)}=\cdots=\alpha^n e^{\alpha x}$. □

例 1.56 求函数 $y=\sin x$ 的 n 阶导数.

解 先计算前面几阶导数.

$$y'=\cos x=\sin\left(x+\frac{\pi}{2}\right),\qquad y''=-\sin x=\sin(x+\pi),$$
$$y'''=-\cos x=\sin\left(x+\frac{3\pi}{2}\right),\quad y^{(4)}=\sin x=\sin(x+2\pi).$$

不难看出规律，即

$$y^{(n)}=(\sin x)^{(n)}=\sin(x+\frac{n\pi}{2}).$$

同样方法可得 $(\cos x)^{(n)}=\cos(x+\frac{n\pi}{2})$. □

例 1.57　求函数 $y=\ln(1+x)$ 的 n 阶导数.

解　$y'=\frac{1}{1+x}$，注意到 $(\frac{1}{1+x})'=-(1+x)^{-2}$，$(\frac{1}{1+x})''=-(-2)\cdot(1+x)^{-3}$，$\cdots$. 不难找到规律，所以

$$y^{(n)}=(\frac{1}{1+x})^{(n-1)}=\frac{(-1)^{n-1}(n-1)!}{(1+x)^n}.$$

□

前面我们已经给出了两个函数乘积的导数，下面考虑两个函数乘积的高阶导数. 计算

$$(f\cdot g)''=(f'g+fg')'=f''g+2f'g'+fg'',$$

$$(f\cdot g)'''=(f''g+2f'g'+fg'')'=f'''g+3f''g'+3f'g''+fg'''.$$

不难总结出下面的结论.

定理 1.27　(莱布尼茨高阶导数公式) 设函数 f, g 都在点 x 处 n 阶可导，那么这两个函数的乘积 $f\cdot g$ 也在点 x 处 n 阶可导，且在这点有

$$\Big(f(x)\cdot g(x)\Big)^{(n)}=\sum_{k=0}^{n}C_n^k f^{(k)}(x)g^{(n-k)}(x).$$

1.4.5　微分的概念

与函数在一点的可导性紧密联系的一个概念就是可微性. 考虑函数 $f(x)=x^2$ 在点 x 处的可导性，计算函数的增量

$$f(x+h)-f(x)=(x+h)^2-x^2=2xh+h^2,$$

为了考察可导性，并不需要 h 的高次项 h^2 的信息，所以我们将上式写为

$$f(x+h)-f(x)=2xh+o(h),$$

由此即得 $\frac{f(x+h)-f(x)}{h}=2x+\frac{o(h)}{h}$，再令$h\to 0$，即得 $f'(x)=2x$.

定义 1.17　设函数 $f(x)$ 在点 x 附近有定义，如果

$$f(x+h)-f(x)=Ah+o(h),$$

其中 A 与 h 无关(可以依赖于 x)，那么我们称函数 $f(x)$ 在点 x 处可微.

定理 1.28 函数 $f(x)$ 在点 x 处可导的充分必要条件是它在点 x 处可微.

证明 “充分性.” 如果 $f(x+h)-f(x)=Ah+o(h)$，那么

$$\frac{f(x+h)-f(x)}{h}=A+\frac{o(h)}{h},$$

因而 $f(x)$ 在点 x 处可导，且 $f'(x)=\lim\limits_{h\to 0}\frac{f(x+h)-f(x)}{h}=A$.

“必要性.” 如果存在极限 $\lim\limits_{h\to 0}\frac{f(x+h)-f(x)}{h}=f'(x)$，那么

$$\lim_{h\to 0}\frac{f(x+h)-f(x)-f'(x)h}{h}=0,$$

从而 $f(x+h)-f(x)=f'(x)h+o(h)$，即函数 $f(x)$ 在点 x 处可微. □

设函数 $y=f(x)$ 在点 x_0 处可导(可微)，则

$$f(x_0+h)-f(x_0)=f'(x_0)h+o(h),$$

此式称为*无穷小增量公式*. 采用记号 $\Delta x=h, \Delta y=f(x_0+h)-f(x_0)$，那么

$$\Delta y=f'(x_0)\Delta x+o(\Delta x).$$

这样我们将函数的增量 Δy 表示为两项之和，前一项是自变量增量 Δx 的一次式(线性式)，后一项是 Δx 的高阶无穷小. 在坐标系中，作出曲线 $y=f(x)$ 以及该曲线在 x_0 点的切线. 我们看到，对于给定的自变量增量 Δx，$f'(x_0)\Delta x$ 正好就是切线函数的增量.

定义 1.18 设函数 $y=f(x)$ 在点 x_0 处可微. 我们引入记号

$$\mathrm{d}x:=\Delta x, \quad \mathrm{d}y:=f'(x_0)\Delta x=f'(x_0)\mathrm{d}x,$$

并将 $\mathrm{d}y$ 称为函数 $y=f(x)$ 在 x_0 点的微分.

从几何角度来看，微分 $\mathrm{d}y=f'(x_0)\mathrm{d}x$ 就是切线函数的增量；从代数角度来看，微分 $\mathrm{d}y=f'(x_0)\mathrm{d}x$ 是函数增量 Δy 的线性主部，$\mathrm{d}y$ 与 Δy 仅仅相差一个高阶无穷小 $o(\Delta x)$，因而当 Δx 充分小时，可以用 $\mathrm{d}y$ 作为 Δy 的近似值.

有了微分概念后，导数 $f'(x_0)=\frac{\mathrm{d}y}{\mathrm{d}x}$，所以导数也称为微商，而且复合函数求导公式就可以用微分来证明，即

$$u=g(y), \quad y=f(x), \quad u'(x)=\frac{\mathrm{d}u}{\mathrm{d}y}\cdot\frac{\mathrm{d}y}{\mathrm{d}x},$$

类似反函数求导公式也可以用微分来证明，即

$$y=f(x), \quad x=f^{-1}(y), \quad \frac{\mathrm{d}x}{\mathrm{d}y}=\frac{1}{\frac{\mathrm{d}y}{\mathrm{d}x}}.$$

有时变量 y 对变量 x 的函数关系，是用参数方程形式给出的，即

$$x = x(t), \quad y = y(t), \quad t \in I.$$

如果 $x, y \in C^1(I)$ 且 $\frac{\mathrm{d}x}{\mathrm{d}t} \neq 0$，那么得到参数方程求导法则，即

$$\frac{\mathrm{d}y}{\mathrm{d}x} = \frac{\frac{\mathrm{d}y}{\mathrm{d}t}}{\frac{\mathrm{d}x}{\mathrm{d}t}}.$$

例如，函数 $y = \sqrt{a^2 - x^2}$，$-a \leqslant x \leqslant a$，用参数方程表示出来就是

$$x = a\cos t, \quad y = a\sin t, \quad 0 \leqslant t \leqslant \pi,$$

计算导数

$$\frac{\mathrm{d}y}{\mathrm{d}x} = \frac{a\cos t}{-a\sin t} = -\frac{\cos t}{\sin t}.$$

定义 1.19　函数 $y = f(x)$ 在 x 点的微分 $\mathrm{d}y = f'(x)\mathrm{d}x$ 是 x 的函数，如果 $\mathrm{d}y$ 在 x 点仍然可微，那么称 $\mathrm{d}^2y := \mathrm{d}(\mathrm{d}y)$ 为二阶微分. 类似方法可以定义更高阶的微分 $\mathrm{d}^n y = \mathrm{d}(\mathrm{d}^{n-1}y)$.

下面来推导二阶微分的计算公式.

$$\mathrm{d}^2y = \mathrm{d}(f'(x)\mathrm{d}x) = (f'(x)\mathrm{d}x)'\mathrm{d}x = f''(x)\mathrm{d}x \cdot \mathrm{d}x + f'(x)(\mathrm{d}x)' \cdot \mathrm{d}x = f''(x)(\mathrm{d}x)^2.$$

习惯上记 $\mathrm{d}x^2 := (\mathrm{d}x)^2$，那么 $\mathrm{d}^2y = f''(x)\mathrm{d}x^2$. 注意下面两个式子与 $\mathrm{d}x^2$ 的区别，

$$\mathrm{d}(x^2) = 2x\mathrm{d}x, \quad \mathrm{d}^2x = \mathrm{d}(\mathrm{d}x) = 0.$$

例 1.58　求函数 $y = x^2 + \ln x + 3^x$ 的一阶微分和二阶微分.

解　$\mathrm{d}y = y'(x)\mathrm{d}x = \left(2x + \frac{1}{x} + 3^x \ln 3\right)\mathrm{d}x.$

$$\mathrm{d}^2y = y''(x)\mathrm{d}x^2 = \left(2x + \frac{1}{x} + 3^x \ln 3\right)'\mathrm{d}x^2 = \left(2 - \frac{1}{x^2} + 3^x \ln^2 3\right)\mathrm{d}x^2.$$ □

1.4.6　微分的应用

利用公式 $f(x) \approx f(x_0) + f'(x_0)(x - x_0)$，可近似计算 $f(x)$ 的值. 公式右端的线性函数称为 $f(x)$ 的线性化函数或者切线函数，那么这里的近似计算的几何含义就是用切线去近似表示函数的曲线.

例 1.59　计算 $\sqrt[3]{1.03}$ 的近似值.

解　设函数 $f(x) = x^{1/3}$，那么 $f'(x) = \frac{1}{3}x^{-2/3}$. 取 $x = 1.03$, $x_0 = 1$，利用公式

$$f(x) \approx f(x_0) + f'(x_0)(x - x_0),$$

即得 $\sqrt[3]{1.03} \approx 1 + \frac{1}{3} \cdot 0.03 = 1.01$. □

例 1.60 测量球的半径 r，半径的相对误差大约为多大时，才能保证球的体积的相对误差不超过 3%？

解 球的体积 $v(r)=\frac{4}{3}\pi r^3$，体积的导数 $v'(r)=4\pi r^2$，计算体积的相对误差

$$|\frac{\Delta v}{v}|\approx|\frac{\mathrm{d}v}{v}|=|\frac{v'(r)\mathrm{d}r}{v}|=3|\frac{\mathrm{d}r}{r}|=3|\frac{\Delta r}{r}|\leqslant 3\%,$$

所以半径的相对误差大约需要满足 $|\frac{\Delta r}{r}|\leqslant 1\%$. □

例 1.61 在牛顿建立的经典力学里认为物体的质量 m 是一个常数. 而爱因斯坦指出，物体的质量 m 会随其速度 v 的增大而增大，即

$$m=\frac{m_0}{\sqrt{1-(v/c)^2}},$$

其中光的速度 $c=3\times 10^8$ 米/秒，m_0 是物体静止时的质量. 因为 $\frac{1}{\sqrt{1-x}}=1+\frac{x}{2}+o(x)$，所以当 v/c 很小时，$(v/c)^2$ 更小，利用微分近似得

$$m\approx m_0\left[1+\frac{1}{2}(v/c)^2\right]\quad\Rightarrow\quad (m-m_0)c^2\approx\frac{1}{2}m_0v^2.$$

从物理角度来看，这个等式的右端表示物体的动能，那么等式的意思就是，物体从速度为 0 加速到速度为 v 时，动能的变化量约为 $(m-m_0)c^2=9\times 10^{16}(m-m_0)$. 从另外一个方面来说，该等式给出了质量和能量的关系，物体微小的质量变化会释放出巨大的能量，例如 1 克质量转换成的能量就相当于一颗 2 万吨级的原子弹的能量.

1.4.7 习题

1. 函数 $y=|\sin x|$ 在点 $x=0$ 处导数是否存在？

2. 已知 $f'(x_0)=2$，利用无穷小增量公式，求

$$(1)\ \lim_{h\to 0}\frac{f(x_0)-f(x_0-h)}{h},\qquad (2)\ \lim_{h\to 0}\frac{f(x_0+2h)-f(x_0-h)}{h}.$$

3. 求曲线 $y=\sqrt[3]{x}$ 分别在 $x=1,\ x=8,\ x=0$ 处的切线.

4. 求下列函数的导数.

(1) $y=\frac{x+1}{x-1}$, (2) $y=xe^{2x}$, (3) $y=\ln(x^2+x+1)$,

(4) $y=\arcsin\frac{1}{x}$, (5) $y=x^2\sin\frac{1}{x}$, (6) $y=\sqrt{\frac{x-1}{x+3}}$,

(7) $y=\arctan\sqrt{x^2+1}$, (8) $y=\ln(x+\sqrt{x^2-1})$, (9) $y=\sec x$.

5. 求下列函数的二阶导数.

(1) $y=x\ln x$,　(2) $y=e^x\cos x$,　(3) $y=\tan x$.

6. 求下列函数的 n 阶导数.

(1) $y=x^5$,　(2) $y=\dfrac{1}{1-x}$,　(3) $y=\sin(2x)$.

7. 求下列函数的微分.

(1) $y=\sin^2 x$,　(2) $y=x\ln(1+x^2)$.

8. 在括号内填入适当的函数.

(1) $\mathrm{d}(\qquad)=\sin 2x\,\mathrm{d}x$,　(2) $\mathrm{d}(\qquad)=e^{-2x}\,\mathrm{d}x$.

9. 摆线的参数方程是 $x=t-\sin t$，$y=1-\cos t$，$0\leqslant t\leqslant\pi$. 求 $\dfrac{\mathrm{d}y}{\mathrm{d}x}$ 以及 $\dfrac{\mathrm{d}^2y}{\mathrm{d}x^2}$.

10. 利用微分求下来各数的近似值.

(1) $e^{0.03}$,　(2) $\ln 1.003$,　(3) $\sin 29^{\circ}$.

1.5　微分中值定理与洛必达法则

1.5.1　函数的极值与罗尔中值定理

定义 1.20　如果函数 $f(x)$ 在 x_0 的某个邻域内，满足条件 $f(x)\leqslant f(x_0)$，那么称 $f(x_0)$ 是函数 $f(x)$ 的一个极大值，x_0 称为极大值点；如果函数 $f(x)$ 在 x_0 的某个邻域内，满足条件 $f(x)\geqslant f(x_0)$，那么称 $f(x_0)$ 是函数 $f(x)$ 的一个极小值，x_0 称为极小值点.

值得注意的是极值是一个局部概念，而最值是一个整体概念.

定理 1.29　(费马引理) 设 $f\in D(a,b)$，ξ 是 $f(x)$ 在区间 (a,b) 内的一个极值点，那么 $f'(\xi)=0$.

证明　不妨设 ξ 是 $f(x)$ 在区间 (a,b) 内的一个极大值点，注意到

$$f'(\xi)=\lim_{h\to0^+}\frac{f(\xi+h)-f(\xi)}{h}\leqslant 0,$$

$$f'(\xi)=\lim_{h\to0^-}\frac{f(\xi+h)-f(\xi)}{h}\geqslant 0,$$

所以必有 $f'(\xi)=0$. □

[4]

定理 1.30 (罗尔中值定理) 如果函数 $f \in C[a,b]$, $f \in D(a,b)$ 且 $f(a)=f(b)$，那么至少存在一点 $\xi \in (a,b)$，使得 $f'(\xi)=0$.

值得注意的是，罗尔中值定理中的三个条件是定理成立的充分条件，且三个条件缺一不可，否则定理就不成立.

证明 因为 $f \in C[a,b]$，所以根据闭区间上连续函数的性质，函数 f 在 $[a,b]$ 上一定取得最大值 M 和最小值 m.

(1) $M=m$ 的情况. 此时函数 f 为常数，结论显然成立.

(2) $M \neq m$ 的情况. 此时 m, M 中至少有一个不是在区间的端点取得，不妨设 $M=f(\xi)$, $\xi \in (a,b)$，那么 ξ 是极大值点，由费马引理知 $f'(\xi)=0$. □

例 1.62 不求出导数，判断函数 $f(x)=x(x-1)(x-2)$ 的导函数有几个零点，以及它们所在的范围.

证明 因为 $f(0)=f(1)=f(2)=0$，所以存在 $\xi_1 \in (0,1)$, $\xi_2 \in (1,2)$ 使得

$$f'(\xi_1)=f'(\xi_2)=0.$$

由于 $f'(x)$ 是二次函数，最多只有两个零点，所以 $f'(x)$ 只有两个零点 ξ_1 和 ξ_2. □

1.5.2 拉格朗日中值定理

定理 1.31 (拉格朗日中值定理) 如果函数 $f \in C[a,b]$, $f \in D(a,b)$，那么至少存在一点 $\xi \in (a,b)$，使得 $f(b)-f(a)=f'(\xi)(b-a)$.

[4]图中的三位数学家都是法国人，其中费马 (左1601-1665) 和罗尔 (中1652-1719) 是微积分的先驱，费马以“费马大定理”出名，这个困扰了数学界几百年的猜想最终由英国数学家怀尔斯在 1995 年证明. 拉格朗日中值定理也被称为微分学基本定理，拉格朗日 (1736-1813) 在数学、力学和天文学领域中都做出了巨大贡献.

证明　引入辅助函数

$$\phi(x)=f(x)-\frac{f(b)-f(a)}{b-a}(x-a),$$

那么 $\phi(a)=\phi(b)=f(a)$ 且 ϕ 满足罗尔中值定理的条件，于是存在一点 $\xi\in(a,b)$，使得 $\phi'(\xi)=0$，即 $f(b)-f(a)=f'(\xi)(b-a)$. □

推论 1.2　如果导函数 $f'(x)\equiv 0$，$a<x<b$，那么 $f(x)$ 在 (a,b) 上是常数.

推论 1.3　如果 $f'(x)\equiv g'(x)$，$a<x<b$，那么在 (a,b) 上，$f(x)=g(x)+C$.

容易看到，罗尔中值定理是拉格朗日中值定理的特殊情况. 在数学研究中，对于一个复杂问题，经常先考虑它的简化情形，然后再推广到更一般的情形.

拉格朗日中值定理中的公式称为*拉格朗日中值公式*或者*有限增量公式*，该公式也常用下面的形式

$$f(x)=f(x_0)+f'(\xi)\cdot(x-x_0),$$

其中 ξ 介于 x_0 和 x 之间. 将拉格朗日中值公式改写为

$$f'(\xi)=\frac{f(b)-f(a)}{b-a},$$

那么公式的几何意思就是，存在一点 ξ 使得该点的切线平行于曲线的两个端点连线.

例 1.63　证明不等式 $|\arctan x-\arctan y|\leqslant|x-y|$.

证明　令 $f(t)=\arctan t$，那么存在介于 x, y 之间的 ξ 使得

$$\arctan x-\arctan y=\frac{1}{1+\xi^2}(x-y),$$

所以 $|\arctan x-\arctan y|\leqslant|x-y|$. □

例 1.64　证明等式 $\arctan x+\operatorname{arccot}x=\frac{\pi}{2}$.

证明　令 $f(x)=\arctan x+\operatorname{arccot}x$，$x\in\mathbb{R}$，那么

$$f'(x)=\frac{1}{1+x^2}-\frac{1}{1+x^2}=0,\quad \forall\, x\in\mathbb{R}.$$

所以 $f(x)\equiv f(0)=0+\frac{\pi}{2}=\frac{\pi}{2}$. □

定理 1.32　(一阶导数与单调性) *设函数 $f\in D(a,b)$，那么 $f(x)$ 在区间 (a,b) 上单调增的充分必要条件是：对任意的 $x\in(a,b)$，$f'(x)\geqslant 0$.* 特别地，如果对任意的 $x\in(a,b)$，$f'(x)>0$，那么 $f(x)$ 在区间 (a,b) 上严格单调增. 单调减的情况类似.

证明　充分性. 任取 x_1, $x_2 \in (a,b)$，$x_1 < x_2$，由拉格朗日中值定理知，存在 $\xi \in (x_1,x_2)$，使得

$$f(x_2)-f(x_1)=f'(\xi)(x_2-x_1)\geqslant 0.$$

特别地，如果对任意的 $x \in (a,b)$, $f'(x)>0$，那么

$$f(x_2)-f(x_1)=f'(\xi)(x_2-x_1)>0.$$

必要性. 任取 $x \in (a,b)$，观察到 $\dfrac{f(x+h)-f(x)}{h}\geqslant 0$，令 $h\to 0$，即得 $f'(x)\geqslant 0$.

另外值得注意的是，用反证法不难推导出，如果 $f\in C[a,b]$, $f\in D(a,b)$，且对任意的 $x\in(a,b)$, $f'(x)>0$，那么 $f(x)$ 在闭区间 $[a,b]$ 上严格单调增. □

例 1.65　证明不等式 $\sin x > x-\dfrac{x^3}{6}$，$\forall\, x>0$.

证明　令 $f(x)=\sin x - x+\dfrac{x^3}{6}$. 计算一阶导数和二阶导数.

$$f'(x)=\cos x-1+\frac{x^2}{2},\quad f''(x)=x-\sin x.$$

注意到 $f''(x)>0, \forall\, x>0$，所以 $f'(x)$ 严格单调增，从而 $f'(x)>f'(0)=0$，所以 $f(x)$ 严格单调增，因此 $f(x)>f(0)=0$，得证. □

1.5.3　柯西中值定理

定理 1.33　(柯西中值定理) 设函数 f, $g\in C[a,b]$, f, $g\in D(a,b)$，且 $g'(x)\neq 0$，那么至少存在一点 $\xi\in(a,b)$ 使得

$$\frac{f(b)-f(a)}{g(b)-g(a)}=\frac{f'(\xi)}{g'(\xi)}.$$

证明　构造辅助函数

$$\psi(x)=f(x)-\frac{f(b)-f(a)}{g(b)-g(a)}\cdot\Big(g(x)-g(a)\Big),$$

那么 $\psi(a)=\psi(b)=f(a)$ 且 ψ 满足罗尔定理的条件，于是存在一点 $\xi\in(a,b)$，使得 $\psi'(\xi)=0$，即 $\dfrac{f(b)-f(a)}{g(b)-g(a)}=\dfrac{f'(\xi)}{g'(\xi)}$. □

在柯西中值定理中取 $g(x)=x$ 即得拉格朗日中值定理，所以柯西中值定理是拉格朗日中值定理的推广. 另一方面，如果用参数方程表示函数，那么利用拉格朗日中值定理也可以推出柯西中值定理，具体的推导留给读者.

1.5.4　洛必达法则

如果在某个极限过程中，$f(x)$ 和 $g(x)$ 都趋于 0，那么我们称 $\lim \dfrac{f(x)}{g(x)}$ 为 $\dfrac{0}{0}$ 型的未定式，比如 $\lim\limits_{x\to 0} \dfrac{\sin x}{x}$. 常见的未定式还有 $\dfrac{\infty}{\infty}$, $0\cdot\infty$, $\infty-\infty$, 1^{∞}, ∞^0, 0^0 等等. 未定式没法用极限的四则运算法则求得，下面的洛必达法则是求解未定式的常用方法.

定理 1.34　($\dfrac{0}{0}$ 型的洛必达法则) 设函数 $f(x)$, $g(x)$ 在 x_0 的某个去心邻域内可导且 $g'(x)\neq 0$. 如果

$$
\begin{aligned}
&(1)\quad \lim_{x\to x_0} f(x) = \lim_{x\to x_0} g(x) = 0,\\
&(2)\quad \lim_{x\to x_0} \frac{f'(x)}{g'(x)} = A, \quad A \text{ 为有限或 } \infty,
\end{aligned}
$$

那么

$$\lim_{x\to x_0} \frac{f(x)}{g(x)} = \lim_{x\to x_0} \frac{f'(x)}{g'(x)} = A.$$

这里的结论对其他极限过程也成立.

证明　不妨取 $f(x_0)=g(x_0)=0$，利用柯西中值定理得

$$\frac{f(x)}{g(x)} = \frac{f(x)-f(x_0)}{g(x)-g(x_0)} = \frac{f'(\xi)}{g'(\xi)},$$

其中 ξ 介于 x 与 x_0 之间. 在上式两边，令 $x\to x_0$，那么 $\xi\to x_0$，于是

$$\lim_{x\to x_0} \frac{f(x)}{g(x)} = \lim_{\xi\to x_0} \frac{f'(\xi)}{g'(\xi)} = A.$$

至于其他极限过程下的洛必达法则也可证明，限于篇幅不再赘述. □

例 1.66　计算极限 $\lim\limits_{x\to 0} \dfrac{x-\sin x}{x^3} = \lim\limits_{x\to 0} \dfrac{1-\cos x}{3x^2} = \lim\limits_{x\to 0} \dfrac{\sin x}{6x} = \dfrac{1}{6}$.

例 1.67　计算极限 $\lim\limits_{x\to 0} \left(\dfrac{1}{\sin x} - \dfrac{1}{x}\right)$.

解　$\lim\limits_{x\to 0} \left(\dfrac{1}{\sin x} - \dfrac{1}{x}\right) = \lim\limits_{x\to 0} \dfrac{x-\sin x}{x\sin x} = \lim\limits_{x\to 0} \dfrac{x-\sin x}{x^2} = \lim\limits_{x\to 0} \dfrac{1-\cos x}{2x} = 0$. □

例 1.68　计算极限 $\lim\limits_{x\to +\infty} x(\dfrac{\pi}{2} - \arctan x)$.

解　$\lim\limits_{x\to +\infty} x(\dfrac{\pi}{2} - \arctan x) = \lim\limits_{x\to +\infty} \dfrac{\frac{\pi}{2} - \arctan x}{\frac{1}{x}} = \lim\limits_{x\to +\infty} \dfrac{-\frac{1}{1+x^2}}{-\frac{1}{x^2}} = \lim\limits_{x\to +\infty} \dfrac{x^2}{1+x^2} = 1.$

□

定理 1.35 （$\frac{\infty}{\infty}$ 型的洛必达法则）设函数 $f(x)$, $g(x)$ 在 x_0 的某个去心邻域内可导且 $g'(x) \neq 0$. 如果

$$(1) \qquad \lim_{x\to x_0} f(x) = \lim_{x\to x_0} g(x) = \infty,$$

$$(2) \qquad \lim_{x\to x_0} \frac{f'(x)}{g'(x)} = A, \quad A \text{ 为有限或 } \infty,$$

那么

$$\lim_{x\to x_0} \frac{f(x)}{g(x)} = \lim_{x\to x_0} \frac{f'(x)}{g'(x)} = A.$$

这里的结论对其他极限过程也成立. 证明略.

例 1.69 计算极限 $\lim\limits_{x\to+\infty} \frac{\ln x}{x} = \lim\limits_{x\to+\infty} \frac{1}{x} = 0.$

例 1.70 计算极限 $\lim\limits_{x\to+\infty} \frac{x^k}{e^x}$，其中 $k > 0$.

解 $\lim\limits_{x\to+\infty} \frac{x^k}{e^x} = \lim\limits_{x\to+\infty} \frac{kx^{k-1}}{e^x} = \cdots = \lim\limits_{x\to+\infty} \frac{k(k-1)\cdots(k-[k])x^{k-[k]-1}}{e^x} = 0.$ □

例 1.71 计算极限 $\lim\limits_{x\to 0^+} x\ln x$.

解 $\lim\limits_{x\to 0^+} x\ln x = \lim\limits_{x\to 0^+} \frac{\ln x}{\frac{1}{x}} = \lim\limits_{x\to 0^+} \frac{\frac{1}{x}}{-\frac{1}{x^2}} = \lim\limits_{x\to 0^+} -x = 0.$ □

1.5.5 习题

1. 证明：方程 $x^3 + x - 1 = 0$ 在区间 $[0,1]$ 上只有一个根.

2. 证明：方程 $e^x = ax^2 + bx + c$ 的根不超过三个.

3. 设函数 $f(x) = x^2(1-x)^2$，请问 $f''(x)$ 在 $(0,1)$ 内有几个零点？

4. 证明：若 $f''(x) \equiv 0$，则 $f(x) = C_1x + C_0$，其中 C_0, C_1 是常数.

5. 利用拉格朗日中值定理，证明不等式

$$(1)\ e^x \geqslant 1 + x,\ \forall x \in \mathbb{R}, \qquad (2)\ \frac{x}{1+x} < \ln(1+x) < x,\ \forall x > 0.$$

6. 设 $|x| \leqslant 1$，证明 $\arcsin \frac{2x}{1+x^2} = 2\arctan x$.

7. 证明不等式 $\ln(1+x) > x - \frac{x^2}{2}$，$\forall x > 0$.

8. 利用函数的单调性，比较 π^e 和 e^π 的大小.

9. 设函数 $f(x)=x(1-\ln x)$，(1) 计算 $f'(x)$ 给出 $f(x)$ 的单调区间；

(2) 设 $f(p)=f(q)$，其中 $0<p<1<q<e$，证明 $2<p+q<e$.

10. 计算极限.

(1) $\lim\limits_{x\to 0}\dfrac{2^x-1}{3^x-1}$，　(2) $\lim\limits_{x\to 0^+}x^{\sin x}$，

(3) $\lim\limits_{x\to 0}\left(\dfrac{1}{x}-\dfrac{1}{e^x-1}\right)$，　(4) $\lim\limits_{x\to 0}\left(\dfrac{2^x+3^x}{2}\right)^{\frac{1}{x}}$，

(5) $\lim\limits_{x\to \frac{\pi}{2}}(\sec x-\tan x)$，　(6) $\lim\limits_{x\to 0}\left(\dfrac{1}{x^2}-\cot^2 x\right)$.

11. 验证极限 $\lim\limits_{x\to+\infty}\dfrac{x+\cos x}{x}$ 存在，但不能用洛必达法则求出.

1.6　泰勒公式与泰勒级数

1.6.1　泰勒公式

用简单函数逼近复杂函数一直都是一个重要的问题. 一般来说，我们最熟悉且又是非常简单的函数就是多项式函数，这里我们考虑在一点 x_0 的附近用一个多项式 $P_n(x)$ 来逼近目标函数 $f(x)$.

先考虑一个具体的情况，取 $f(x)=e^x$, $x_0=0$. 那么由无穷小增量公式得

$$e^x=1+x+o(x),$$

即用一个一次多项式 $P_1(x)=1+x$ 逼近函数 e^x. 容易看到 $P_1(x)=1+x$ 是 e^x 在 0 处的切线函数，$P_1(x)$ 与 e^x 在 0 处的函数值以及导数值都相等. 那么如何用一个二次多项式 $P_2(x)$ 逼近函数 e^x，使得 $P_2(x)$ 与 e^x 在 0 处的函数值、导数值以及二阶导数值都相等？于是设 $P_2(x)=a_0+a_1x+a_2x^2$，那么

$$P_2(0)=a_0=1,\quad P_2'(0)=a_1=1,\quad P_2''(0)=2a_2=1,$$

所以 $P_2(x)=1+x+\dfrac{1}{2}x^2$. 接下来需要验证 $e^x=P_2(x)+o(x^2)$，为此计算

$$\lim_{x\to 0}\frac{e^x-P_2(x)}{x^2}=\lim_{x\to 0}\frac{e^x-1-x}{2x}=\lim_{x\to 0}\frac{e^x-1}{2}=0.$$

这样我们得到

$$e^x = 1 + x + \frac{1}{2}x^2 + o(x^2),$$

这个过程可以不断进行下去得到

$$e^x = 1 + x + \frac{1}{2!}x^2 + \cdots + \frac{1}{n!}x^n + o(x^n).$$

研究了指数函数的情况，我们再来看一般的函数，即得下面的定理.

定理 1.36　设函数 $f \in C^n(a,b)$, $x_0 \in (a,b)$，那么

$$f(x) = P_n(x) + o((x-x_0)^n),$$

其中

$$P_n(x) = f(x_0) + f'(x_0)(x-x_0) + \frac{1}{2}f''(x_0)(x-x_0)^2 + \cdots + \frac{1}{n!}f^{(n)}(x_0)(x-x_0)^n.$$

证明　容易验证 $P_n^{(k)}(x_0) = f^{(k)}(x_0)$, $k = 0,1,2,\cdots,n$. 利用洛必达法则计算得

$$\lim_{x \to x_0} \frac{f(x) - P_n(x)}{(x-x_0)^n} = \lim_{x \to x_0} \frac{f'(x) - P_n'(x)}{n(x-x_0)^{n-1}} = \cdots = \lim_{x \to x_0} \frac{f^{(n)}(x) - P_n^{(n)}(x)}{n!} = 0.$$

□

令 $R_n(x) = f(x) - P_n(x)$，那么我们称 $R_n(x)$ 为余项，它反映了 $P_n(x)$ 在 x_0 处逼近 $f(x)$ 的误差情况. 我们称 $R_n(x) = o((x-x_0)^n)$ 为皮亚诺型余项，称 $P_n(x)$ 为泰勒多项式，称 $f(x) = P_n(x) + o((x-x_0)^n)$ 为皮亚诺型余项的 n 阶泰勒公式. 泰勒多项式的系数 $a_k = \frac{1}{k!}f^{(k)}(x_0)$ 称为泰勒系数.

1.6.2　拉格朗日型余项

皮亚诺型余项只是给出了余项是一个高阶无穷小的性质，如果要估算余项的大小，就需要发展新类型的余项.

定理 1.37　设函数 $f \in D^{n+1}(a,b)$, $x_0 \in (a,b)$，那么对于任意的 $x \in (a,b)$，存在介于 x 与 x_0 之间的 ξ，使得

$$f(x) = P_n(x) + \frac{f^{(n+1)}(\xi)}{(n+1)!}(x-x_0)^{n+1},$$

其中 $P_n(x)$ 是泰勒多项式.

我们称 $R_n(x) = \frac{f^{(n+1)}(\xi)}{(n+1)!}(x-x_0)^{n+1}$ 为拉格朗日型余项，而定理中的泰勒公式就称为拉格朗日型余项的 n 阶泰勒公式. 容易看到，拉格朗日中值公式即为拉格朗日型余项的 0 阶泰勒公式.

证明　令 $F(x)=f(x)-P_n(x)$, $G(x)=(x-x_0)^{n+1}$，那么

$$F^{(k)}(x_0)=G^{(k)}(x_0)=0,\quad k=0,1,2,\cdots,n.$$

利用柯西中值定理来证明.

$$\frac{f(x)-P_n(x)}{(x-x_0)^{n+1}}=\frac{F(x)-F(x_0)}{G(x)-G(x_0)}=\frac{F'(\xi_1)}{G'(\xi_1)}$$

$$=\frac{F'(\xi_1)-F'(x_0)}{G'(\xi_1)-G'(x_0)}=\cdots=\frac{F^{(n)}(\xi_n)-F^{(n)}(x_0)}{G^{(n)}(\xi_n)-G^{(n)}(x_0)}=\frac{f^{(n+1)}(\xi)}{(n+1)!}.$$

□

例 1.72　设 $\lim\limits_{x\to0}\dfrac{f(x)}{x}=1$ 且 $f''(x)>0$，证明：$f(x)\geqslant x$.

证明　因为 $\lim\limits_{x\to0}\dfrac{f(x)}{x}=1$，所以 $f(x)=x+o(x)$，从而可得 $f(0)=0$, $f'(0)=1$，利用泰勒公式得 $f(x)=f(0)+f'(0)x+\dfrac{1}{2}f''(\xi)x^2=x+\dfrac{1}{2}f''(\xi)x^2\geqslant x$.　□

1.6.3　泰勒公式的应用

例 1.73　给出 e^x 在 0 处的拉格朗日型余项的泰勒公式，证明 e 是无理数.

证明　取拉格朗日型余项中的 $\xi=\theta x$, $\theta\in(0,1)$ 得

$$e^x=1+x+\frac{1}{2!}x^2+\cdots+\frac{1}{n!}x^n+\frac{e^{\theta x}}{(n+1)!}x^{n+1}.$$

假设 e 是有理数，那么存在一个自然数 m，使得 $m!e$ 是正整数. 取 $x=1$, $n=m$，则

$$e=1+1+\frac{1}{2!}+\cdots+\frac{1}{m!}+\frac{e^{\theta}}{(m+1)!},\quad \theta\in(0,1).$$

于是

$$m!\cdot e-m!\cdot(1+1+\frac{1}{2}+\cdots+\frac{1}{m!})=\frac{e^{\theta}}{m+1}.$$

由假设知，等式左边是一个整数，注意到 $\theta\in(0,1)$，因此 $1<e^{\theta}<3$，代入上式的右端，得到

$$0<\frac{1}{m+1}<\frac{e^{\theta}}{m+1}<\frac{3}{m+1}<1,\quad \forall\, m>2,$$

即等式右端不可能是整数，得到矛盾！所以 e 是无理数.　□

例 1.74　利用 e^x 的 10 次泰勒多项式求 e 的近似值，并估计误差.

解　在 e^x 的泰勒公式中，取 $n=10$, $x=1$, $x_0=0$ 得

$$e=1+1+\frac{1}{2!}+\frac{1}{3!}+\cdots+\frac{1}{10!}+\frac{e^{\theta}}{11!},\quad \theta\in(0,1),$$

从而得近似值

$$e \approx 1+1+\frac{1}{2!}+\frac{1}{3!}+\cdots+\frac{1}{10!}=2.718281801\cdots.$$

再看近似值的误差估计，$\dfrac{e^{\theta}}{11!}<\dfrac{3}{11!}\approx 6.8\times 10^{-8}$. □

例 1.75　求 $f(x)=\sin x$ 和 $g(x)=\cos x$ 在 0 处的 n 阶泰勒公式.

解　计算高阶导数 $f^{(k)}(x)=\sin(x+\frac{k\pi}{2})$，那么泰勒系数

$$a_k=\frac{f^{(k)}(0)}{k!}=\begin{cases} 0, & k=2n, \\ (-1)^n/(2n+1)!, & k=2n+1. \end{cases}$$

因此

$$\sin x = x-\frac{x^3}{3!}+\frac{x^5}{5!}-\cdots+\frac{(-1)^n}{(2n+1)!}x^{2n+1}+R_{2n+2}(x),$$

其中泰勒余项

$$R_{2n+2}(x)=o(x^{2n+2}) \quad 或者 \quad R_{2n+2}(x)=\frac{\sin(\theta x+\frac{2n+3}{2}\pi)}{(2n+3)!}x^{2n+3}.$$

类似可得

$$\cos x = 1-\frac{x^2}{2!}+\frac{x^4}{4!}-\cdots+\frac{(-1)^n}{(2n)!}x^{2n}+R_{2n+1}(x),$$

其中泰勒余项

$$R_{2n+1}(x)=o(x^{2n+1}) \quad 或者 \quad R_{2n+1}(x)=\frac{\cos(\theta x+\frac{2n+2}{2}\pi)}{(2n+2)!}x^{2n+2}.$$

□

例 1.76　求 $\tan x$ 在 0 处的三阶泰勒公式，并由此计算极限 $\lim\limits_{x\to 0}\dfrac{\tan x-\sin x}{x^3}$.

解　计算导数

$$(\tan x)'=\sec^2 x,\quad (\tan x)''=2\sec^2 x\cdot\tan x,\quad (\tan x)'''=2\sec^4 x+4\sec^2 x\cdot\tan^2 x,$$

所以

$$\tan x = x+\frac{1}{3}x^3+o(x^3).$$

又因为 $\sin x = x-\dfrac{x^3}{3!}+o(x^3)$，将两个泰勒公式代入，计算极限

$$\lim_{x\to 0}\frac{\tan x-\sin x}{x^3}=\lim_{x\to 0}\frac{[x+\frac{1}{3}x^3+o(x^3)]-[x-\frac{x^3}{3!}+o(x^3)]}{x^3}=\lim_{x\to 0}\frac{\frac{1}{2}x^3+o(x^3)}{x^3}=\frac{1}{2}.$$

□

1.6.4　泰勒级数

在泰勒公式中，令 $n \to \infty$，如果泰勒余项趋于 0，那么我们就得到

$$f(x) = \sum_{k=0}^{\infty} \frac{1}{k!} f^{(k)}(x_0)(x-x_0)^k,$$

将上面的式子称为函数 $f(x)$ 的泰勒展开式，等式右端的无穷级数称为泰勒级数.

例 1.77　考虑 $f(x) = e^x$ 在 0 处的泰勒公式

$$e^x = 1 + x + \frac{1}{2!}x^2 + \cdots + \frac{1}{n!}x^n + \frac{e^{\theta x}}{(n+1)!}x^{n+1}, \quad \theta \in (0,1).$$

对任意取定的 $x \in \mathbb{R}$，计算极限

$$\lim_{n\to+\infty} |R_n(x)| = e^{\theta x} \cdot \lim_{n\to+\infty} \frac{|x|^{n+1}}{(n+1)!} = 0,$$

所以

$$e^x = 1 + x + \frac{x^2}{2!} + \cdots + \frac{x^n}{n!} + \cdots, \quad x \in \mathbb{R}.$$

特别地，取 $x = 1$ 得

$$e = 1 + 1 + \frac{1}{2!} + \cdots + \frac{1}{n!} + \cdots.$$

类似可得

$$\sin x = x - \frac{x^3}{3!} + \frac{x^5}{5!} - \cdots + \frac{(-1)^n}{(2n+1)!}x^{2n+1} + \cdots, \quad x \in \mathbb{R},$$

$$\cos x = 1 - \frac{x^2}{2!} + \frac{x^4}{4!} - \cdots + \frac{(-1)^n}{(2n)!}x^{2n} + \cdots, \quad x \in \mathbb{R}.$$

1.6.5　习题

1. 在区间 $[0,1]$ 上用二次多项式逼近函数 $y = \sqrt{1+x}$，并估计误差.

2. 求 $f(x) = \sin x$ 在 $x_0 = \frac{\pi}{6}$ 处的带皮亚诺余项的 5 阶泰勒公式.

3. 利用泰勒公式求极限 $\lim\limits_{x\to 0} \dfrac{\cos x - e^{-\frac{x^2}{2}}}{x^4}$.

4. 计算 $\sin 1^{\circ}$，要求精确到 10^{-8}.

5. 利用 e^{ix}, $\sin x$, $\cos x$ 的泰勒级数，验证欧拉公式 $e^{ix} = \cos x + i\sin x$.

1.7 利用导数研究函数

1.7.1 函数的极值

前面的费马引理告诉我们，如果函数 $f(x)$ 在点 x_0 处可导且 x_0 是极值点，那么 $f'(x_0)=0$. 如果函数在一点处的导数等于 0，则称该点为函数的驻点. 这样我们要找函数的极值点，只需要考虑驻点和不可导的点. 找到这些可能的极值点后，还需要继续判断哪些点是真的极值点，从而进一步得出哪些点是极大值点或者极小值点.

定理 1.38 (一阶导数法) 设函数 $f(x)$ 在 x_0 的邻域 $(x_0-\delta,\ x_0+\delta)$ 内连续，且在对应的去心邻域内可导.

(1) 当 $x\in(x_0-\delta,\ x_0)$ 时，$f'(x)>0$，当 $x\in(x_0,\ x_0+\delta)$ 时，$f'(x)<0$，则 $f(x)$ 在 x_0 处取得极大值；

(2) 当 $x\in(x_0-\delta,\ x_0)$ 时，$f'(x)<0$，当 $x\in(x_0,\ x_0+\delta)$ 时，$f'(x)>0$，则 $f(x)$ 在 x_0 处取得极小值；

(3) 当 $x\in(x_0-\delta,\ x_0+\delta)$ 时，$f'(x)$ 的符号不变，则 x_0 不是 $f(x)$ 的极值点.

例 1.78 求函数 $f(x)=x^3-3x$ 的极值.

解 计算导数 $f'(x)=3x^2-3=3(x+1)(x-1)$，得驻点 $x_1=-1,\ x_2=1$.

x	$(-\infty,-1)$	-1	$(-1,1)$	1	$(1,+\infty)$
$f'(x)$	$+$	0	$-$	0	$+$
$f(x)$	↗	2	↘	-2	↗

由此表看到，$f(-1)=2$ 是极大值，$f(1)=-2$ 是极小值. □

定理 1.39 (二阶导数法) 设 $f'(x_0)=0$，$f''(x_0)$ 存在且 $f''(x_0)\neq 0$，则

(1) 当 $f''(x_0)<0$ 时，$f(x_0)$ 为极大值； (2) 当 $f''(x_0)>0$ 时，$f(x_0)$ 为极小值.

证明 (1) 当 $f''(x_0)<0$ 时，根据二阶导数的定义

$$f''(x_0)=\lim_{x\to x_0}\frac{f'(x)-f'(x_0)}{x-x_0}=\lim_{x\to x_0}\frac{f'(x)}{x-x_0}<0,$$

所以在 x_0 的附近 $\dfrac{f'(x)}{x-x_0}<0$，于是在 x_0 的左侧，$f'(x)>0$，在 x_0 的右侧，$f'(x)<0$，这样由一阶导数法知，$f(x_0)$ 为极大值；

(2) 当 $f''(x_0)>0$ 时，证明方法类似. □

1.7.2　函数的最值

闭区间上的连续函数存在最大值和最小值，那么可能的最值点就是内部的驻点、不可导点以及端点，比较这些点处的函数值，即得函数的最值.

例 1.79　饮料公司需要制造一个容积为 V 的圆柱体有盖子的饮料罐，如何设计可使材料最省？

解　设饮料罐的高为 h，底圆的半径为 r，所需材料由该圆柱体的表面积决定.

$$S=2\pi r^2+2\pi rh.$$

因为 $V=\pi r^2h$，所以 $h=\dfrac{V}{\pi r^2}$，代入 S 得

$$S(r)=2\pi r^2+\frac{2V}{r},\qquad 0<r<+\infty,$$

计算导数得

$$S'(r)=4\pi r-\frac{2V}{r^2}=\frac{4\pi}{r^2}(r^3-\frac{V}{2\pi}),$$

所以唯一的驻点是 $r_0=\sqrt[3]{\dfrac{V}{2\pi}}$，注意到

$$S''(r_0)=4\pi+\frac{4V}{r_0^3}=12\pi>0,$$

所以该驻点必是最小值点，代入算得 $h=2r_0$，即高等于底圆直径时，用料最省. □

例 1.80　(光的折射原理) 光学中的费马原理说：任意两点之间，光通过的路线是耗时最少的路线. 请用费马原理推证光的折射定律.

下面将问题具体化，设有两种介质 I 和 II，光在介质 I 中的速度是 c_1，光在介质 II 中的速度是 c_2，两种介质的分界面是平面. 如果有一束光从介质 I 中的 A_1 点到介质 II 中的 A_2 点，那么这束光走怎么样的路线？

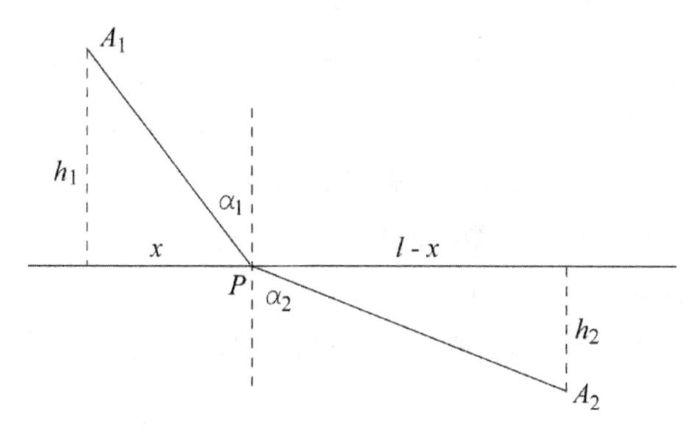

证明　容易看出，在同一介质中，耗时最省的路线是直线. 假设光在介质 I 中的路线是直线段 A_1P，在介质 II 中的路线是直线段 PA_2，我们有

$$A_1P=\sqrt{h_1^2+x^2},\quad PA_2=\sqrt{h_2^2+(l-x)^2}.$$

光从 A_1 经 P 到 A_2 所耗费的时间 T 是 x 的函数

$$T(x)=\frac{1}{c_1}\sqrt{h_1^2+x^2}+\frac{1}{c_2}\sqrt{h_2^2+(l-x)^2},\ 0<x<l.$$

计算导数得

$$T'(x)=\frac{x}{c_1\sqrt{h_1^2+x^2}}-\frac{l-x}{c_2\sqrt{h_2^2+(l-x)^2}},$$

计算二阶导数得

$$T''(x)=\frac{h_1^2}{c_1(h_1^2+x^2)^{3/2}}+\frac{h_2^2}{c_2[h_2^2+(l-x)^2]^{3/2}}>0,$$

所以 $T'(x)$ 严格单调增，又因为 $T'(0)<0$, $T'(l)>0$，所以存在唯一的 x_0，使得 $T'(x_0)=0$，x_0 即为最小值点. x_0 满足的方程为

$$\frac{x_0}{c_1\sqrt{h_1^2+x_0^2}}=\frac{l-x_0}{c_2\sqrt{h_2^2+(l-x_0)^2}},$$

即

$$\frac{1}{c_1}\sin\alpha_1=\frac{1}{c_2}\sin\alpha_2\quad 或者\quad \frac{\sin\alpha_1}{\sin\alpha_2}=\frac{c_1}{c_2}.$$

这就是光的折射定律. □

求函数的最值也称为最优化问题，最优化问题在经济学中很普遍，下面我们考虑在市场研究中的一个问题. 一个公司将生产 x 台智能手机，并计划推向市场销售，那么需要考虑的一个问题是每件产品应该如何定价，才能在给定的时间段内卖出所有的产品？我们将每件产品应该定的价格称为需求函数，即需求函数 $p(x)$ 是公司能在给定的时间段内卖出所有的产品而给产品定出的最高价格.

例 1.81　一家公司推出一款新的智能手机，为了对每台手机确定合适的价格，公司做了一些价格测试. 每台手机定为 1500 元，发现在一周内有 10000 台被卖出. 在下一周价格降低到每台 1200 元，又有 5000 台被卖出.

(1) 假定需求函数 $p(x)$ 是线性函数，试求需求函数 $p(x)$.

(2) 为了使得总收入最大化，公司应对每台手机定价多少？

(3) 如果生产一台手机的成本是 300 元，那么每台手机的价格应该是多少才能使得利润最大化？

解　(1) 需求函数 $p(x)$ 是线性函数，即 $p(x)=ax+b$，带入数据算出参数 a, b.

$$10000a+b=1500,\quad 15000a+b=1200,\quad \Rightarrow\quad a=-0.06,\quad b=2100.$$

这样需求函数为 $p(x)=-0.06x+2100$.

(2) 总收入 $R(x)=x\cdot p(x)=-0.06x^2+2100x$.

$$R'(x)=-0.12x+2100=0,\quad \text{唯一驻点}\ x=17500.$$

$$R(0)=R(35000)=0,\quad p(17500)=1050,\quad R(17500)=17500\times 1050.$$

所以当 $x=17500$ 时总收入最大，此时每台手机的价格为 1050 元.

(3) 利润函数 $P(x)=-0.06x^2+2100x-300x=-0.06x^2+1800x$.

$$P'(x)=-0.12x+1800=0,\quad \text{唯一驻点}\ x=15000,\quad p(15000)=1200.$$

所以最大利润在 $x=15000$ 时取得，此时每台手机的价格为 1200 元.　□

1.7.3　函数的凹凸性

定义 1.21　函数 $y=f(x)$ 对应一条平面曲线，如果曲线位于它的每一点的切线的上方，那么称此曲线是凹的(下凸)，称此函数为*凹函数*；如果曲线位于它的每一点的切线的下方，那么称此曲线是凸的(上凸)，称此函数为*凸函数*.

定理 1.40　设函数 $f(x)$ 在区间 (a,b) 上具有二阶导数 $f''(x)$，则在该区间上
(1) 当 $f''(x)>0$ 时，$f(x)$ 是凹函数；(2) 当 $f''(x)<0$ 时，$f(x)$ 是凸函数.

证明　任取 $x_0\in(a,b)$，则曲线在 x_0 处的切线为

$$y=f'(x_0)(x-x_0)+f(x_0).$$

对于任意的 $x\in(a,b)$, $x\neq x_0$，利用拉格朗日公式得

$$f(x)=f'(\xi)(x-x_0)+f(x_0),$$

其中 ξ 介于x_0 与 x 之间，于是

$$f(x)-y=[f'(\xi)-f'(x_0)]\cdot(x-x_0).$$

如果 $f''(x)>0$，那么当 $x>x_0$ 时，$\xi>x_0$，从而 $f'(\xi)-f'(x_0)>0$；当 $x<x_0$ 时，$\xi<x_0$，从而 $f'(\xi)-f'(x_0)<0$. 所以 $f(x)-y>0$，即 $f(x)$ 是凹函数. 同理可证，如果 $f''(x)<0$ 时，$f(x)$ 是凸函数.　□

例 1.82　判别函数 $y=\ln x$ 的凹凸性.

解 因为 $y'' = -\dfrac{1}{x^2} < 0$，所以在区间 $(0,+\infty)$ 上函数 $y = \ln x$ 是凸函数. □

定义 1.22 设连续曲线的一段为凹的，一段是凸的，那么连接凹段和凸段的分界点称为曲线的拐点.

例 1.83 考察曲线 $y = x^3$. 因为 $y'' = 6x$，所以当 $x < 0$ 时曲线为凸的，当 $x > 0$ 时曲线为凹的，那么 $(0,0)$ 就是该曲线的拐点.

例 1.84 判别曲线 $y = \ln(1+x^2)$ 的凹凸性，并求出拐点.

解 因为

$$y' = \frac{2x}{1+x^2}, \quad y'' = \frac{2(1+x^2)-2x\cdot 2x}{(1+x^2)^2} = \frac{2(1-x^2)}{(1+x^2)^2}.$$

注意到 $y''(\pm 1) = 0$，于是得到表格

x	$(-\infty,-1)$	-1	$(-1,1)$	1	$(1,+\infty)$
y''	$-$	0	$+$	0	$-$
y	凸	拐点	凹	拐点	凸

计算 $y(\pm 1) = \ln 2$，所以曲线的拐点为 $(-1,\ln 2)$ 和 $(1,\ln 2)$. □

1.7.4 方程求根的牛顿法

考虑方程 $f(x) = 0$ 的解. 牛顿研究出一种巧妙的方法来解决该问题. 假设 $y = f(x)$ 的图像穿过 x 轴，那么穿越点 $x = r$ 即为方程的解，那么如何找到 r？牛顿的想法是，先对 r 的值做一个猜测，称之为 r_1，然后作 $y = f(x)$ 过 $(r_1, f(r_1))$ 的切线 L，该切线与 x 轴的交点记为 r_2. 在一定条件下，r_2 更为靠近 r，下面计算出 r_2. 切线 L 的方程为

$$y = f'(r_1)(x-r_1)+f(r_1),$$

此直线经过点 $(r_2,0)$，所以

$$0 = f'(r_1)(r_2-r_1)+f(r_1) \quad \Rightarrow \quad r_2 = r_1 - \frac{f(r_1)}{f'(r_1)},$$

继续重复这一过程便得到下一个点

$$r_3 = r_2 - \frac{f(r_2)}{f'(r_2)},$$

对此过程进行迭代，我们得到一个收敛到解 r 的数列 $\{r_n\}$，其迭代格式为

$$r_n = r_{n-1} - \frac{f(r_{n-1})}{f'(r_{n-1})}, \quad n = 2,3,\cdots.$$

需要注意的是，如果第一个近似值 r_1 不是很靠近 r，则牛顿法可能会无效，此时应该试一试更好的初始近似值.

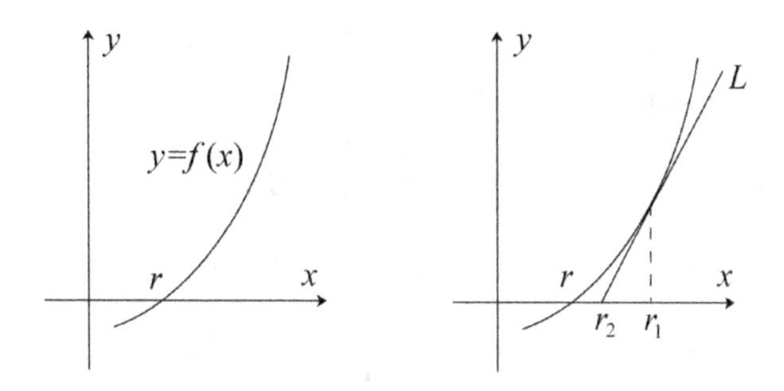

例 1.85　用牛顿法求方程 $x^2-5=0$ 的一个近似解.

解　设 $f(x)=x^2-5$，那么 $f'(x)=2x$. 取 $r_1=2$，于是

$$r_2=2-\frac{f(2)}{f'(2)}=2.25,\quad r_3=2.25-\frac{f(2.25)}{f'(2.25)}=2.236.$$

两次迭代后，我们就已经得到了一个非常好的近似值 $r\approx 2.236$，事实上 $2.236^2=4.997\cdots$. 当然如果继续按此方法做下去，会得到更加精确的近似值. □

1.7.5　习题

1. 求下列函数在给定区间的最值.

(1) $y=x^3-3x^2-9x-1$，$x\in[1,4]$，　(2) $y=x^{2/3}-(x^2-1)^{1/3}$，$x\in[-1,1]$.

2. 求直线 $y=4x+1$ 上一点，使得该点离点 $(0,18)$ 最近.

3. 一个三角形内接于一个半圆形，其一边在直线上，求具有最大面积的三角形.

4. 准备建造一个容积为 V 的圆柱形无盖的蓄水池，已知池底的单位面积造价是周围池壁的单位面积造价的 n 倍，要使水池造价最低，问底高是底面半径多少倍？

5. 从半径为 R 的圆中切去什么样的扇形(该扇形以圆心为顶点)，才能使余下的部分卷成的漏斗的容积最大？

6. 工厂生产某种产品 x 个所需要的成本为 $C(x)=5x+200$ 元，将其投放市场后所得到的总收入为 $R(x)=10x-0.01x^2$ 元，求生产多少产品才能获得最大利润？

7. 判别曲线 $y=x^4-2x^3+1$ 的凹凸性，并求出曲线的拐点.

8. 求高斯函数 $y=e^{-x^2}$ 单调区间，极值，凹凸性，拐点和渐近线，并绘制该函数的图形.

9. 从 $r_1=1$ 开始，用牛顿法求二次方程 $x^2+x-3=0$ 的一个近似值(精确到 5 位小数). 找另外一个初始值，使得牛顿法失效.

10. 用牛顿法求方程 $x^5-3x^2+2=0$ 的一个近似实根.

11*. (牛顿法的收敛性) 设函数 $f\in C^2[a,b]$, $f''(x)>0$, $f(a)<0$, $f(b)>0$. 令

$$r_1=b,\quad r_n=r_{n-1}-\frac{f(r_{n-1})}{f'(r_{n-1})},\quad n=2,3,\cdots.$$

尝试证明数列 $\{r_n\}$ 的收敛到 $f(x)$ 在区间 (a,b) 中的唯一零点.

1.8 不定积分

1.8.1 原函数与不定积分

定义 1.23　设函数 $f(x)$ 在区间 I 上有定义，如果存在函数 $F(x)$，使得对任意的 $x\in I$ 都有 $F'(x)=f(x)$，那么就称 $F(x)$ 是 $f(x)$ 在区间 I 上的一个原函数.

定理 1.41　如果 $F(x)$ 是 $f(x)$ 在区间 I 上的一个原函数，那么对任意的常数 C，函数 $F(x)+C$ 也是 $f(x)$ 的原函数，并且 $f(x)$ 的任何原函数都可以表示成这种形式.

证明　首先，对任意的常数 C，显然有 $(F(x)+C)'=f(x)$，所以 $F(x)+C$ 也是 $f(x)$ 的原函数. 其次，设函数 $G(x)$ 是 $f(x)$ 的任意一个原函数，那么 $(G(x)-F(x))'=0$，因而 $G(x)-F(x)=C$，得证. □

定义 1.24　设函数 $f(x)$ 在区间 I 上有定义，$F(x)$ 是 $f(x)$ 的一个原函数，则函数族 $F(x)+C$, $C\in\mathbb{R}$ 表示 $f(x)$ 的所有原函数. 我们将这个函数族称为函数 $f(x)$ 的不定积分，记为

$$\int f(x)\mathrm{d}x:=F(x)+C,$$

其中 $f(x)$ 称为被积函数，x 称为积分变量.

根据定义有

$$\left(\int f(x)\mathrm{d}x\right)'=f(x),\qquad \int F'(x)\mathrm{d}x=F(x)+C,$$

因此，在允许相差一个任意常数的意义下，求不定积分这一运算恰好是求导的逆运算. 另外容易看到，求不定积分是一个线性运算，即

$$\int \Big(c_1 f(x)+c_2 g(x)\Big)\mathrm{d}x = c_1\int f(x)\mathrm{d}x + c_2\int g(x)\mathrm{d}x,\quad c_1,\ c_2\in\mathbb{R}.$$

1.8.2　不定积分公式

既然求不定积分是求导的逆运算，那么从已有的一些函数的求导公式就可以得到对应的一些求不定积分的公式. 不定积分公式应该熟记，以作为进一步计算不定积分的基础.

$$\begin{aligned}
&(1)\quad \int 0\,\mathrm{d}x = C,\\
&(2)\quad \int 1\,\mathrm{d}x = x+C,\quad \int x^p\,\mathrm{d}x = \frac{x^{p+1}}{p+1}+C,\quad p\neq -1,\\
&(3)\quad \int \frac{1}{x}\,\mathrm{d}x = \ln|x|+C,\\
&(4)\quad \int \frac{1}{x-a}\,\mathrm{d}x = \ln|x-a|+C,\\
&(5)\quad \int e^x\,\mathrm{d}x = e^x+C,\\
&(6)\quad \int a^x\,\mathrm{d}x = \frac{a^x}{\ln a}+C,\quad a>0,\ a\neq 1,\\
&(7)\quad \int \cos x\,\mathrm{d}x = \sin x+C,\\
&(8)\quad \int \sin x\,\mathrm{d}x = -\cos x+C,\\
&(9)\quad \int \frac{1}{\cos^2 x}\,\mathrm{d}x = \tan x+C,\\
&(10)\quad \int \frac{1}{\sin^2 x}\,\mathrm{d}x = -\cot x+C,\\
&(11)\quad \int \frac{1}{1+x^2}\,\mathrm{d}x = \arctan x+C,\\
&(12)\quad \int \frac{1}{\sqrt{1-x^2}}\,\mathrm{d}x = \arcsin x+C,\\
&(13)\quad \int \frac{1}{\sqrt{x^2\pm a^2}}\,\mathrm{d}x = \ln|x+\sqrt{x^2\pm a^2}|+C.
\end{aligned}$$

例 1.86　求不定积分 $\int \tan^2 x\,\mathrm{d}x$.

解 $\int \tan^2 x \, dx = \int \frac{1}{\cos^2 x} - 1 \, dx = \tan x - x + C.$ □

例 1.87 求不定积分 $\int \frac{x^2}{x^2+1} dx.$

解 $\int \frac{x^2}{x^2+1} dx = \int 1 \, dx - \int \frac{1}{1+x^2} dx = x - \arctan x + C.$ □

例 1.88 求不定积分 $\int \frac{1}{(x-\alpha)(x-\beta)} dx.$

解

$$\begin{aligned}\int \frac{1}{(x-\alpha)(x-\beta)} dx &= \frac{1}{\alpha-\beta}\Big(\int \frac{1}{x-\alpha} dx - \int \frac{1}{x-\beta} dx\Big)\\ &= \frac{1}{\alpha-\beta}\Big(\ln|x-\alpha| - \ln|x-\beta|\Big) + C = \frac{1}{\alpha-\beta}\ln\left|\frac{x-\alpha}{x-\beta}\right| + C.\end{aligned}$$

□

1.8.3 换元积分法

(1) 第一换元法 (*凑微分法*)

如果求得 $\int g(u)\, du = G(u) + C$，那么 $\int f(x)\, dx = \int g(u(x)) \cdot u'(x)\, dx = G(u(x)) + C.$

在具体解题时，我们不必每次写出代表中间变量的符号 u，只要在心中把 $u(x)$ 当作一个整体来看待即可.

例 1.89 计算不定积分.

(1) $\int e^{3x} dx = \frac{1}{3}\int e^{3x} d(3x) = \frac{1}{3}e^{3x} + C.$

(2) $\int \cos(ax+b)\, dx = \frac{1}{a}\int \cos(ax+b)\, d(ax+b) = \frac{1}{a}\sin(ax+b) + C.$

例 1.90 计算不定积分.

(1) $\int x e^{x^2} dx = \frac{1}{2}\int e^{x^2} d(x^2) = \frac{1}{2}e^{x^2} + C.$

(2) $\int \frac{x}{1+x^4} dx = \frac{1}{2}\int \frac{1}{1+(x^2)^2} d(x^2) = \frac{1}{2}\arctan x^2 + C.$

例 1.91 计算不定积分.

(1) $\int \frac{\ln^2 x}{x} dx = \int \ln^2 x\, d(\ln x) = \frac{1}{3}\ln^3 x + C.$

(2) $\int \frac{e^x}{1+e^{2x}} dx = \int \frac{1}{1+(e^x)^2} d(e^x) = \arctan e^x + C.$

例 1.92　计算不定积分.

(1) $\int \tan x \, dx = -\int \frac{1}{\cos x} \, d(\cos x) = -\ln|\cos x| + C.$

(2) $\int \cos^3 x \, dx = \int (1-\sin^2 x) \, d(\sin x) = \sin x - \frac{1}{3}\sin^3 x + C.$

例 1.93　计算不定积分.

(1) $\int \frac{1}{\sqrt{a^2-x^2}} \, dx = \int \frac{1}{\sqrt{1-(\frac{x}{a})^2}} \, d(\frac{x}{a}) = \arcsin\frac{x}{a} + C$，其中 $a > 0$.

(2) $\int \frac{1}{a^2+x^2} \, dx = \frac{1}{a}\int \frac{1}{1+(\frac{x}{a})^2} \, d(\frac{x}{a}) = \frac{1}{a}\arctan\frac{x}{a} + C.$

例 1.94　计算不定积分.

$$\begin{aligned}\int \frac{1}{\cos x} \, dx = \int \sec x \, dx &= \int \frac{\sec x \cdot (\sec x + \tan x)}{\sec x + \tan x} \, dx \\ &= \int \frac{1}{\sec x + \tan x} \, d(\sec x + \tan x) = \ln|\sec x + \tan x| + C.\end{aligned}$$

例 1.95　计算不定积分 $\int \frac{1}{x^2+px+q} \, dx$，并思考如何计算 $\int \frac{Ax+B}{x^2+px+q} \, dx$.

解　分情况讨论.

(i)　$x^2+px+q = (x-\alpha)(x-\beta)$，$\alpha \neq \beta$，则

$$\int \frac{1}{x^2+px+q} \, dx = \int \frac{1}{(x-\alpha)(x-\beta)} \, dx = \frac{1}{\alpha-\beta} \ln\left|\frac{x-\alpha}{x-\beta}\right| + C.$$

(ii)　$x^2+px+q = (x-\gamma)^2$，则

$$\int \frac{1}{x^2+px+q} \, dx = \int \frac{1}{(x-\gamma)^2} \, dx = -\frac{1}{x-\gamma} + C.$$

(iii) $x^2+px+q = (x+\frac{p}{2})^2 + q - \frac{p^2}{4} = (x-\lambda)^2 + \mu^2$，其中 $\lambda = -\frac{p}{2}$, $\mu = \sqrt{q-\frac{p^2}{4}}$.

$$\int \frac{1}{x^2+px+q} \, dx = \int \frac{1}{(x-\lambda)^2+\mu^2} \, dx = \frac{1}{\mu}\arctan\frac{x-\lambda}{\mu} + C.$$

□

(2) 第二换元法

在计算不定积分时，作适当的换元 $x = \varphi(t)$，其中函数 $\varphi(t)$ 严格单调且 $\varphi'(t) \neq 0$. 如果我们求得 $\int f(\varphi(t)) \cdot \varphi'(t) \, dt = G(t) + C$，那么 $\int f(x) \, dx = G(\varphi^{-1}(x)) + C$.

例 1.96　计算不定积分.

(1) 计算 $\int \frac{1}{1+\sqrt{x}}\mathrm{d}x$，令 $x=t^2$，于是

$$\int \frac{1}{1+\sqrt{x}}\mathrm{d}x=\int \frac{2t}{1+t}\mathrm{d}t=2t-2\ln|1+t|+C=2\sqrt{x}-2\ln(1+\sqrt{x})+C.$$

(2) 计算 $\int \sqrt{1-x^2}\mathrm{d}x$，令 $x=\sin t$，$-\frac{\pi}{2}<t<\frac{\pi}{2}$，于是

$$\int \sqrt{1-x^2}\mathrm{d}x=\int \cos^2 t\,\mathrm{d}t=\frac{1}{2}\int(1+\cos 2t)\,\mathrm{d}t=\frac{t}{2}+\frac{1}{4}\sin 2t+C$$
$$=\frac{1}{2}(t+\sin t\cos t)+C=\frac{1}{2}(\arcsin x+x\sqrt{1-x^2})+C.$$

(3) 计算 $\int \frac{1}{(x^2+a^2)^2}\mathrm{d}x$，$a>0$，令$x=a\tan t$，于是

$$\int \frac{1}{(x^2+a^2)^2}\mathrm{d}x=\frac{1}{a^3}\int \cos^2 t\,\mathrm{d}t=\frac{1}{2a^3}\int(1+\cos 2t)\,\mathrm{d}t$$
$$=\frac{1}{2a^3}(t+\sin t\cos t)+C=\frac{1}{2a^3}\arctan\frac{x}{a}+\frac{1}{2a^2}\cdot\frac{x}{x^2+a^2}+C.$$

(4) 计算 $\int \frac{1}{\sqrt{x^2+a^2}}\mathrm{d}x$，$a>0$，令$x=a\tan t$，于是

$$\int \frac{1}{\sqrt{x^2+a^2}}\mathrm{d}x=\int \sec t\,\mathrm{d}t=\ln|\sec t+\tan t|+C=\ln\left|\frac{x}{a}+\frac{\sqrt{x^2+a^2}}{a}\right|+C.$$

1.8.4 分部积分法

两个函数乘积的求导公式为 $(u\cdot v)'=u'\cdot v+u\cdot v'$，改写为 $u\cdot v'=(u\cdot v)'-u'\cdot v$，再求不定积分得

$$\int u(x)\,\mathrm{d}v(x)=u(x)v(x)-\int v(x)\mathrm{d}u(x).$$

这就是分部积分法的公式. 在应用时，不必引入新的记号 u 和 v，只须在心中默记住把哪个式子作为 $u(x)$，哪个式子作为 $v(x)$.

例 1.97　计算不定积分.

(1) $\int x\cos x\mathrm{d}x=\int x\mathrm{d}(\sin x)=x\sin x-\int \sin x\mathrm{d}x=x\sin x+\cos x+C.$

(2) $\int xe^x\mathrm{d}x=\int x\mathrm{d}(e^x)=xe^x-\int e^x\mathrm{d}x=xe^x-e^x+C.$

(3)

$$\int x^2\sin x\mathrm{d}x=\int x^2\mathrm{d}(-\cos x)=-x^2\cos x+2\int x\cos x\mathrm{d}x$$
$$=-x^2\cos x+2(x\sin x+\cos x)+C.$$

(4)

$$\begin{aligned}\int \sqrt{x^2+a^2}\,\mathrm{d}x &= x\sqrt{x^2+a^2}-\int \frac{x^2}{\sqrt{x^2+a^2}}\,\mathrm{d}x\\ &= x\sqrt{x^2-a^2}-\int \frac{x^2+a^2-a^2}{\sqrt{x^2+a^2}}\,\mathrm{d}x\\ &= x\sqrt{x^2+a^2}+a^2\int \frac{1}{\sqrt{x^2+a^2}}\,\mathrm{d}x-\int \sqrt{x^2+a^2}\,\mathrm{d}x\\ &= \frac{1}{2}x\sqrt{x^2+a^2}+\frac{a^2}{2}\ln|x+\sqrt{x^2+a^2}|+C.\end{aligned}$$

需要指出的是，有些不定积分，比如 $\int e^{-x^2}\,\mathrm{d}x$，$\int \frac{\sin x}{x}\,\mathrm{d}x$ 等，虽然它们中的被积函数都是初等函数，但是这些不定积分却不能用初等函数表示出来，习惯上称它们为“积不出”.

1.8.5 习题

1. 计算不定积分.

(1) $\int \frac{1}{\sqrt{x}}\,\mathrm{d}x$, (2) $\int \frac{1}{1+\cos 2x}\,\mathrm{d}x$,

(3) $\int (2x+1)^5\,\mathrm{d}x$, (4) $\int \frac{1}{x^2+x}\,\mathrm{d}x$,

(5) $\int \frac{1}{2+3x^2}\,\mathrm{d}x$, (6) $\int \frac{1}{\sqrt{2-3x^2}}\,\mathrm{d}x$,

(7) $\int \frac{x}{x^2+1}\,\mathrm{d}x$, (8) $\int \sin^3 x\,\mathrm{d}x$,

(9) $\int \tan^3 x\,\mathrm{d}x$, (10) $\int \frac{1}{\sqrt{1+e^x}}\,\mathrm{d}x$,

(11) $\int xe^{2x}\,\mathrm{d}x$, (12) $\int x\arctan x\,\mathrm{d}x$,

(13) $\int \arcsin x\,\mathrm{d}x$, (14) $\int e^x\cos x\,\mathrm{d}x$.

2. 已知 $f'(x^2)=\frac{1}{x}$，$x>0$，求 $f(x)$.

3. 已知 $\int xf(x)\,\mathrm{d}x=\arcsin x+C$，求 $\int \frac{1}{f(x)}\,\mathrm{d}x$.

4. 已知 $f(x)$ 的一个原函数为 $\frac{\sin x}{1+x\sin x}$，求 $\int f(x)f'(x)\,\mathrm{d}x$.

5. 求不定积分 $I_1=\int \frac{\cos x}{\sin x+\cos x}\,\mathrm{d}x$ 与 $I_2=\int \frac{\sin x}{\sin x+\cos x}\,\mathrm{d}x$.

1.9　定积分的概念与性质

1.9.1　曲边梯形的面积和变速直线运动的路程

我们早已会求三角形和圆的面积. 为了计算更一般的曲线所围成图形的面积，需要寻求更有效的方法.

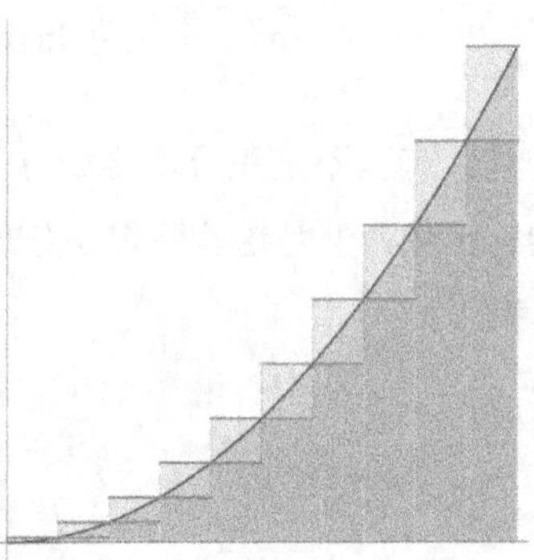

5

先来看公元前 3 世纪阿基米德研究过的一个例子. 设有这样一个平面图形，它由曲线 $y=x^2$，x 轴和直线 $x=1$ 围成，如何求这个平面图形的面积呢？阿基米德的做法是将 x 轴上的闭区间 $[0,1]$ 等分成 n 个小区间，即 $[\frac{k-1}{n},\frac{k}{n}]$, $k=1,2,\cdots,n$. 相应地把上述图形分成了 n 个等宽的条形，每一条形的面积 S_k 介于两个矩形的面积之间

$$(\frac{k-1}{n})^2\cdot\frac{1}{n}\leqslant S_k\leqslant(\frac{k}{n})^2\cdot\frac{1}{n}.$$

因而所求图形的面积 S 满足

$$\sum_{k=1}^{n}(\frac{k-1}{n})^2\cdot\frac{1}{n}\leqslant S\leqslant\sum_{k=1}^{n}(\frac{k}{n})^2\cdot\frac{1}{n}.$$

我们把矩形条面积之和作为面积 S 的近似值，这样随着 n 变大，矩形条变细，面积近似值的精确度也就越高. 计算左右两个和式的极限得

$$\sum_{k=1}^{n}(\frac{k}{n})^2\cdot\frac{1}{n}=\frac{1}{n^3}\sum_{k=1}^{n}k^2=\frac{1}{n^3}(\frac{1}{3}n^3+\frac{1}{2}n^2+\frac{1}{6}n)\to\frac{1}{3},\quad n\to+\infty,$$

类似地

$$\sum_{k=1}^{n}(\frac{k-1}{n})^2\cdot\frac{1}{n}=\frac{1}{n^3}\sum_{k=1}^{n}(k-1)^2\to\frac{1}{3},\quad n\to+\infty,$$

[5]图中左边是数学家阿基米德 (前 287-前 212)，他生于西西里岛的叙拉古，11 岁去埃及的亚历山大城跟随欧几里得的学生学习数学，他兼收并蓄了古希腊及其周边的文化，非常重视科学知识的应用，在物理、数学和天文等领域成就巨大. 公元前 212 年，罗马帝国入侵叙拉古，阿基米德被罗马人杀害.

由数列极限的夹逼准则知，面积 $S=\dfrac{1}{3}$.

再来看更一般的情形. 设函数 $y=f(x)$ 在闭区间 $[a,b]$ 上有定义且非负，曲线 $y=f(x)$ 与直线 $x=a$, $x=b$, $y=0$ 围成一个图形，我们称这个图形为曲边梯形，下面来求这个曲边梯形的面积 S. 先用 $n+1$ 个分点 $a=x_0<x_1<\cdots<x_n=b$ 将区间分为 n 个小区间 $[x_{k-1},x_k]$, $k=1,2,\cdots,n$. 在每个小区间 $[x_{k-1},x_k]$ 上任取一点 ξ_k，我们把高为 $f(\xi_k)$，底长为 $\Delta x_k=x_k-x_{k-1}$ 的矩形条的面积，作为曲边梯形的第 k 个条形的面积的近似值. 这样得到整个曲边梯形的面积的近似值就是 $\sum\limits_{k=1}^{n} f(\xi_k)\Delta x_k$. 可以证明，对于相当普遍的函数 f，当分割的条形越来越细时，这里的和式有确定的极限，这个极限就应当视为所求曲边梯形的面积，即

$$S=\lim\sum_{k=1}^{n} f(\xi_k)\Delta x_k.$$

接着来考虑变速直线运动的路程问题. 设一个物体作变速直线运动，其速度是随时间变化的函数 $v(t)$，计算这个物体从时刻 a 到时刻 b 所经过的路程 s. 采用前面类似的步骤，先用 $n+1$ 个分点 $a=t_0<t_1<\cdots<t_n=b$ 将这段时间分成 n 个小时间段 $[t_{k-1},t_k]$, $k=1,2,\cdots,n$. 在第 k 个时间段中，物体经过的路程可以认为近似等于 $v(\eta_k)\Delta t_k$，其中 η_k 是 $[t_{k-1},t_k]$ 中的某一个时刻，$\Delta t_k=t_k-t_{k-1}$. 于是，物体从时刻 a 到时刻 b 所经过的整个路程就近似等于 $\sum\limits_{k=1}^{n} v(\eta_k)\Delta t_k$. 当时间的分割越来越短时，该和式的极限即为物体经过的路程，即

$$s=\lim\sum_{k=1}^{n} v(\eta_k)\Delta t_k.$$

1.9.2　定积分的概念

上面所提到的和式的极限就是定积分，定积分概念的精确化定义，是德国数学家黎曼的贡献，所以定积分又称为黎曼积分，下面就来介绍这一重要概念.

定义 1.25　设函数 $f(x)$ 在闭区间 $[a,b]$ 上有定义且有界，用分割

$$P:\ a=x_0<x_1<\cdots<x_n=b,$$

将区间分为 n 个小区间 $[x_{k-1},x_k]$, $k=1,2,\cdots,n$. 小区间长度为 $\Delta x_k=x_k-x_{k-1}$. 在每个小区间 $[x_{k-1},x_k]$ 上任取一点 ξ_k，做黎曼和

$$\sum_{k=1}^{n} f(\xi_k)\Delta x_k.$$

记 $d=\max\limits_{1\leqslant k\leqslant n}\{\Delta x_k\}$，如果不论区间如何分割，不论 ξ_k 如何选取，极限

$$\lim_{d\to 0}\sum_{k=1}^{n} f(\xi_k)\Delta x_k$$

都存在，那么称此极限为函数 $f(x)$ 在闭区间 $[a,b]$ 上的定积分，记为 $\int_a^b f(x)\,\mathrm{d}x$，即

$$\int_a^b f(x)\,\mathrm{d}x := \lim_{d\to 0}\sum_{k=1}^{n} f(\xi_k)\Delta x_k.$$

此时，我们称函数 $f(x)$ 在闭区间 $[a,b]$ 上可积，记为 $f\in R[a,b]$，称 $f(x)$ 为被积函数，区间 $[a,b]$ 为积分区间，a 为积分下限，b 为积分上限. 定积分简称为积分.

积分符号 $\int$ 是莱布尼茨发明的，其实就是和 (Sum) 的首字母 S 拉长了产生的.

从定积分的定义可以看到，定积分是黎曼和的极限，它是一个数，它的值由被积函数和积分区间确定，与积分变量采用什么样的符号无关.

非负函数的定积分在几何上表示曲边梯形的面积. 对于函数可正可负的情况，我们规定函数 f 取负值的部分，曲线 $y=f(x)$ 与 x 轴所夹的面积为负值，这样函数的定积分在几何上表示曲边梯形面积的代数值. 按照下图的情况，即

$$\int_a^b f(x)\,\mathrm{d}x = S_1 - S_2 + S_3 - S_4 + S_5.$$

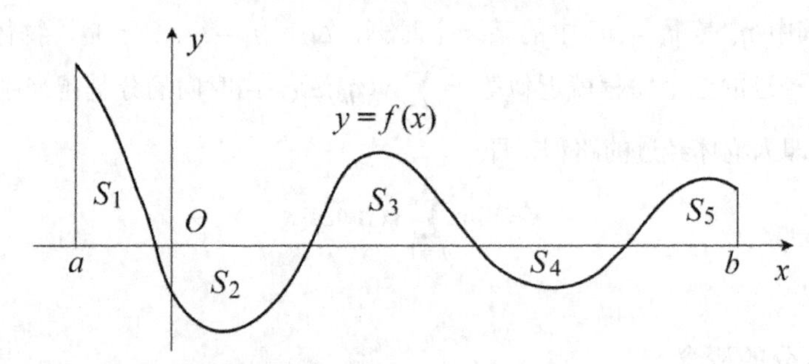

例 1.98 利用定积分的几何意义得 $\int_a^b 1\,\mathrm{d}x = b-a$，$\int_0^1 \sqrt{1-x^2}\,\mathrm{d}x = \dfrac{\pi}{4}$.

1.9.3 定积分的性质

从定积分的定义可以推出定积分的一些性质.

定理 1.42 (线性性质) 设 $f,\ g\in R[a,b]$，$\alpha,\ \beta\in\mathbb{R}$，那么

$$\int_a^b \alpha f(x)+\beta g(x)\,\mathrm{d}x = \alpha\int_a^b f(x)\,\mathrm{d}x + \beta\int_a^b g(x)\,\mathrm{d}x.$$

定理 1.43 (积分区间的可加性) 设 $f\in R[a,c]$，$a<b<c$，那么

$$\int_a^c f(x)\,\mathrm{d}x = \int_a^b f(x)\,\mathrm{d}x + \int_b^c f(x)\,\mathrm{d}x.$$

为了计算方便，当 $a \geqslant b$ 时，我们规定

$$\int_a^b f(x)\,\mathrm{d}x := -\int_b^a f(x)\,\mathrm{d}x, \quad \int_a^a f(x)\,\mathrm{d}x = 0.$$

定理 1.44　(积分的单调性) 设 $f, g \in R[a,b]$，且 $f(x) \leqslant g(x)$，那么

$$\int_a^b f(x)\,\mathrm{d}x \leqslant \int_a^b g(x)\,\mathrm{d}x.$$

例 1.99　比较定积分 $\int_0^1 x\,\mathrm{d}x$ 和 $\int_0^1 \sin x\,\mathrm{d}x$ 的大小.

解　因为 $\forall\, x \in [0,1]$，$\sin x \leqslant x$，所以 $\int_0^1 \sin x\,\mathrm{d}x \leqslant \int_0^1 x\,\mathrm{d}x$. □

定理 1.45　(积分中值定理) 设 $f \in R[a,b]$，如果 $m \leqslant f(x) \leqslant M$，$\forall x \in [a,b]$，则

$$m(b-a) \leqslant \int_a^b f(x)\,\mathrm{d}x \leqslant M(b-a).$$

特别地，如果 $f \in C[a,b]$，那么存在 $\xi \in [a,b]$，使得

$$\int_a^b f(x)\,\mathrm{d}x = f(\xi)(b-a).$$

我们将 $\dfrac{1}{b-a}\int_a^b f(x)\,\mathrm{d}x$ 称为函数 $f(x)$ 在区间 $[a,b]$ 上的积分平均值. 请读者研究积分平均值的几何意义. 下面我们来分析，积分平均值与算术平均值的关系. 如果用分点

$$x_k = a + \frac{k}{n}(b-a), \quad k = 0,1,\cdots,n$$

将区间 $[a,b]$ 均匀分割，那么函数 $f(x)$ 在分点处的算术平均值为

$$\frac{1}{n}\sum_{k=1}^n f(x_k) = \frac{1}{b-a}\sum_{k=1}^n f(x_k)(x_k - x_{k-1}),$$

所以积分平均值可以看成是算术平均值的极限，即

$$\frac{1}{b-a}\int_a^b f(x)\,\mathrm{d}x = \lim_{n\to\infty}\frac{1}{n}\sum_{k=1}^n f(x_k).$$

1.9.4　习题

1. 设物体受到一个沿 x 轴方向的力 $F(x)$ 的作用，使得该物体沿 x 轴从点 a 运动到点 b，将此过程中力 $F(x)$ 所做的功 W 表示为黎曼和的极限.

2. 利用定积分的几何意义计算定积分.

(1) $\int_0^1 2x+3\,\mathrm{d}x$,　　(2) $\int_{-\pi}^{\pi} \sin x\,\mathrm{d}x$,　　(3) $\int_{-2}^{2} \sqrt{4-x^2}\,\mathrm{d}x$.

3. 利用定积分的定义计算 $\int_0^1 e^x\,\mathrm{d}x$.

4. 设 $f \in R[a,b]$，证明：$\left|\int_a^b f(x)\,\mathrm{d}x\right| \leqslant \int_a^b |f(x)|\,\mathrm{d}x$.

5. 利用函数的最值，估计积分值 $\int_{-1}^2 e^{-x^2}\,\mathrm{d}x$ 的范围.

1.10 定积分的计算

了解的定积分的概念后，我们发现用积分的定义来计算积分是一件麻烦的事情. 而且只有对一些特殊的函数，才能用定义计算出它们的积分，所以我们需要发展更加一般和便捷的计算方法.

1.10.1 变上限函数

我们从变速直线运动的路程问题来考察定积分. 已知物体的运动速度为 $v(t)$，那么在时间段 $[0,T]$ 上，物体经过的路程就是 $\int_0^T v(t)\,\mathrm{d}t$. 现在我们用运动变化的观点来考察这个积分，将时刻 T 看成是不断变化的，那么路程就是 T 的函数，即

$$S(T) = \int_0^T v(t)\,\mathrm{d}t.$$

利用路程和速度的关系，$S'(T) = v(T)$，我们发现路程 $S(T)$ 是速度 $v(T)$ 的一个原函数，而且 $S(0) = 0$.

定义 1.26 设 $f \in C[a,b]$，可以证明闭区间 $[a,b]$ 上的连续函数必然是可积的. 那么我们就可以定义区间 $[a,b]$ 上的函数 $F(x) = \int_a^x f(t)\,\mathrm{d}t$，称之为变上限函数.

定理 1.46 设 $f \in C[a,b]$，那么函数 $F(x) = \int_a^x f(t)\,\mathrm{d}t$ 在区间 $[a,b]$ 上可导，且

$$F'(x) = \left(\int_a^x f(t)\,\mathrm{d}t\right)' = f(x).$$

证明 利用积分中值定理得

$$\int_x^{x+h} f(t)\,\mathrm{d}t = f(\xi)h, \quad \text{其中 } \xi \text{ 介于 } x \text{ 与 } x+h \text{ 之间}.$$

计算导数

$$\begin{aligned} F'(x) &= \lim_{h\to 0}\frac{F(x+h)-F(x)}{h} = \lim_{h\to 0}\frac{1}{h}\left(\int_a^{x+h} f(t)\,\mathrm{d}t - \int_a^x f(t)\,\mathrm{d}t\right) \\ &= \lim_{h\to 0}\frac{1}{h}\int_x^{x+h} f(t)\,\mathrm{d}t = \lim_{h\to 0} f(\xi) = f(x). \end{aligned}$$

□

例 1.100　求下列函数的导数.

(1) $F(x)=\int_0^x \sqrt{1+t^2}\,\mathrm{d}t$，　(2) $F(x)=\int_x^3 \frac{1}{3+2t+t^2}\,\mathrm{d}t$，　(3) $F(x)=\int_0^{\sin x} \frac{1}{1+t^2}\,\mathrm{d}t$.

解　(1) $F'(x)=\sqrt{1+x^2}$，

(2) $F'(x)=\left(-\int_3^x \frac{1}{3+2t+t^2}\,\mathrm{d}t\right)'=-\frac{1}{3+2x+x^2}$，

(3) 令$u=\sin x$，由复合函数求导法则得

$$F'(x)=\frac{\mathrm{d}F}{\mathrm{d}u}\cdot\frac{\mathrm{d}u}{\mathrm{d}x}=\frac{1}{1+(\sin x)^2}\cdot(\sin x)'=\frac{\cos x}{1+\sin^2 x}.$$

□

1.10.2　微积分基本定理

有了变上限函数的概念后，微积分基本定理就呼之欲出了.

[6]

定理 1.47　(微积分基本定理) 设函数 $f\in C[a,b]$，且 $F(x)$ 是 $f(x)$ 的一个原函数，那么

$$\int_a^b f(x)\,\mathrm{d}x=F(b)-F(a).$$

这个公式称为牛顿-莱布尼茨公式，它常常写成下面的形式

$$\int_a^b f(x)\,\mathrm{d}x=F(x)\Big|_a^b.$$

证明　变上限函数 $G(x)=\int_a^x f(t)\,\mathrm{d}t$ 是 $f(x)$ 的一个原函数，因而 $F(x)=G(x)+C$. 因为 $G(a)=0$，所以 $C=F(a)$，于是

$$\int_a^b f(x)\,\mathrm{d}x=G(b)=F(b)-C=F(b)-F(a).$$

[6]图中左边是英国数学家牛顿 (1643-1727)，右边是德国数学家莱布尼茨 (1646-1716)，两位数学家各自从物理和几何的角度独立地发明了微积分. 牛顿著有《自然哲学的数学原理》，发现了万有引力，是经典物理学的开创者. 莱布尼茨是律师，也是乐观的哲学家，爱好广泛.

□

有了牛顿-莱布尼茨公式，定积分的计算就简化为：利用不定积分求出被积函数的一个原函数，然后计算该原函数在上下限的函数值之差. 该公式将不定积分和定积分结合到一起，从而使积分学得到了广泛的应用.

例 1.101 计算积分

$$\int_0^3 2x+3\,\mathrm{d}x=(x^2+3x)\Big|_0^3=18.$$

例 1.102 计算积分

$$\int_0^1 xe^{x^2}\,\mathrm{d}x=(\frac{1}{2}e^{x^2})\Big|_0^1=\frac{1}{2}(e-1).$$

例 1.103 计算积分 $I=\int_0^{\pi}|\cos x|\,\mathrm{d}x$.

解 $I=\int_0^{\pi/2}\cos x\mathrm{d}x-\int_{\pi/2}^{\pi}\cos x\,\mathrm{d}x=\sin x\Big|_0^{\pi/2}-\sin x\Big|_{\pi/2}^{\pi}=1-(-1)=2.$ □

例 1.104 计算积分 $I=\int_1^e \ln x\mathrm{d}x$.

解 先计算不定积分 $\int \ln x\mathrm{d}x=x\ln x-\int 1\,\mathrm{d}x=x\ln x-x+C$，于是

$$I=\Big(x\ln x-x\Big)\Big|_1^e=0-(-1)=1.$$

□

例 1.105 计算极限 $\lim\limits_{n\to+\infty}\Big(\frac{1}{n+1}+\frac{1}{n+2}+\cdots+\frac{1}{2n}\Big)$.

解 $\lim\sum\limits_{k=1}^{n}\frac{1}{n+k}=\lim\sum\limits_{k=1}^{n}\frac{1}{1+\frac{k}{n}}\cdot\frac{1}{n}=\int_0^1\frac{1}{1+x}\,\mathrm{d}x=\ln(1+x)\Big|_0^1=\ln 2.$ □

1.10.3 定积分的积分法

由不定积分的积分法则，我们可以得到相应的定积分的积分法则.

定理 1.48 (定积分的换元法) 设 $f\in C[a,b]$，作变换 $x=x(t)$，满足条件 $x\in C^1[\alpha,\beta]$，$x(\alpha)=a$，$x(\beta)=b$，当 t 在 $[\alpha,\beta]$ 上变化时，$x(t)$ 的值在 $[a,b]$ 上变化，那么有换元积分公式

$$\int_a^b f(x)\,\mathrm{d}x=\int_{\alpha}^{\beta}f(x(t))\cdot x'(t)\,\mathrm{d}t.$$

证明　设 $F(x)$ 是 $f(x)$ 的一个原函数，那么

$$\int_a^b f(x)\,\mathrm{d}x = F(x)\Big|_a^b = F(x(t))\Big|_\alpha^\beta = \int_\alpha^\beta f(x(t))\cdot x'(t)\,\mathrm{d}t.$$

□

例 1.106　计算积分 $I=\int_{-1}^{1}\frac{x}{\sqrt{5-4x}}\,\mathrm{d}x.$

解　设 $t=\sqrt{5-4x}$，那么 $x=\frac{5-t^2}{4}$. 当 $x=-1$ 时，$t=3$；当 $x=1$ 时，$t=1$.

$$I=\int_3^1 \frac{5-t^2}{4}\cdot\frac{1}{t}\left(-\frac{t}{2}\right)\mathrm{d}t=\int_3^1\frac{t^2-5}{8}\,\mathrm{d}t=\frac{1}{8}\left(\frac{t^3}{3}-5t\right)\Big|_3^1=\frac{1}{6}.$$

□

例 1.107　证明 $I=\int_{-a}^{a} f(x)\,\mathrm{d}x=\begin{cases}0, & f(x)\text{ 是奇函数},\\ 2\int_0^a f(x)\,\mathrm{d}x, & f(x)\text{ 是偶函数}.\end{cases}$

解　注意到 $\int_{-a}^{0} f(x)\,\mathrm{d}x=\int_a^0 f(-t)\,\mathrm{d}(-t)=\int_0^a f(-x)\,\mathrm{d}x$，因而

$$I=\int_{-a}^{0} f(x)\,\mathrm{d}x+\int_0^a f(x)\,\mathrm{d}x=\int_0^a [f(-x)+f(x)]\,\mathrm{d}x.$$

当$f(x)$是奇函数时，$f(-x)+f(x)=0$，而当 $f(x)$ 是偶函数时，$f(-x)+f(x)=2f(x)$，代入即得结论. □

定理 1.49　(定积分的分部积分法)　设函数 $u, v\in C^1[a,b]$，则

$$\int_a^b u(x)v'(x)\,\mathrm{d}x=u(x)v(x)\Big|_a^b-\int_a^b u'(x)v(x)\,\mathrm{d}x.$$

该公式还可以写成容易记忆的形式

$$\int_a^b u(x)\,\mathrm{d}v(x)=u(x)v(x)\Big|_a^b-\int_a^b v(x)\,\mathrm{d}u(x).$$

证明　利用不定积分的分部积分公式

$$\int u(x)v'(x)\,\mathrm{d}x=u(x)v(x)-\int u'(x)v(x)\,\mathrm{d}x,$$

取上式两边在 b 点的值和在 a 点的值相减即得. □

例 1.108　计算积分 $\int_0^\pi x\sin x\,\mathrm{d}x=-x\cos x\Big|_0^\pi+\int_0^\pi \cos x\,\mathrm{d}x=\pi.$

1.10.4 定积分的近似计算

牛顿-莱布尼茨公式提供了用原函数来计算定积分的方法. 但在实际计算定积分时，也会遇到一些情况：

(1) 被积函数的原函数不能用初等函数表示，例如 e^{-x^2}，$\dfrac{\sin x}{x}$ 等；

(2) 被积函数的原函数结构复杂，不易计算；

(3) 只知道被积函数在一些测量点处的函数值.

在这些情况下，我们一般采用定积分的近似计算方法.

设 $f\in R[a,b]$，用分点 $x_k=a+\dfrac{k}{n}(b-a)$, $k=0,1,\cdots,n$ 将区间 $[a,b]$ 做 n 等分，则

$$\int_a^b f(x)\,\mathrm{d}x=\lim\sum_{k=1}^n f(\xi_k)\frac{b-a}{n}.$$

(1) 当 ξ_k 取为 $[x_{k-1},x_k]$ 的中点时，那么我们得到中矩形公式

$$\int_a^b f(x)\,\mathrm{d}x\approx\frac{b-a}{n}\sum_{k=1}^n f\Big(a+\frac{2k-1}{2n}(b-a)\Big).$$

(2) 当 ξ_k 取为 $[x_{k-1},x_k]$ 的左端点时，那么我们得到左矩形公式

$$\int_a^b f(x)\,\mathrm{d}x\approx\frac{b-a}{n}\sum_{k=1}^n f(x_{k-1}).$$

(3) 当 ξ_k 取为 $[x_{k-1},x_k]$ 的右端点时，那么我们得到右矩形公式

$$\int_a^b f(x)\,\mathrm{d}x\approx\frac{b-a}{n}\sum_{k=1}^n f(x_k).$$

(4) 将左矩形公式和右矩形公式相加并除以 2 即得**梯形公式**

$$\int_a^b f(x)\,\mathrm{d}x\approx\frac{b-a}{n}\Big[\frac{f(a)+f(b)}{2}+\sum_{k=1}^{n-1} f(x_k)\Big].$$

更复杂些的定积分计算公式还有抛物线公式等等，篇幅所限，不再赘述.

例 1.109　利用梯形公式计算积分 $\displaystyle\int_0^1\frac{\sin x}{x}\,\mathrm{d}x$.

解　将积分区间 8 等分，各个分点的函数值计算如下

x_k	0	0.125	0.25	0.375	0.5	0.625	0.75	0.875	1
$f(x_k)$	1	0.9974	0.9896	0.9767	0.9589	0.9362	0.9089	0.8772	0.8415

利用梯形公式得 $\displaystyle\int_0^1\frac{\sin x}{x}\,\mathrm{d}x\approx\frac{1}{8}\Big(\frac{1+0.8415}{2}+0.9974+\cdots+0.8772\Big)\approx 0.9457.$　□

1.10.5 反常积分

(1) 设函数 $f(x)$ 在无穷区间 $[a,+\infty)$ 上有定义，如果对任意的 $b>a$，$f\in R[a,b]$，那么我们定义 $f(x)$ 在无穷区间 $[a,+\infty)$ 上的积分为

$$\int_a^{+\infty} f(x)\,\mathrm{d}x := \lim_{b\to+\infty}\int_a^b f(x)\,\mathrm{d}x.$$

类似方法可以定义 $(-\infty,b]$ 或 $(-\infty,+\infty)$ 上的积分.

例 1.110　计算积分 $\displaystyle\int_0^{+\infty}\frac{1}{1+x^2}\,\mathrm{d}x=\lim_{b\to+\infty}\int_0^b\frac{1}{1+x^2}\,\mathrm{d}x=\lim_{b\to+\infty}\arctan x\Big|_0^b=\frac{\pi}{2}$.

该计算过程也可以简便地写成 $\displaystyle\int_0^{+\infty}\frac{1}{1+x^2}\,\mathrm{d}x=\arctan x\Big|_0^{+\infty}=\frac{\pi}{2}$.

例 1.111　已知 $p>1$，计算积分 $\displaystyle\int_1^{+\infty}\frac{1}{x^p}\,\mathrm{d}x=\frac{1}{1-p}x^{1-p}\Big|_1^{+\infty}=\frac{1}{p-1}$.

例 1.112　(级数收敛的积分判别法) 已知 $p>1$，请问 p 级数 $\displaystyle\sum_1^{+\infty}\frac{1}{n^p}$ 是否收敛？

解　该级数部分和数列 $\{S_N\}$ 单调递增，再考虑部分和数列是否有上界.

$$\begin{aligned}S_N&=1+\frac{1}{2^p}+\cdots+\frac{1}{N^p}<1+\int_1^2\frac{1}{x^p}\,\mathrm{d}x+\cdots+\int_{N-1}^N\frac{1}{x^p}\,\mathrm{d}x\\&=1+\int_1^N\frac{1}{x^p}\,\mathrm{d}x<1+\int_1^{+\infty}\frac{1}{x^p}\,\mathrm{d}x=1+\frac{1}{p-1}.\end{aligned}$$

所以该级数收敛. □

(2) 设函数 $f(x)$ 在区间 $[a,b)$ 上有定义，且 $\lim\limits_{x\to b^-}f(x)=\infty$. 如果对任意的 $\varepsilon>0$，$f\in R[a,b-\varepsilon]$，那么我们定义 $f(x)$ 在区间 $[a,b)$ 上的积分为

$$\int_a^b f(x)\,\mathrm{d}x := \lim_{\varepsilon\to0^+}\int_a^{b-\varepsilon} f(x)\,\mathrm{d}x.$$

类似方法可以定义 $(a,b]$ 或 (a,b) 上的积分.

例 1.113　计算 $\displaystyle\int_0^1\frac{1}{\sqrt{1-x}}\,\mathrm{d}x=\lim_{\varepsilon\to0^+}\int_0^{1-\varepsilon}\frac{1}{\sqrt{1-x}}\,\mathrm{d}x=\lim_{\varepsilon\to0^+}(-2\sqrt{1-x})\Big|_0^{1-\varepsilon}=2$.

该计算过程也可以简便地写成 $\displaystyle\int_0^1\frac{1}{\sqrt{1-x}}\,\mathrm{d}x=-2\sqrt{1-x}\Big|_0^1=2$.

1.10.6 习题

1. 计算极限 $\displaystyle\lim_{t\to0}\frac{\int_0^t x\arctan x\,\mathrm{d}x}{t^3}$.

2. 已知 $f(x)=\sin x+\int_0^{\pi} f(x)\,\mathrm{d}x$，求 $\int_0^{\pi} f(x)\,\mathrm{d}x$.

3. 计算函数 $y=2x^2+3x+3$ 在区间 $[1,4]$ 上的平均值.

4. 利用定积分计算极限

(1) $\lim\left(\dfrac{n}{n^2+1^2}+\dfrac{n}{n^2+2^2}+\cdots+\dfrac{n}{n^2+n^2}\right)$，　(2) $\lim \dfrac{1^p+2^p+\cdots+n^p}{n^{p+1}}$，$p>0$.

5. 计算积分

(1) $\int_1^3 \sqrt[3]{x}\,\mathrm{d}x$，　(2) $\int_0^1 \dfrac{1}{4x^2-9}\,\mathrm{d}x$，

(3) $\int_0^1 \dfrac{1}{1+e^x}\,\mathrm{d}x$，　(4) $\int_0^1 x^2\sqrt{1-x^2}\,\mathrm{d}x$，

(5) $\int_0^1 \dfrac{1}{1+\cos x}\,\mathrm{d}x$，　(6) $\int_0^1 xe^{-x}\,\mathrm{d}x$，

(7) $\int_0^{\pi} \sqrt{\sin^3 x-\sin^5 x}\,\mathrm{d}x$，　(8) $\int_0^{\pi} x^2\sin x\,\mathrm{d}x$.

6. (1) 设 $f\in C[0,1]$，证明 $\int_0^{\pi/2} f(\sin x)\,\mathrm{d}x=\int_0^{\pi/2} f(\cos x)\,\mathrm{d}x$.

(2) 利用 (1) 的结果，计算积分 $\int_0^{\pi/2} \dfrac{1}{1+\tan x}\,\mathrm{d}x$.

7. 设 $f(x)$ 在 $(-\infty,+\infty)$ 上可积且是以 T 为周期的周期函数，证明：

$$\int_a^{a+T} f(x)\,\mathrm{d}x=\int_0^T f(x)\,\mathrm{d}x.$$

8. 设 $G(x)=\int_1^x \dfrac{t}{\sqrt{1+t^3}}\,\mathrm{d}t$，求 $\int_0^1 G(x)\,\mathrm{d}x$.

9. 将牛顿-莱布尼茨公式记为 $f(x)=f(x_0)+\int_{x_0}^x f'(t)\,\mathrm{d}t$，即为 0 阶泰勒公式，请推导如下的一阶泰勒公式，此泰勒公式称为积分型余项的泰勒公式.

$$f(x)=f(x_0)+f'(x_0)(x-x_0)+\int_{x_0}^x f''(t)(x-t)\,\mathrm{d}t.$$

10. 将区间 8 等分，利用梯形公式计算 $\int_0^1 e^{-x^2}\,\mathrm{d}x$.

11. 计算反常积分.

(1) $\int_{-\infty}^{+\infty} \dfrac{1}{x^2+2x+3}\,\mathrm{d}x$，　(2) $\int_0^{+\infty} \dfrac{e^x}{(1+e^x)^2}\,\mathrm{d}x$，

(3) $\int_0^1 \dfrac{1}{\sqrt[3]{x}}\,\mathrm{d}x$，　(4) $\int_0^1 \ln(1-x)\,\mathrm{d}x$.

1.11　定积分的应用

1.11.1　平面图形的面积

我们已经知道，由直线 $x=a$, $x=b$, $y=0$ 和非负函数 $y=f(x)$ 表示的曲线所围成的曲边梯形的面积可以表示为定积分 $S=\int_a^b f(x)\,\mathrm{d}x$. 我们将 $\mathrm{d}S=f(x)\,\mathrm{d}x$ 称为面积微元，它表示底为 $\mathrm{d}x$ 高为 $f(x)$ 的一个微小矩形的面积.

如果函数 f, $g\in R[a,b]$，且 $f(x)\geqslant g(x)$，那么直线 $x=a$, $x=b$ 和曲线 $y=g(x)$, $y=f(x)$ 所围平面图形的面积可以表示为

$$S=\int_a^b \big(f(x)-g(x)\big)\,\mathrm{d}x.$$

这里的面积微元就是 $\mathrm{d}S=\big(f(x)-g(x)\big)\,\mathrm{d}x$. 类似地，如果函数 φ, $\psi\in R[A,B]$，且 $\varphi(y)\geqslant\psi(y)$，那么直线 $y=A$, $y=B$ 和曲线 $x=\varphi(y)$, $x=\psi(y)$ 所围平面图形的面积可以表示为

$$S=\int_A^B \big(\varphi(y)-\psi(y)\big)\,\mathrm{d}y.$$

这里的面积微元就是 $\mathrm{d}S=\big(\varphi(y)-\psi(y)\big)\,\mathrm{d}y$.

更一般的图形可以划分为几个部分，每个部分属于以上所述情况之一. 这时我们可以先分别求得各部分的面积，然后将结果相加得到总面积.

例 1.114　求椭圆 $\dfrac{x^2}{a^2}+\dfrac{y^2}{b^2}=1$ 所围成图形的面积.

解　由对称性知，所求面积为它在第一象限内的部分面积的4倍，所以

$$S=4\int_0^a y\,\mathrm{d}x=4b\int_0^a \sqrt{1-\frac{x^2}{a^2}}\,\mathrm{d}x.$$

令 $x=a\sin t$，则

$$S=4ab\int_0^{\pi/2}\cos^2 t\,\mathrm{d}t=2ab\int_0^{\pi/2}(1+\cos 2t)\,\mathrm{d}t=\pi ab.$$

□

例 1.115　求抛物线 $y^2=2x$ 与直线 $x-y=4$ 所围成图形的面积.

解　先求抛物线与直线的交点. 联立方程 $y^2=2x$, $x-y=4$，解得交点为 $A(2,-2)$ 和 $B(8,4)$. 画出图形，把所围面积看成 $x=y+4$ 与 $x=\dfrac{1}{2}y^2$ 所围成，于是得到

$$S=\int_{-2}^4 (y+4-\frac{1}{2}y^2)\,\mathrm{d}y=18.$$

□

接下来考虑由极坐标表示的曲线围成的图形的面积. 设给定了由极坐标方程表示的曲线 $r=r(\theta)$，$\alpha \leqslant \theta \leqslant \beta$. 我们来求这个曲线与射线 $\theta=\alpha$ 和 $\theta=\beta$ 所围成的图形的面积. 我们称该图形为曲边扇形. 为此，对角度的变化范围 $[\alpha,\beta]$ 作分割

$$\alpha=\theta_0<\theta_1<\cdots<\theta_n=\beta,$$

这个分割对应地将曲边扇形划分为 n 个小曲边扇形. 任取 $\omega_k \in [\theta_{k-1},\theta_k]$，$k=1,2,\cdots,n$. 于是，夹在射线 $\theta=\theta_{k-1}$，$\theta=\theta_k$ 和曲线 $r=r(\theta)$ 间的小曲边扇形的面积可以近似地表示为一个小扇形的面积 $\frac{1}{2}r^2(\omega_k)\Delta\theta_k$，其中 $\Delta\theta_k=\theta_k-\theta_{k-1}$. 这样整个曲边扇形的面积就可以近似地表示为

$$S \approx \frac{1}{2}\sum_{k=1}^{n} r^2(\omega_k)\Delta\theta_k.$$

让 $\max\limits_{k}\{\Delta\theta_k\} \to 0$，我们得到

$$S=\frac{1}{2}\int_{\alpha}^{\beta} r^2(\theta)\,\mathrm{d}\theta.$$

我们将 $\mathrm{d}S=\frac{1}{2}r^2(\theta)\,\mathrm{d}\theta$ 称为用极坐标表示的面积微元，它表示夹角为 $\mathrm{d}\theta$，半径为 $r(\theta)$ 的一个微小扇形的面积.

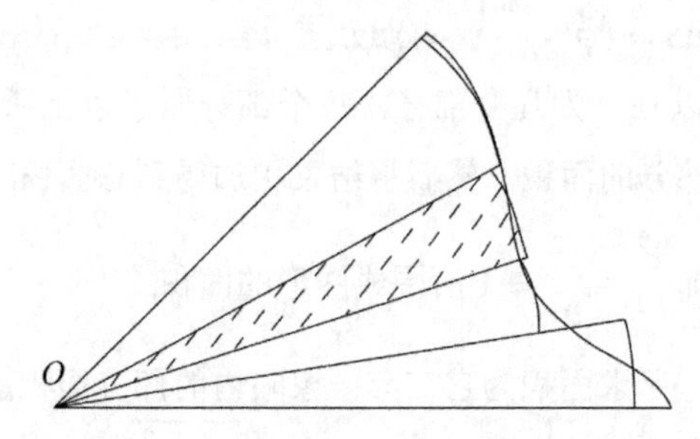

例 1.116　求心形线 $r=a(1+\cos\theta)$ 所围成的图形的面积.

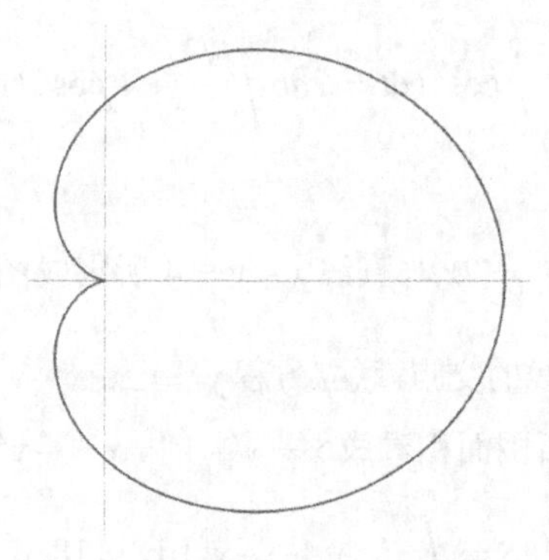

解　画出心形线后，可以看到该曲线关于极轴上下对称且封闭，所以该图形的

面积是它在上半平面内的部分面积的两倍，于是

$$S=2\cdot\frac{1}{2}\int_0^{\pi}a^2(1+\cos\theta)^2\,\mathrm{d}\theta=a^2\int_0^{\pi}(1+2\cos\theta+\cos^2\theta)\,\mathrm{d}\theta=\frac{3}{2}\pi a^2.$$

□

1.11.2 旋转体的体积

设函数 $f(x)$ 在区间 $[a,b]$ 上有定义且非负. 曲线 $y=f(x)$ 绕 x 轴旋转一周而成一个曲面 $\sqrt{y^2+z^2}=f(x)$，$x\in[a,b]$. 我们考虑这个曲面与平面 $x=a$ 和 $x=b$ 所围成的旋转体的体积. 用 $n+1$ 个平面 $x=x_k$ 把这个旋转体切成薄片，其中

$$a=x_0<x_1<x_2<\cdots<x_n=b.$$

任意选取 $\xi_k\in[x_{k-1},x_k]$, $k=1,2,\cdots,n$. 旋转体介于 $x=x_{k-1}$ 和 $x=x_k$ 之间的薄片的体积近似于 $\pi f^2(\xi_k)\Delta x_k$，其中 $\Delta x_k=x_k-x_{k-1}$. 于是，整个旋转体的体积表示为

$$V=\lim\sum_{k=1}^{n}\pi f^2(\xi_k)\Delta x_k=\pi\int_a^b f^2(x)\,\mathrm{d}x.$$

我们将 $\pi f^2(x)\,\mathrm{d}x$ 称为旋转体的体积微元，它表示厚度为 $\mathrm{d}x$，半径为 $f(x)$ 的一个薄圆柱体的体积.

推广上述方法可以求出更广泛的立体的体积. 设已知立体在 $[a,b]$ 中的任意点 x 处被垂直于 x 轴的平面所截得的截面积为 $S(x)$，我们来求这个立体介于平面 $x=a$ 和 $x=b$ 之间的体积. 这种情况下，体积微元可以取为 $S(x)\,\mathrm{d}x$，将这种形式的微元叠加起来就得到所求的体积

$$V=\int_a^b S(x)\,\mathrm{d}x.\quad(\text{祖暅原理})^7$$

例 1.117　求椭圆 $\dfrac{x^2}{a^2}+\dfrac{y^2}{b^2}=1$ 分别绕 x 轴和 y 轴旋转一周所得旋转体的体积.

解　(1) 绕 x 轴旋转，利用旋转体的体积公式得

$$V=\pi\int_{-a}^{a}y^2\,\mathrm{d}x=\pi\int_{-a}^{a}b^2(1-\frac{x^2}{a^2})\,\mathrm{d}x=\frac{4}{3}\pi ab^2.$$

(2) 绕 y 轴旋转，利用旋转体的体积公式得

$$V=\pi\int_{-b}^{b}x^2\,\mathrm{d}y=\pi\int_{-b}^{b}a^2(1-\frac{y^2}{b^2})\,\mathrm{d}y=\frac{4}{3}\pi a^2b.$$

□

[7] 祖暅 (456-536) 是南北朝时期的数学家、天文学家，祖冲之的儿子，曾推导出球的面积和体积公式，并总结出“祖暅原理”. 祖暅原理指出“幂势既同，则积不容易”，意思是两个截面积以及高都相同的立体，它们的体积必相同.

例 1.118 设有底半径为 a 的圆柱体，被一个与圆柱体底交角为 α 且过底直径 AB 的平面所截，求截下的锲形的体积.

解 画出图形，取直径 AB 为 x 轴，底中心为原点，此时垂直于 x 轴的各个截面都是直角三角形，它的一个锐角为 α，因此，截面的面积为

$$S(x)=\frac{1}{2}(a^2-x^2)\tan\alpha,$$

所以体积为

$$V=\int_{-a}^{a}S(x)\,\mathrm{d}x=\int_{-a}^{a}\frac{1}{2}(a^2-x^2)\tan\alpha\,\mathrm{d}x=\frac{2}{3}a^3\tan\alpha.$$

□

1.11.3 曲线的弧长

考虑平面中参数方程表示的曲线

$$x=x(t),\ y=y(t),\ \alpha\leqslant t\leqslant\beta,$$

其中 $x, y\in C^1[\alpha,\beta]$. 为了求曲线的弧长，我们用分割

$$\alpha=t_0<t_1<t_2<\cdots<t_n=\beta,$$

将区间 $[\alpha,\beta]$ 分成 n 个小区间，相应的曲线也就被分成 n 个小弧段，每个小弧段的长度近似等于

$$\sqrt{[x(t_k)-x(t_{k-1})]^2+[y(t_k)-y(t_{k-1})]^2}\approx\sqrt{[x'(t_{k-1})]^2+[y'(t_{k-1})]^2}\,\Delta t_k,$$

这样整个曲线的弧长就近似等于

$$\sum_{k=1}^{n}\sqrt{[x'(t_{k-1})]^2+[y'(t_{k-1})]^2}\,\Delta t_k,$$

让 $\max\limits_k\{\Delta t_k\}\to 0$，我们得到弧长

$$s=\int_{\alpha}^{\beta}\sqrt{[x'(t)]^2+[y'(t)]^2}\,\mathrm{d}t.$$

我们将 $\mathrm{d}s=\sqrt{[x'(t)]^2+[y'(t)]^2}\,\mathrm{d}t=\sqrt{(\mathrm{d}x)^2+(\mathrm{d}y)^2}$ 称为弧长微元，它表示以 $\mathrm{d}x$ 和 $\mathrm{d}y$ 为直角边的直角三角形的斜边的长度. 对于显式表示的 C^1 曲线 $y=y(x)$，$a\leqslant x\leqslant b$，相应的弧长公式为

$$s=\int_a^b\sqrt{1+[y'(x)]^2}\,\mathrm{d}x,$$

此时弧长微元为 $\mathrm{d}s=\sqrt{1+[y'(x)]^2}\,\mathrm{d}x$.

例 1.119 求抛物线 $y=x^2$ 在 $x\in[0,1]$ 上的弧长.

解　$s=\int_0^1\sqrt{1+(2x)^2}\,\mathrm{d}x=\frac{1}{2}\int_0^2\sqrt{1+t^2}\,\mathrm{d}t=\frac{1}{4}[2\sqrt{5}+\ln(2+\sqrt{5})]$.　□

例 1.120　一个半径为 a 的圆，在 x 轴上滚动. 圆周上一个定点 P 的轨迹构成一条曲线，该曲线称为摆线. 求摆线的一拱的长度.

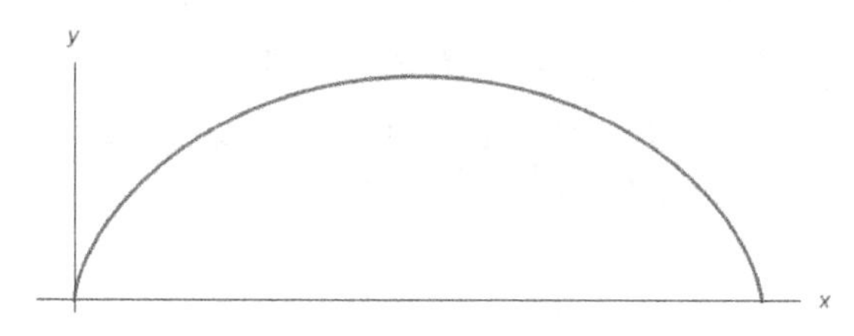

解　取 P 的起始点为原点，则 P 的轨迹曲线为

$$x=a(t-\sin t),\quad y=a(1-\cos t),\quad 0\leqslant t\leqslant 2\pi.$$

所以弧长为

$$s=\int_0^{2\pi}\sqrt{a^2(1-\cos t)^2+a^2\sin^2 t}\,\mathrm{d}t=a\int_0^{2\pi}\sqrt{2-2\cos t}\,\mathrm{d}t=8a.$$

□

1.11.4　物理应用举例

当我们利用定积分计算某个量 Q 时，不必每次重复说明它可以归结为一个定积分，而是在所讨论的区间 $[x,x+\mathrm{d}x]$ 上分析出量 Q 的微元 $\mathrm{d}Q=q(x)\,\mathrm{d}x$，最后直接计算积分 $Q=\int_a^b q(x)\,\mathrm{d}x$ 即可，我们把这个方法称为微元法.

例 1.121　有半圆形水闸，其半径为 1 米，问水满时闸所受的压力是多少？

解　取 x 轴垂直向下，区间 $[x,x+\mathrm{d}x]$ 所对应的条形水闸区域受到的压力微元为

$$\mathrm{d}F=2\rho gx\sqrt{1-x^2}\,\mathrm{d}x,$$

其中 g 为重力加速度，ρ 是水的密度. 这样整个水闸所受的压力是

$$F=2\rho g\int_0^1 x\sqrt{1-x^2}\,\mathrm{d}x=\frac{2}{3}g.$$

□

例 1.122　有长为 l，质量为 M 的两个同样的均匀细杆位于 x 轴上，其间距为 l，求它们之间的万有引力.

解　不妨设细杆 I 位于 $[0,l]$ 这一段，而细杆 II 位于 $[2l,3l]$ 这一段. 对于细杆 I 中的一小段 $[x,x+\mathrm{d}x]$，其质量是 $\frac{M}{l}\mathrm{d}x$，而细杆 II 中的一小段 $[t,t+\mathrm{d}t]$，其质量是

$\frac{M}{l}\mathrm{d}t$. 这两小段间的引力为 $\mathrm{d}F=k(\frac{M}{l})^2\cdot\frac{\mathrm{d}x\,\mathrm{d}t}{(t-x)^2}$，其中 k 是万有引力常数. 这样整个细杆 I 对细杆 II 中的小段的引力为

$$\int_0^l k(\frac{M}{l})^2\cdot\frac{1}{(t-x)^2}\,\mathrm{d}x\cdot\mathrm{d}t=k(\frac{M}{l})^2(\frac{1}{t-l}-\frac{1}{t})\mathrm{d}t,$$

再对变量 t 在 $[2l,3l]$ 上作积分，便得两个细杆之间的引力

$$F=k(\frac{M}{l})^2\int_{2l}^{3l}(\frac{1}{t-l}-\frac{1}{t})\mathrm{d}t=k(\frac{M}{l})^2\ln\frac{4}{3}.$$

□

1.11.5 习题

1. 计算由曲线 $y=e^x$, $y=e^{-x}$ 和直线 $x=1$ 所围区域的面积.

2. 计算由曲线 $y=x^2$ 和曲线 $x=y^2$ 所围区域的面积.

3. 计算由曲线 $xy=3$ 和直线 $x+y=4$ 所围图形绕 x 轴旋转一周得到的旋转体的体积.

4. 求由直线段 $y=\frac{R}{h}x$, $x\in[0,h]$ 和直线 $x=h$, $y=0$ 所围图形绕 y 轴旋转一周得到的旋转体的体积.

5. 求一个实心环 (甜甜圈) 的体积，其截面是一个半径为 R 的圆，内直径为 d.

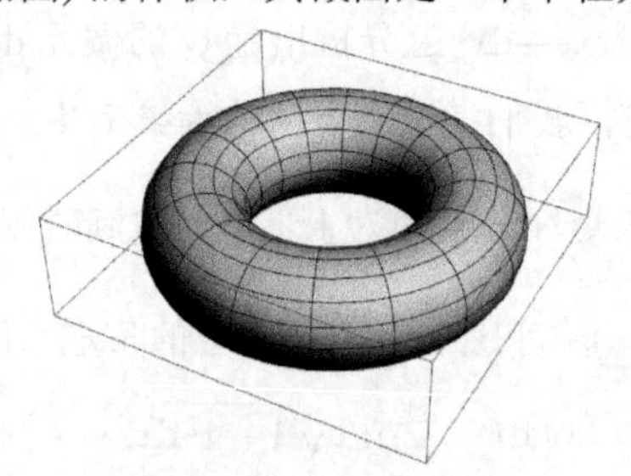

6. 计算曲线 $x=\cos^3 t$, $y=\sin^3 t$, $0\leqslant t\leqslant 2\pi$ 的弧长.

7. 如果曲线段由极坐标方程给出 $r=r(\theta)$, $\alpha\leqslant\theta\leqslant\beta$，请证明该曲线的弧长为

$$s=\int_\alpha^\beta\sqrt{r^2(\theta)+[r'(\theta)]^2}\,\mathrm{d}\theta.$$

8. 有一根长 4 米的细棒，对应于 x 轴上的区间 $[0,4]$，细棒的任一点 x 处的线密度为 $\rho(x)=1+\sqrt{x}$ 千克/米，求细棒的质量.

9. 把质量为 m 的物体从地球表面升高到高度为 h 的地方，需做功多少？考虑 $h\to+\infty$ 的情况，思考其物理含义.

1.12　微积分发展历程与科学应用

1.12.1　微积分发展历程

理论源于实践，微积分产生于 16-17 世纪科学技术发展的需要. 16 世纪开始，欧洲从手工业进入大机器生产阶段. 由于生产力的进步和产业的革命，引起诸如航海、造船、武器、热能和天文学等的快速发展，在这些发展中，出现了一系列亟待解决的问题，其中包含了大量的数学问题，比如：

(1) 根据距离和时间的函数关系，求物体的速度和加速度，反之由加速度和时间的函数关系求物体的运动速度和距离；

(2) 确定运动物体在其轨道上任一点的运动方向，由此提出曲线的切线问题；

(3) 在大量的实际问题中普遍存在的求函数的最大值、最小值问题；

(4) 求曲线的长度、曲线所围区域的面积、封闭曲面所围立体的体积以及物体的质量和重心等等.

正是为了解决这些实践中产生的问题，到 17 世纪下半叶，牛顿和莱布尼茨分别从运动学和几何学的角度发明了微积分. 尽管牛顿和莱布尼茨是微积分的创立者，但是他们也是在前辈们工作的基础上做出的突破. 在牛顿和莱布尼茨之前，已经出现了极限的概念、导数的概念以及定积分的概念，运用这些重要的数学概念，很多数学家对上述的四个问题已经有了大量的研究工作. 在这些研究中，也有不少人注意到这四个问题之间的联系，但是他们并没有将这些联系作为一般规律提炼出来，特别是他们并没有对微分与积分的互逆关系产生足够的重视. 量变产生质变，牛顿和莱布尼茨的伟大之处在于他们发现了求导数和求积分之间的联系，并为这些问题建立了统一的求解框架.

任何一门新学科的建立，都有一个完善的过程，微积分也是这样. 牛顿和莱布尼茨虽然创立了微积分，但是他们对极限的认识还是处于朴素的极限阶段，所以在微积分的基本理论上存在着明显的不严密的缺陷，早期微积分在逻辑上也存在漏洞，以至于遭受到各方面的非议. 数学家们并没有停下脚步，到了 19 世纪，经过法国数学家柯西 (1789-1857) 和德国数学家维尔斯特拉斯 (1815-1897) 等的工作，给出了极限的精确定义，建立了以极限理论为基础的数学分析体系，这些工作让微积分克服了逻辑上的困难，为微积分奠定了坚实的理论基础. 此外，戴德金 (1831-1916) 在 19 世纪 70 年代建立了实数理论，康托 (1848-1918) 在 19 世纪 80 年代建立了集合理论，他们的工作为极限理论建立了公理化体系，找到了极限理论的根源在于实数集的完备性. 这样微积分在其创立了两百多年后，在许多数学家的集体努力之下，最终真正成为了一门具有完整科学体系的学科.

上面我们主要介绍了一元函数微积分的发展，而多元函数微积分也是微积分的重要组成部分，它是在一元函数微积分的基本思想的发展和应用中自然形成的. 1720 年，尼古拉·伯努利引入了偏导数，而偏导数的理论则是由欧拉和法国数学家方丹、克莱罗以及达朗贝尔在早期偏微分方程的研究中建立起来的. 对于重积分，牛顿在讨论万有引力时就已经给出了几何形式的论述，1769 年欧拉给出了二重积分的一般理论，提出了用累次积分计算二重积分的方法. 拉格朗日在球体的引力研究中，引入了三重积分，他使用了球坐标，开始多重积分换元法的研究. 对于曲线曲面上的积分，1828 年俄国数学家奥斯特罗格拉茨基在研究热传导理论过程中得到了刻画三重积分和曲面积分联系的高斯公式 (高斯也曾独立地得到过这个公式)，同年英国数学家格林在研究位势方程时得到了刻画二重积分和其边界曲线积分的格林公式. 1833 年德国数学家雅可比建立了多重积分变换的雅可比行列式. 1854 年，英国数学家斯托克斯把格林公式推广到三维情形，得到了斯托克斯公式. 1864 年，英国物理学家麦克斯韦在电磁实验的基础上，运用多元函数微积分，得到了麦克斯韦方程组，将电学和磁学统一为电磁学，并预言了电磁波的存在.

1.12.2 物体的冷却

微积分的发明，为科学技术的进步提供了强大的工具，我们通过几个简单的实际问题来阐述.

例 1.123 将某一物体放置在空气中. 在初始时刻 $t = 0$ 时，测量得它的温度为 $u_0 = 150^oC$，10 分钟后测量得它的温度为 $u_1 = 100^oC$，求物体的温度 $u(t)$ 和时间 t 的关系，并估算 20 分钟后物体的温度. 假设空气的温度保持为 $u_a = 24^oC$.

我们将采用下面的研究步骤：(1) 根据物理知识建立数学模型，即将物体冷却问题用数学的语言表示出来；(2) 用数学知识求解出数学模型；(3) 用得到的结果解释物体冷却问题并做出预测.

我们这里所用到的物理知识是热力学基本定律，即热量总是从温度高的物体向温度底的物体传导，在一定的温度范围内，一个物体的温度变化速度与这个物体的温度和其所在的介质温度的差值成比例.

设该物体的温度随时间 t 变化的函数为 $u(t)$，那么温度的变化率就是 $u'(t)$. 那么由热力学基本定律知

$$u'(t) = -k\left(u(t) - u_a\right), \quad k > 0,$$

其中常数 k 是刻画热传导快慢的比例系数. 我们将含有未知函数的导数或高阶导数的方程称为微分方程. 在数学物理研究中，物理定律通常用微分方程来表达. 下面我们用分离变量法来求解该方程. 将方程改写成下面的变量分离的形式

$$\frac{u'(t)}{u(t) - u_a} = -k \quad 或 \quad \frac{\mathrm{d}u(t)}{u(t) - u_a} = -k\,\mathrm{d}t,$$

然后方程两边关于变量 t 求不定积分得

$$\int \frac{u'(t)}{u(t) - u_a}\,\mathrm{d}t = \int -k\,\mathrm{d}t,$$

计算不定积分得

$$\ln\left(u(t) - u_a\right) = -kt + C.$$

因为 $u(0) = u_0$，所以 $C = \ln(u_0 - u_a) = \ln 126$. 又因为 $u(10) = u_1$，所以热传导系数

$$k = \frac{1}{10}\left[\ln(u_0 - u_a) - \ln(u_1 - u_a)\right] = \frac{1}{10}\ln\frac{126}{76} \approx 0.050549.$$

这样我们求得物体的温度为

$$u(t) = u_a + (u_0 - u_a)e^{-kt} \approx 24 + 126\,e^{-0.050549t}.$$

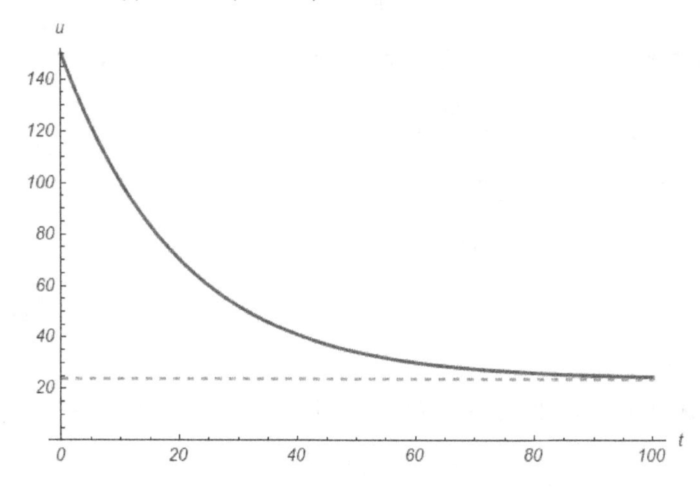

由此温度函数，我们可以预测 20 分钟后物体的温度冷却到 $u(20) \approx 69.8412^{\circ}C$. 另外容易看到，当 $t \to +\infty$ 时，$u(t) \to u_a$.

1.12.3 物体的运动

设空降兵跳伞时，受到了与速度大小成正比的空气阻力，我们来考查他下降的速度 $v(t)$ 的变化规律. 根据牛顿第二运动定律，我们得到运动方程

$$m\frac{\mathrm{d}v}{\mathrm{d}t}=mg-kv,$$

其中 m 是空降兵的质量，t 是时间，g 是重力加速度，k 是空气阻力的系数. 将该方程改写为

$$\frac{\mathrm{d}v}{\mathrm{d}t}+\frac{k}{m}v=g.$$

这是一个一阶微分方程，可以用分离变量法求解，这里我们采用下面的积分因子法. 在方程两边同时乘以积分因子 $e^{kt/m}$ 得

$$e^{kt/m}\left(\frac{\mathrm{d}v}{\mathrm{d}t}+\frac{k}{m}v\right)=g\cdot e^{kt/m}.$$

于是

$$\frac{\mathrm{d}}{\mathrm{d}t}\left(e^{kt/m}v\right)=g\cdot e^{kt/m}.$$

求不定积分得

$$e^{kt/m}v=\frac{mg}{k}e^{kt/m}+C,$$

这样解得

$$v(t)=\frac{mg}{k}+Ce^{-kt/m}.$$

如果在 $t=0$ 时刻，空降兵的初始速度为 0，那么

$$0=\frac{mg}{k}+C \quad\Rightarrow\quad C=-\frac{mg}{k}.$$

所以空降兵的下降速度的变化规律为

$$v(t)=\frac{mg}{k}(1-e^{-kt/m}).$$

可以观察到，与自由落体不同，空降兵的速度不会无限增大，而是会逐渐趋于一个终极速度 mg/k.

值得注意的是，从上面的推导过程可以看到，对于一般的一阶线性微分方程

$$u'(t)+p(t)u(t)=q(t),$$

分离变量法不再适用，而积分因子法仍然可以用来求解此类方程，请读者思考此方程的积分因子是什么？

1.12.4　原子核的裂变

1930 年代，科学家发现铀 (U^{235}) 的原子核受到中子的轰击会裂变成质量相近的两块，并释放出相当多的能量，而且裂变的过程中又产生了 1 到 3 个中子. 如果裂变时产生的中子又轰击铀 (U^{235}) 的原子核，那么又能产生新的核裂变. 这种过程不断进行下去就形成了*链式反应*. 铀原料中总会有一些天然分裂产生的中子，问题是铀原料里的中子有可能逸出铀原料的范围之外，必须有足够多的铀原料才能保证足够多的中子在逸出之前能碰到别的铀 (U^{235}) 原子核. 在这样的条件下，链式反应才能进行.

我们来推算这个铀 (U^{235}) 的临界质量. 用 $N(t)$ 表示 t 时刻铀原料里的中子总数，中子发生率与该时刻中子的总数 $N(t)$ 成正比，而中子的逸出率应该与铀原料的表面积 S 成正比，也与铀原料里中子的密度 $N(t)/V$ 成正比，因而中子数的变化率 (导数) 满足微分方程

$$N'(t)=\alpha N(t)-\beta S\frac{N(t)}{V},$$

其中 α,β 是比例常数. 需要注意的是，中子数是“离散型”变量，但我们可以用一个“连续型”变量来模拟中子数的变化.

如果铀原料是球形，那么 $S/V=3/r$，于是中子数 $N(t)$ 满足微分方程

$$N'(t)=(\alpha-\frac{3\beta}{r})N(t).$$

求解该方程得

$$N(t)=Ce^{(\alpha-\frac{3\beta}{r})t}.$$

由此公式知，当 $\alpha-\dfrac{3\beta}{r}>0$ 时，中子数目按照指数律迅速增大，链式反应很快进行且释放出巨大的能量，这就是原子弹爆炸时的情形. 使得 $\alpha-\dfrac{3\beta}{r}=0$ 成立的 $r_c=3\beta/\alpha$ 被称为临界半径. 以 r_c 为半径的球体的体积 $V_c=\dfrac{4}{3}\pi r_c^3$ 被称为临界体积，相应的铀原料的质量被称为临界质量. 铀 (U^{235}) 的临界半径约为 8.5 厘米，临界质量约为 50 千克.

铀原料的半径超过临界值才会发生核爆炸. 如果 $\alpha-\dfrac{3\beta}{r}<0$，那么中子数趋于 0，核裂变就逐渐熄灭. 在原子能发电站的反应堆中，人们把铀原料分隔为若干部分，每一部分铀原料都控制在临界体积以下，同时通过人为的中子源不断补充中子，使得核裂变可以持续进行. 设中子源以常速率 n 补充中子，则此时总中子数 $N(t)$ 满

足方程

$$N'(t) = (\alpha - \frac{3\beta}{r})N(t) + n.$$

用积分因子方法，求解该方程得

$$N(t) = -\frac{n}{\alpha - \frac{3\beta}{r}} + Ce^{(\alpha - \frac{3\beta}{r})t}.$$

因为 $\alpha - \frac{3\beta}{r} < 0$，于是当 $t \to +\infty$ 时，上式右边第二项趋于 0，所以总中子数趋于一个稳定的数值 $\frac{n}{\frac{3\beta}{r} - \alpha}$. 这样，在人为控制的条件下，核裂变持续进行且释放出巨大的能量，但又不至于引起爆炸，这就是核电站运行的基本原理.

1.12.5 万有引力的发现

16 世纪后期，丹麦天文学家布拉赫 (T.Brache) 对太阳系的行星运动进行了长达 20 年之久的精细观测，积累了丰富的观测资料. 他的助手德国天文学家开普勒 (J.Kepler) 曾参与部分观测并继承了他的观测数据. 在此基础上，开普勒又进行了 20 年的研究，总结出行星运动的三大定律.

开普勒第一定律 行星绕太阳公转的轨道是椭圆，太阳位于椭圆的一个焦点上.

开普勒第二定律 从太阳中心指向一个行星的有向线段(向径)，在同样的时间内扫过同样的面积.

开普勒第三定律 各个行星绕太阳公转周期的平方与其椭圆轨道长轴的立方之比是一个常数.

[8]

牛顿运用微积分工具对开普勒三大定律进行了细致地分析，发现行星应该受到

[8]图中左边是丹麦天文学家第谷·布拉赫 (1546-1601)，是近代天文学的奠基人，以高精度的天文观测而著名. 图中右边是德国天文学家开普勒 (1571-1630)，他发现行星运动的三大定律，为他赢得了“天空立法者”的美名，同时他对光学、数学也做出了重要的贡献，是现代实验光学的奠基人.

一个指向太阳的力，此力的大小与行星的质量成正比与距离的平方成反比. 但这是一种什么力呢？经过缜密的思考，牛顿终于悟出道理来：这种力与地球上使物体下落的重力是一样的，它是存在于一切物体之间的相互吸引力，称为*万有引力*.

(1) **准备工作** 下面的推导需要用到极坐标表示椭圆. 我们将极点(原点)选在椭圆的一个焦点上，让极轴沿着椭圆的长轴指向另外一个焦点. 根据椭圆的定义，椭圆是到两个焦点的距离之和等于常数 $2a$ 的点的轨迹. 于是椭圆的方程应为

$$r+\sqrt{r^2+4c^2+4rc\cos\theta}=2a,$$

其中两焦点的距离是 $2c$. 上面的方程变形得

$$r^2+4c^2+4rc\cos\theta=4a^2+r^2-4ra \quad\Rightarrow\quad r=\frac{a^2-c^2}{a+c\cos\theta},$$

于是椭圆在极坐标下表示为

$$r=\frac{p}{1+\varepsilon\cos\theta},$$

其中 $b=\sqrt{a^2-c^2}$，$p=\dfrac{b^2}{a}$，$\varepsilon=\dfrac{c}{a}$.

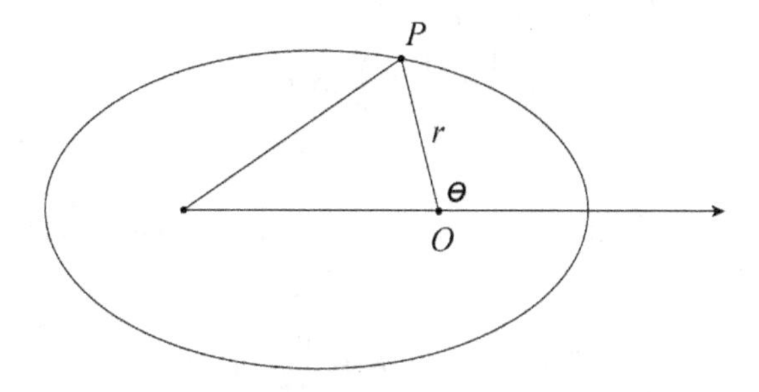

其次，我们用复数来表示质点的平面运动. 考虑平面上的一个运动的质点，它在 t 时刻的位置可以用复数 $z(t)=x(t)+iy(t)$ 来表示，那么瞬时速度就可以表示为

$$v(t)=z'(t)=x'(t)+iy'(t),$$

容易看到

$$|v(t)|=\sqrt{[x'(t)]^2+[y'(t)]^2}=\frac{\mathrm{d}s}{\mathrm{d}t}$$

表示路程对时间的导数，而 $v(t)$ 的方向 $\big(x'(t),y'(t)\big)$ 即为运动轨迹的切线方向. 下面用极坐标表示 $z(t)$，即 $z(t)=r(t)\big[\cos\theta(t)+i\sin\theta(t)\big]=r(t)e^{i\theta(t)}$. 于是速度就是

$$v(t)=z'(t)=r'(t)e^{i\theta(t)}+r(t)\theta'(t)\,ie^{i\theta(t)}.$$

观察到 $e^{i\theta(t)}$ 是向径 $z(t)$ 的单位向量，$ie^{i\theta(t)}$ 是与 $e^{i\theta(t)}$ 垂直的单位向量，那么此式的

含义就是将速度沿这这两个方向进行了正交分解. 速度函数继续对 t 求导得到加速度

$$a(t)=z''(t)=(r''-r\theta'^2)\,e^{i\theta}+(2r'\theta'+r\theta'')\,ie^{i\theta}.$$

(2) **推导万有引力** 下面我们从开普勒三大定律来推导万有引力.

由开普勒第二定律知，向径扫过面积的变化率 $\frac{1}{2}r^2(t)\theta'(t)$ 为常数，于是我们设 $r^2(t)\theta'(t)\equiv h$ (常数). 此式两边对 t 求导得

$$2r(t)r'(t)\theta'(t)+r^2(t)\theta''(t)=0 \quad\Rightarrow\quad 2r'\theta'+r\theta''=0.$$

记行星受到太阳的作用力为 $F(t)$，并在此作用力下运动，那么由牛顿第二运动定律知

$$F(t)=ma(t)=m\left[(r''-r\theta'^2)\,e^{i\theta}++(2r'\theta'+r\theta'')\,ie^{i\theta}\right]=m\,(r''-r\theta'^2)\,e^{i\theta},$$

这就说明，行星所受的力方向在太阳与行星的连线上.

再来利用开普勒第一定律. 行星的轨迹是一个椭圆，太阳在椭圆的一个焦点上，用极坐标给出椭圆方程 $r=\dfrac{p}{1+\varepsilon\cos\theta}$. 由此得到

$$\frac{1}{r}=\frac{1}{p}+\frac{\varepsilon}{p}\cos\theta,$$

对 t 求导得

$$-\frac{r'}{r^2}=-\frac{\varepsilon}{p}\sin\theta\,\theta' \quad\Rightarrow\quad r'=\frac{\varepsilon}{p}(r^2\theta')\sin\theta=\frac{\varepsilon}{p}h\sin\theta.$$

继续对 t 求导得

$$r''=\frac{\varepsilon h}{p}\cos\theta\cdot\theta'=\frac{\varepsilon h^2}{pr^2}\cos\theta.$$

于是

$$r''-r\theta'^2=\frac{\varepsilon h^2}{pr^2}\cos\theta-\frac{h^2}{r^3}=\frac{h^2}{r^2}\left(\frac{\varepsilon}{p}\cos\theta-\frac{1}{r}\right)=-\frac{h^2}{p}\cdot\frac{1}{r^2}.$$

将此结果代入 $F(t)$ 的表达式得

$$F(t)=-\frac{mh^2}{p}\cdot\frac{1}{r^2}\,e^{i\theta}=-km\frac{1}{r^2}\,e^{i\theta},$$

其中 $k=h^2/p$.

下面我们来证明 k 是一个常数，即对太阳系中所有的行星都是一样的. 注意到，向径扫过面积的变化率 $\frac{1}{2}r^2\theta'=\frac{1}{2}h$ 与公转周期 T 相乘得到椭圆的面积，即 $\frac{1}{2}hT=\pi ab$，于是得到

$$h^2=\frac{4\pi^2a^2b^2}{T^2}.$$

再由开普勒第三定律知 $T^2 = \lambda a^3$，这里的比例系数 λ 对太阳系中所有的行星都相同. 代入前面得到

$$h^2 = \frac{4\pi^2}{\lambda} \cdot \frac{b^2}{a} = \frac{4\pi^2}{\lambda} p \quad \Rightarrow \quad k = \frac{h^2}{p} = \frac{4\pi^2}{\lambda} \text{ 常数}.$$

综合上面的结果我们得到：*行星所受的力指向太阳，该力的大小与行星的质量成正比，与行星到太阳的距离的平方成反比.* 牛顿正是从这个结论出发，通过进一步的思考，总结出著名的万有引力定律.

前面我们从开普勒行星运动的三大定律推出了万有引力的数学表示形式，那么接下来一个自然的问题就是，能否从万有引力的数学表达式推导出行星运动的三大定律？具体过程留给有兴趣的读者研究.

万有引力定律的发现，是 17 世纪自然科学最伟大的成果之一. 它把地面上物体运动的规律和天体运动的规律统一了起来，对以后物理学和天文学的发展具有深远的影响. 它第一次解释了一种基本相互作用的规律，在人类认识自然的历史上树立了一座里程碑. 万有引力定律揭示了天体运动的规律，在天文学上和宇宙航行计算方面有着广泛的应用. 它为实际的天文观测提供了一套计算方法，可以只凭少量的观测资料，就能算出长周期运行的天体运动轨道，科学史上哈雷彗星、海王星、冥王星的发现，都是应用万有引力定律取得重大成就的例子. 利用万有引力公式、开普勒第三定律等还可以计算太阳、地球等无法直接测量的天体的质量. 牛顿还解释了月亮和太阳的万有引力引起的潮汐现象. 他依据万有引力定律和其他力学定律，对地球两极呈扁平形状的原因和地轴复杂的运动，也成功地做了说明.

1.12.6　微积分小研究

此小研究由下面五个小题构成，综合运用了微积分知识，有一定的难度，水平较高的同学可以尝试，最后可以推导出概率统计中常用的一个积分. 此积分值也可以用二重积分得到.

1. 用分部积分法研究 $I_n = \int_0^{\pi/2} (\sin x)^n \,\mathrm{d}x$，导出其递推公式，并由递推公式证明

$$I_{2n} = \frac{2n-1}{2n} \cdot \frac{2n-3}{2n-2} \cdot \cdots \cdot \frac{1}{2} \cdot \frac{\pi}{2},$$

$$I_{2n+1} = \frac{2n}{2n+1} \cdot \frac{2n-2}{2n-1} \cdot \cdots \cdot \frac{2}{3} \cdot 1.$$

2*. 证明：

$$\lim \frac{I_{2n+1}}{I_{2n}} = 1, \qquad \lim \sqrt{n} \cdot I_{2n+1} = \frac{\sqrt{\pi}}{2}.$$

提示：注意到 $I_n > I_{n+1}$，所以

$$1 > \frac{I_{2n+1}}{I_{2n}} > \frac{I_{2n+2}}{I_{2n}} = \frac{2n+1}{2n+2}.$$

另外，注意到

$$I_{2n} = \frac{(2n)!}{2^{2n}(n!)^2} \cdot \frac{\pi}{2}, \qquad I_{2n+1} = \frac{2^{2n}(n!)^2}{(2n+1)!},$$

所以

$$I_{2n+1}I_{2n} = \frac{\pi}{4n+2},$$

于是

$$\lim n\left(I_{2n+1}\right)^2 = \lim \frac{n}{4n+2} \cdot \frac{I_{2n+1}}{I_{2n}} \cdot \pi = \frac{\pi}{4}.$$

3. 利用换元法推导

$$\int_0^1 (1-x^2)^n \, \mathrm{d}x = I_{2n+1}, \qquad \int_0^{+\infty} \frac{1}{(1+x^2)^n} \, \mathrm{d}x = I_{2n-2}.$$

4. 证明：当 $x \neq 0$ 时，$e^x > 1+x$；并由此推导 $(1-x^2)^n < e^{-nx^2} < \frac{1}{(1+x^2)^n}$，从而

$$\int_0^1 (1-x^2)^n \, \mathrm{d}x \leqslant \int_0^{+\infty} e^{-nx^2} \, \mathrm{d}x \leqslant \int_0^{+\infty} \frac{1}{(1+x^2)^n} \, \mathrm{d}x.$$

5. 令 $K_n = \int_0^{+\infty} e^{-nx^2} \, \mathrm{d}x$，容易看到 $K_n = \frac{1}{\sqrt{n}} \cdot \int_0^{+\infty} e^{-x^2} \, \mathrm{d}x$，由此证明：

$$\int_0^{+\infty} e^{-x^2} \, \mathrm{d}x = \frac{\sqrt{\pi}}{2}.$$

对此积分做换元 $x = t/\sqrt{2}$，则可得标准正态分布的概率密度函数的积分

$$\int_{-\infty}^{+\infty} \frac{1}{\sqrt{2\pi}} e^{-x^2/2} \, \mathrm{d}x = 1.$$

第 2 章　线性代数：用数学解构线性关系

2.1　线性方程组与矩阵

2.1.1　线性方程组的基本概念

求解线性方程组可能是数学里最基础也是最核心的问题. 这是因为在科学研究和工业应用中大约 75% 的数学问题都会遇到线性方程组，而且人们总是将复杂的非线性问题简化为线性方程组问题，另外从应用层面看线性方程组也逐渐深入到诸如：经济学、管理科学、生态学、交通运输等各个学科中去.

定义 2.1　一个包含 m 个方程 n 个未知变量的线性方程组具有下面的形式

$$\begin{cases} a_{11}x_1+a_{12}x_2+\cdots+a_{1n}x_n = b_1 \\ a_{21}x_1+a_{22}x_2+\cdots+a_{2n}x_n = b_2 \\ \quad\vdots \\ a_{m1}x_1+a_{m2}x_2+\cdots+a_{mn}x_n = b_m \end{cases}$$

其中 a_{ij}, b_i 都是实数，$x_1,x_2,\cdots,x_n$ 是 n 个未知变量. 我们将上面的方程组称为 $m\times n$ 的线性系统 (线性方程组). 如果一组数 $\left(x_1,x_2,\cdots,x_n\right)$ 使得方程组中的等式成立，那么我们称这组数是方程组的一个解.

例 2.1　考虑下面的方程组并求解.

$$(1)\ \begin{cases} x_1+2x_2=5 \\ 2x_1+3x_2=8 \end{cases} \qquad (2)\ \begin{cases} x_1-x_2+x_3=2 \\ 2x_1+x_2-x_3=4 \end{cases} \qquad (3)\ \begin{cases} x_1+x_2=2 \\ x_1-x_2=1 \\ x_1=4 \end{cases}$$

解　方程组 (1) 是 2×2 的线性系统，我们在中学里就已经学会利用消元法求解它. 解得它的唯一解是 $x_1=1$, $x_2=2$，或者写成 $(1,2)$.

方程组 (2) 是 2×3 的线性系统，容易算得它的解是 $x_1=2$, $x_2=x_3$，或者写成 $(2,\alpha,\alpha)$，其中 α 是任意实数.

方程组 (3) 是 3×2 的线性系统，因为将 $x_1=4$ 代入前面两个方程得 $4+x_2=2$, $4-x_2=1$. 这两个方程矛盾，所以该方程组没有解. □

例 2.2　考虑下面的几个 2×2 的线性方程组，从几何视角来研究它们.

$$(1)\begin{cases} x_1+x_2=2 \\ x_1-x_2=2 \end{cases}\quad (2)\begin{cases} x_1+x_2=2 \\ x_1+x_2=1 \end{cases}\quad (3)\begin{cases} x_1+x_2=2 \\ -x_1-x_2=-2 \end{cases}$$

解　从几何角度来看，每个方程式表示平面中的一条直线，那么求解方程组就是求两条直线的交点.

容易看到，方程组 (1) 中两条直线的交点为 $(2,0)$，因而 $(2,0)$ 就是方程组的唯一解；方程组 (2) 中两条直线是平行的，没有交点，因而方程组没有解；方程组 (3) 中两条直线其实是同一条直线，所以直线上的每个点都是交点，因而方程组有无穷多个解，这些解可以表示为 $(\alpha,2-\alpha)$，α 是任意实数. □

定义 2.2　如果两个线性方程组的解集是一样的，那么我们称这两个方程组互为等价方程组.

例 2.3　考虑下面两个方程组，它们是否等价？

$$(1)\begin{cases} 3x_1+2x_2-x_3=-2 \\ x_2=3 \\ 2x_3=4 \end{cases}\qquad (2)\begin{cases} 3x_1+2x_2-x_3=-2 \\ -3x_1-x_2+x_3=5 \\ 3x_1+2x_2+x_3=2 \end{cases}$$

解　容易求得方程组 (1) 和 (2) 的解相同，都是 $(-2,3,2)$，所以这两个方程组等价. □

我们将下面的三种操作称为线性方程组的*初等行变换*：

I　对换-将一个方程组的某两行相互交换，记为 $r_i\leftrightarrow r_j$；

II　数乘-用一个非零常数乘以方程组的某一行，记为 $r_i\times k$；

III　倍加-用一个非零常数乘以方程组的某一行后加到另外一行上去，记为 $r_i+r_j\times k$.

容易看到，初等行变换不会改变该方程组的解，即经过初等行变换后得到方程组与原来的方程组等价.

例 2.4　利用初等行变换，求解方程组.

$$\begin{cases} x_1+2x_2+x_3=3 \\ 3x_1-x_2-3x_3=-1 \\ 2x_1+3x_2+x_3=4 \end{cases}$$

解　经过运算 r_2-3r_1 将第二行变为 $-7x_2-6x_3=-10$，再经过运算 r_3-2r_1 将第三行变为 $-x_2-x_3=-2$. 这样我们得到一个等价方程组

$$\begin{cases} x_1+2x_2+x_3=3 \\ -7x_2-6x_3=-10 \\ -x_2-x_3=-2 \end{cases}.$$

再经过运算 $r_3-\frac{1}{7}r_2$，又得到一个等价方程组

$$\begin{cases} x_1+2x_2+x_3=3 \\ -7x_2-6x_3=-10 \\ -\frac{1}{7}x_3=-\frac{4}{7} \end{cases}.$$

于是算得 $x_3=4$，然后将此结果代入第二行得 $x_2=-2$，最后将它们代入第一行得 $x_1=3$，所以方程组的解为 $(3,-2,4)$. 本题的求解方法称为高斯消元法. □

2.1.2　矩阵的基本概念

从上面的例子可以看到，用高斯消元法求解方程组时，只是方程组中的系数在变化，所以我们只需要把系数的变化记录下来. 根据这个想法，我们引入矩阵的概念. 我们将上例中方程组的未知量前的系数写成下面的形式，称之为方程组的系数矩阵.

$$\begin{pmatrix} 1 & 2 & 1 \\ 3 & -1 & -3 \\ 2 & 3 & 1 \end{pmatrix}$$

系数矩阵再加上方程组等号右端的常数，则构成增广矩阵.

$$\left(\begin{array}{ccc|c} 1 & 2 & 1 & 3 \\ 3 & -1 & -3 & -1 \\ 2 & 3 & 1 & 4 \end{array}\right)$$

那么用初等行变换求解方程组的过程就变成用初等行变换将方程组的增广矩阵变形为上三角矩阵的过程.

$$\left(\begin{array}{ccc|c} 1 & 2 & 1 & 3 \\ 3 & -1 & -3 & -1 \\ 2 & 3 & 1 & 4 \end{array}\right) \to \left(\begin{array}{ccc|c} 1 & 2 & 1 & 3 \\ 0 & -7 & -6 & -10 \\ 0 & -1 & -1 & -2 \end{array}\right) \to \left(\begin{array}{ccc|c} 1 & 2 & 1 & 3 \\ 0 & -7 & -6 & -10 \\ 0 & 0 & -\frac{1}{7} & -\frac{4}{7} \end{array}\right)$$

得到了上三角矩阵后，我们就可以通过回代过程得到方程组的解. 当然我们也可以继续用初等行变换将上三角矩阵进一步变形为梯形矩阵和最简形矩阵. 由最简形矩阵可以直接得出方程组的解.

$$\left(\begin{array}{ccc|c} 1 & 2 & 1 & 3 \\ 0 & -7 & -6 & -10 \\ 0 & 0 & -\frac{1}{7} & -\frac{4}{7} \end{array}\right) \quad \begin{array}{c} r_2\times(-\frac{1}{7}) \\ r_3\times(-7) \end{array} \quad \rightarrow \quad \left(\begin{array}{ccc|c} 1 & 2 & 1 & 3 \\ 0 & 1 & \frac{6}{7} & \frac{10}{7} \\ 0 & 0 & 1 & 4 \end{array}\right) \text{梯形阵}$$

$$\left(\begin{array}{ccc|c} 1 & 2 & 1 & 3 \\ 0 & 1 & \frac{6}{7} & \frac{10}{7} \\ 0 & 0 & 1 & 4 \end{array}\right) \quad \begin{array}{c} r_1-r_3 \\ r_2+r_3\times(-\frac{6}{7}) \end{array} \quad \rightarrow \quad \left(\begin{array}{ccc|c} 1 & 2 & 0 & -1 \\ 0 & 1 & 0 & -2 \\ 0 & 0 & 1 & 4 \end{array}\right)$$

$$\left(\begin{array}{ccc|c} 1 & 2 & 0 & -1 \\ 0 & 1 & 0 & -2 \\ 0 & 0 & 1 & 4 \end{array}\right) \quad r_1+r_2\times(-2) \quad \rightarrow \quad \left(\begin{array}{ccc|c} 1 & 0 & 0 & 3 \\ 0 & 1 & 0 & -2 \\ 0 & 0 & 1 & 4 \end{array}\right) \text{最简形}$$

2.1.3　线性方程组的几个应用

例 2.5　(交通流量) 如图所示，已测得某城市的四个路口的一些交通流量，但还有四个方向的交通流量 x_1, x_2, x_3, x_4 未知，请求出它们.

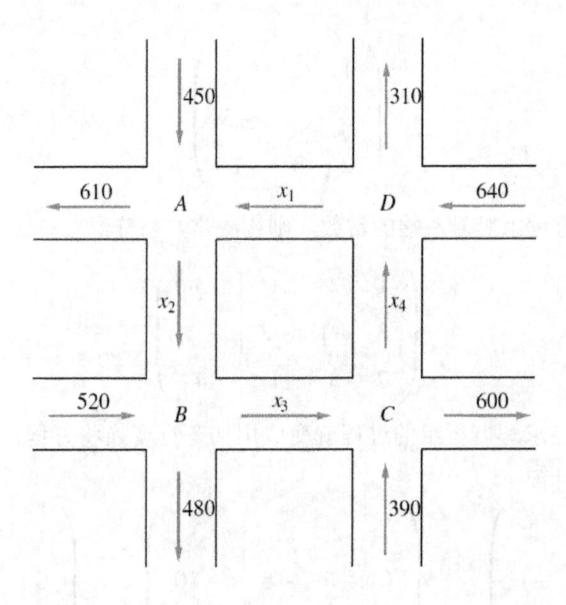

解　根据每个路口人员车辆的流入量等于流出量，我们可以得到一个 4×4 的

方程组.

$$\begin{cases} x_1+450=x_2+610 & \text{路口}A \\ x_2+520=x_3+480 & \text{路口}B \\ x_3+390=x_4+600 & \text{路口}C \\ x_4+640=x_1+310 & \text{路口}D \end{cases}$$

写出该方程组的增广矩阵，并化为最简形.

$$\left(\begin{array}{cccc|c} 1 & -1 & 0 & 0 & 160 \\ 0 & 1 & -1 & 0 & -40 \\ 0 & 0 & 1 & -1 & 210 \\ -1 & 0 & 0 & 1 & -330 \end{array}\right) \rightarrow \left(\begin{array}{cccc|c} 1 & 0 & 0 & -1 & 330 \\ 0 & 1 & 0 & -1 & 170 \\ 0 & 0 & 1 & -1 & 210 \\ 0 & 0 & 0 & 0 & 0 \end{array}\right)$$

这样我们得到方程组的解为

$$x_1=x_4+330,\quad x_2=x_4+170,\quad x_3=x_4+210.$$

可以看到，如果能再测得 x_4，就可以将所有的交通流量给出来了. □

例 2.6　(电路网络) 图中给出了一个最简单的电路网络，请根据电阻和电压计算电流 i_1, i_2, i_3.

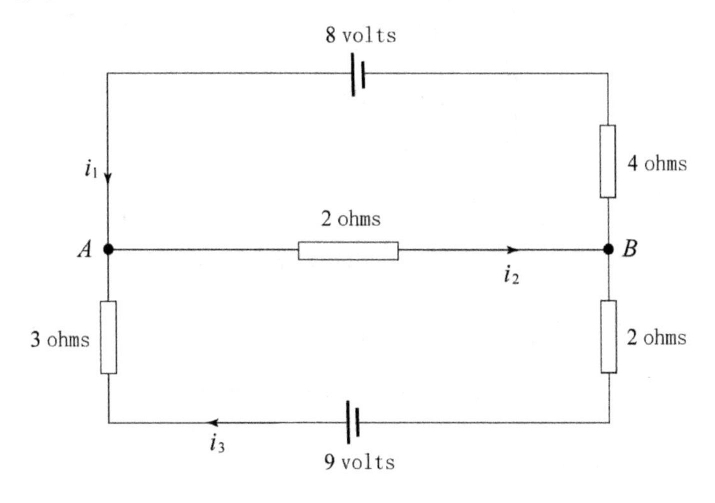

解　在电路节点处，流入的电流等于流出的电流，因而我们可以得到

$$\begin{cases} i_1-i_2+i_3=0 & \text{节点 }A \\ -i_1+i_2-i_3=0 & \text{节点 }B \end{cases}.$$

再对电路中的回路应用欧姆定律得

$$\begin{cases} 4i_1+2i_2=8 & \text{上回路} \\ 2i_2+5i_3=9 & \text{下回路} \end{cases}.$$

将这四个方程式联立，得到一个 4×3 的线性方程组，写出它的增广矩阵，并化为最简形.

$$\left(\begin{array}{ccc|c} 1 & -1 & 1 & 0 \\ -1 & 1 & -1 & 0 \\ 4 & 2 & 0 & 8 \\ 0 & 2 & 5 & 9 \end{array}\right) \to \left(\begin{array}{ccc|c} 1 & 0 & 0 & 1 \\ 0 & 1 & 0 & 2 \\ 0 & 0 & 1 & 1 \\ 0 & 0 & 0 & 0 \end{array}\right)$$

于是，我们得到电流 $i_1=1,\ i_2=2,\ i_3=1.$ □

例 2.7 (配平化学反应方程式) 光合作用的化学反应方程式为

$$x_1\,\mathrm{CO_2}+x_2\,\mathrm{H_2O} \to x_3\,\mathrm{O_2}+x_4\,\mathrm{C_6H_{12}O_6}.$$

请根据元素守恒计算方程式中的系数 $x_1,\ x_2,\ x_3,\ x_4$.

解 利用碳、氧、氢三种元素守恒得

$$\begin{cases} x_1=6x_4 & \text{碳} \\ 2x_1+x_2=2x_3+6x_4 & \text{氧} \\ 2x_2=12x_4 & \text{氢}. \end{cases}$$

求解该线性方程组得

$$x_1=x_2=x_3=6x_4,$$

取 $x_4=1$，即得光合作用的化学反应方程式

$$6\mathrm{CO_2}+6\mathrm{H_2O} \to 6\mathrm{O_2}+\mathrm{C_6H_{12}O_6}.$$

□

例 2.8 (物品交换模型) 考察一个原始部落，我们将部落的人根据他们的分工分成三个部门，即生产食物部门 F、制造工具部门 M 和纺织衣物部门 C. 部门之间根据自己的需求交换物品，我们将部门之间物品交换的具体情况用图形表示出来. 请根据部门的物品交换情况，给出不同物品之间的价值比例.

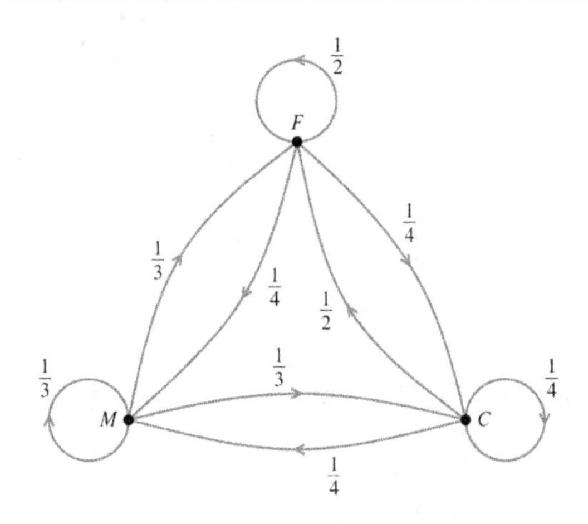

解　用 x_1 表示食物的总价值，x_2 表示工具的总价值，x_3 表示衣物的总价值. 由图所示，生产食物的部门 F 自留了 $\frac{1}{2}x_1$ 的食物，将 $\frac{1}{4}x_1$ 的食物交换给了制作工具的部门 M，将 $\frac{1}{4}x_1$ 的食物交换给了纺织衣物的部门 C. 同时，F 得到了 $\frac{1}{3}x_2$ 的工具和 $\frac{1}{2}x_3$ 的衣物. 类似方法分析制造工具部门 M 和纺织衣物部门 C. 我们将分析出来的信息用一个图表来显示.

	F	M	C
F	$\frac{1}{2}$	$\frac{1}{3}$	$\frac{1}{2}$
M	$\frac{1}{4}$	$\frac{1}{3}$	$\frac{1}{4}$
C	$\frac{1}{4}$	$\frac{1}{3}$	$\frac{1}{4}$

公平的交换需要三个部门的收支平衡，于是我们得到一个线性方程组.

$$\begin{cases} \frac{1}{2}x_1+\frac{1}{3}x_2+\frac{1}{2}x_3=x_1 \\ \frac{1}{4}x_1+\frac{1}{3}x_2+\frac{1}{4}x_3=x_2 \\ \frac{1}{4}x_1+\frac{1}{3}x_2+\frac{1}{4}x_3=x_3 \end{cases}$$

写出该方程组的增广矩阵，并化为最简形.

$$\left(\begin{array}{ccc|c} -\frac{1}{2} & \frac{1}{3} & \frac{1}{2} & 0 \\ \frac{1}{4} & -\frac{2}{3} & \frac{1}{4} & 0 \\ \frac{1}{4} & \frac{1}{3} & -\frac{3}{4} & 0 \end{array}\right) \to \left(\begin{array}{ccc|c} 1 & 0 & -\frac{5}{3} & 0 \\ 0 & 1 & -1 & 0 \\ 0 & 0 & 0 & 0 \end{array}\right)$$

于是我们得到，要保持公平交易，那么三种物品的价值比例应该是

$$x_1 : x_2 : x_3 = 5 : 3 : 3.$$

□

2.1.4 习题

1. 写出线性方程组的增广矩阵，并将其化为梯形矩阵和最简形，最后给出方程组的解.

$$\begin{cases} 4x_1+3x_2=4 \\ \frac{2}{3}x_1+4x_2=3 \end{cases}$$

2. 写出线性方程组的增广矩阵，并将其化为梯形矩阵和最简形，给出方程组的解，并用数学软件验算此结果.

$$\begin{cases} 2x_1-3x_2-x_3=1 \\ x_1-x_2+x_3=6 \\ -2x_1-3x_2+x_3=5 \end{cases}$$

3. 利用线性方程组将苯燃烧的方程式配平，$x_1\,C_6H_6+x_2\,O_2 \rightarrow x_3\,C+x_4\,H_2O$.

4. 通过下面的交通流量图，求出未知的交通流量.

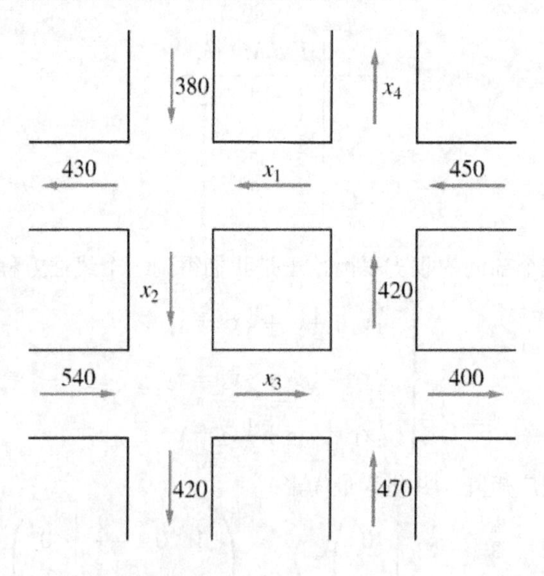

5. 一个线性方程组的增广矩阵如下

$$\left(\begin{array}{ccc|c} 1 & 1 & 3 & 2 \\ 1 & 2 & 4 & 3 \\ 1 & 3 & a & b \end{array}\right).$$

(1) 数 a, b 取何值时，方程组有无穷多个解；(2) 数 a, b 取何值时，方程组无解.

2.2　矩阵的运算

2.2.1　向量的概念与运算

在中学里，我们已经学习了向量的概念以及向量的运算，下面我们以二维向量为例简短地回顾一下这些知识. 考虑平面中的一个点 (x_1,x_2)，那么以原点 $(0,0)$ 为起点以 (x_1,x_2) 为终点的有向线段称为向量，记为 $\mathbf{x}=(x_1,x_2)$. 容易看到向量可以用来表示方向，另外我们将该有向线段的长度定义为向量 $\mathbf{x}=(x_1,x_2)$ 的长度，记为

$$\|\mathbf{x}\|=\sqrt{x_1^2+x_2^2}\,.$$

设 k 是一个实数，$\mathbf{x}=(x_1,x_2)$，$\mathbf{y}=(y_1,y_2)$ 是两个向量，定义数与向量的乘积为

$$k\mathbf{x}:=(kx_1,kx_2),$$

定义向量之间的加法为

$$\mathbf{x}+\mathbf{y}:=(x_1+y_1,x_2+y_2).$$

数乘运算和加法运算的几何含义请参考下面的图形.

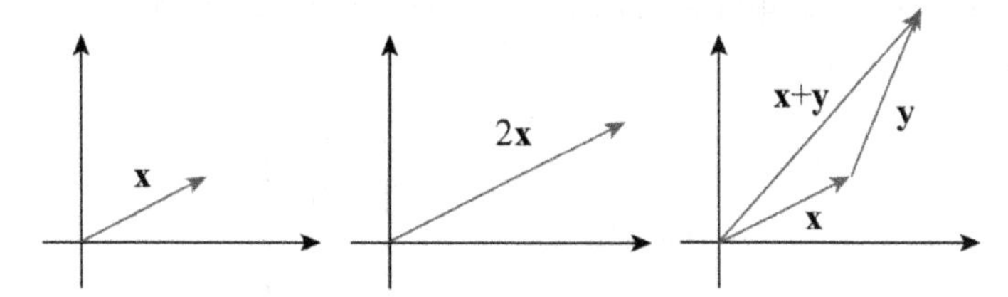

为了计算两个向量之间的夹角，我们引入向量之间的内积运算

$$(\mathbf{x},\mathbf{y})=\|\mathbf{x}\|\cdot\|\mathbf{y}\|\cdot\cos\theta,$$

其中 θ 是向量 $\mathbf{x}$, $\mathbf{y}$ 的夹角，向量的内积也经常记为点乘 $\mathbf{x}\cdot\mathbf{y}$. 从定义可以看到内积运算满足交换律 $\mathbf{x}\cdot\mathbf{y}=\mathbf{y}\cdot\mathbf{x}$. 记向量 $\mathbf{e}_1=(1,0)$，$\mathbf{e}_2=(0,1)$，那么

$$\mathbf{e}_1\cdot\mathbf{e}_1=1,\quad \mathbf{e}_2\cdot\mathbf{e}_2=1,\quad \mathbf{e}_1\cdot\mathbf{e}_2=\mathbf{e}_2\cdot\mathbf{e}_1=0,$$

$$\Rightarrow\quad \mathbf{x}\cdot\mathbf{y}=(x_1\mathbf{e}_1+x_2\mathbf{e}_2)\cdot(y_1\mathbf{e}_1+y_2\mathbf{e}_2)=x_1y_1\mathbf{e}_1\cdot\mathbf{e}_1+x_2y_2\mathbf{e}_2\cdot\mathbf{e}_2+(x_1y_2+x_2y_1)\mathbf{e}_1\cdot\mathbf{e}_2.$$

化简即得向量之间的内积计算公式

$$\mathbf{x}\cdot\mathbf{y}=x_1y_1+x_2y_2.$$

值得注意的是，如果以内积的计算公式作为内积的定义，同样也可以反推出前面利用角度的余弦定义的内积，这两种定义是等价的.

2.2.2 从向量运算到矩阵运算

向量是特殊的矩阵，反过来矩阵也可以看成是多个向量组合在一起. 考虑矩阵

$$A=\begin{pmatrix} a_{11} & a_{12} & \cdots & a_{1n} \\ a_{21} & a_{22} & \cdots & a_{2n} \\ \vdots & & & \\ a_{m1} & a_{m2} & \cdots & a_{mn} \end{pmatrix}.$$

该矩阵也可以简记为 $A=\left(a_{ij}\right)_{m\times n}$，其中 i 是行指标，其中 j 是列指标. 记向量

$$\alpha_j=\begin{pmatrix} a_{1j} \\ a_{2j} \\ \vdots \\ a_{mj} \end{pmatrix},\quad j=1,2,\cdots,n,\quad \beta_i=\left(a_{i1},\, a_{i2},\, \cdots,\, a_{in}\right),\quad i=1,2,\cdots,m.$$

容易看到 α_j 是 m 维向量，我们称 α_j 是矩阵 A 的列向量，矩阵 A 的所有列向量构成列向量组. 向量 β_i 是 n 维向量，我们称 β_i 是矩阵 A 的行向量，矩阵 A 的所有行向量构成行向量组. 由此知，矩阵 A 可以用其列向量表示出来，矩阵 A 也可以用其行向量表示出来，即

$$A=\left(\alpha_1,\, \alpha_2,\, \cdots,\, \alpha_n\right)=\begin{pmatrix} \beta_1 \\ \beta_2 \\ \vdots \\ \beta_m \end{pmatrix}.$$

定义 2.3　设 k 是一个实数，矩阵 $A=\left(a_{ij}\right)_{m\times n}$，定义 $kA:=\left(ka_{ij}\right)_{m\times n}$.

例 2.9　已知矩阵 $A=\begin{pmatrix} 4 & 8 & 2 \\ 6 & 8 & 10 \end{pmatrix}$，那么 $\frac{1}{2}A=\begin{pmatrix} 2 & 4 & 1 \\ 3 & 4 & 5 \end{pmatrix}$.

定义 2.4　设矩阵 $A=\left(a_{ij}\right)_{m\times n}$，$B=\left(b_{ij}\right)_{m\times n}$，定义 $A+B:=\left(a_{ij}+b_{ij}\right)_{m\times n}$.

例 2.10　$\begin{pmatrix} 3 & 2 & 1 \\ 4 & 5 & 6 \end{pmatrix}+\begin{pmatrix} 2 & 2 & 2 \\ 1 & 2 & 3 \end{pmatrix}=\begin{pmatrix} 5 & 4 & 3 \\ 5 & 7 & 9 \end{pmatrix}$.

例 2.11　$\begin{pmatrix} 3 & 2 \\ 4 & 5 \end{pmatrix}-2\begin{pmatrix} 1 & 0 \\ 1 & 2 \end{pmatrix}=\begin{pmatrix} 3-2 & 2 \\ 4-2 & 5-4 \end{pmatrix}=\begin{pmatrix} 1 & 2 \\ 2 & 1 \end{pmatrix}$.

我们希望将线性方程组都表示为 $A\mathbf{x}=\mathbf{b}$ 的形式. 先考虑只有一个方程的情况.

$$3x_1+2x_2+5x_3=4,$$

等式左边可以看成是两个向量的内积. 我们令

$$A=\begin{pmatrix} 3 & 2 & 5 \end{pmatrix},\quad \mathbf{x}=\begin{pmatrix} x_1 \\ x_2 \\ x_3 \end{pmatrix},$$

并且定义矩阵 A 与列向量 $\mathbf{x}$ 的乘法为

$$A\mathbf{x}:=\begin{pmatrix} 3 & 2 & 5 \end{pmatrix}\cdot\begin{pmatrix} x_1 \\ x_2 \\ x_3 \end{pmatrix}=3x_1+2x_2+5x_3,$$

即我们将行向量与列向量的乘积定义为向量间的内积，这样该方程就可以简洁地表示为 $A\mathbf{x}=4$.

再考虑含有多个方程的情形. 考虑方程组

$$\begin{cases} x_1+2x_2+x_3=3 \\ 3x_1-x_2-3x_3=-1 \\ 2x_1+3x_2+x_3=4 \end{cases}$$

记

$$A=\begin{pmatrix} 1 & 2 & 1 \\ 3 & -1 & -3 \\ 2 & 3 & 1 \end{pmatrix}=\begin{pmatrix} \beta_1 \\ \beta_2 \\ \beta_3 \end{pmatrix},\quad \mathbf{x}=\begin{pmatrix} x_1 \\ x_2 \\ x_3 \end{pmatrix},\quad \mathbf{b}=\begin{pmatrix} 3 \\ -1 \\ 4 \end{pmatrix},$$

注意到 β_i 是行向量，$\mathbf{x}$ 是列向量，利用行向量和列向量的乘法，我们定义

$$A\mathbf{x}=\begin{pmatrix} \beta_1 \\ \beta_2 \\ \beta_3 \end{pmatrix}\mathbf{x}:=\begin{pmatrix} \beta_1\mathbf{x} \\ \beta_2\mathbf{x} \\ \beta_3\mathbf{x} \end{pmatrix},$$

于是方程组就可以表示为 $A\mathbf{x}=\mathbf{b}$. 从上面的定义可以看到矩阵乘以列向量就是将矩阵的各个行向量乘以该列向量.

最后考虑矩阵之间的乘法. 设矩阵 $A=\left(a_{ij}\right)_{m\times n}$，矩阵

$$B=\left(b_{ij}\right)_{n\times r}=\left(\mathbf{b}_1,\ \mathbf{b}_2,\ \cdots,\ \mathbf{b}_r\right).$$

利用矩阵和列向量的乘积，我们定义 A 和 B 的乘法为

$$AB = A\left(\mathbf{b}_1,\ \mathbf{b}_2,\ \cdots,\ \mathbf{b}_r\right) := \left(A\mathbf{b}_1,\ A\mathbf{b}_2,\ \cdots,\ A\mathbf{b}_r\right),$$

即将 A 乘以 B 定义为用矩阵 A 乘以矩阵 B 的每个列向量，得到的矩阵 AB 是一个 $m\times r$ 的矩阵. 可以证明矩阵乘法满足结合律 $A(BC)=(AB)C$.

例 2.12　已知 $A=\begin{pmatrix} 3 & -2 \\ 2 & 4 \\ 1 & -3 \end{pmatrix}$，$B=\begin{pmatrix} -2 & 1 & 3 \\ 4 & 1 & 6 \end{pmatrix}$，计算

$$AB=\begin{pmatrix} -6-8 & 3-2 & 9-12 \\ -4+16 & 2+4 & 6+24 \\ -2-12 & 1-3 & 3-18 \end{pmatrix}=\begin{pmatrix} -14 & 1 & -3 \\ 12 & 6 & 30 \\ -14 & -2 & -15 \end{pmatrix}.$$

类似计算可得 $BA=\begin{pmatrix} -1 & -1 \\ 20 & -22 \end{pmatrix}$. 一般来说 $AB\neq BA$，矩阵的乘法不满足交换律.

例 2.13　对于方程组 $A\mathbf{x}=\mathbf{b}$，如果将矩阵用其列向量表示

$$A=\left(\alpha_1,\ \alpha_2,\ \cdots,\ \alpha_n\right),$$

那么利用向量的数乘和加法，方程组可变为

$$A\mathbf{x}=x_1\begin{pmatrix} a_{11} \\ a_{21} \\ \vdots \\ a_{m1} \end{pmatrix}+x_2\begin{pmatrix} a_{12} \\ a_{22} \\ \vdots \\ a_{m2} \end{pmatrix}+\cdots+x_n\begin{pmatrix} a_{1n} \\ a_{2n} \\ \vdots \\ a_{mn} \end{pmatrix}=x_1\alpha_1+x_2\alpha_2+\cdots+x_n\alpha_n=\mathbf{b}.$$

我们将 $x_1\alpha_1+x_2\alpha_2+\cdots+x_n\alpha_n$ 称为是向量组 $\{\alpha_j\}$ 的一个线性组合，那么方程组的解 $\left(x_1,\ x_2,\ \cdots,\ x_n\right)$ 就是该线性组合的组合系数. 于是求解线性方程组 $A\mathbf{x}=\mathbf{b}$ 就等价于将向量 $\mathbf{b}$ 表示为方程组系数矩阵 A 的列向量组 $\{\alpha_j\}$ 的线性组合. 由此我们也可以定义由列向量组构成的“行向量”与列向量的乘积，即

$$A\mathbf{x}=\left(\alpha_1,\ \alpha_2,\ \cdots,\ \alpha_n\right)\cdot\begin{pmatrix} x_1 \\ x_2 \\ \vdots \\ x_n \end{pmatrix}:=x_1\alpha_1+x_2\alpha_2+\cdots+x_n\alpha_n.$$

另外还有“分块矩阵”的乘法，规则与普通矩阵乘法类似，限于篇幅不再赘述.

2.2.3 矩阵乘法的几个应用

例 2.14 (*管理科学的层次分析法*) 三位博士竞争某大学的学科负责人职务. 学校对他们从三个方面进行考察. 科研方面占比 40%，其中李博士得分 0.5，王博士得分 0.25，张博士得分 0.25；教学方面占比 40%，其中李博士得分 0.2，王博士得分 0.5，张博士得分 0.3；专业服务活动占比 20%，其中李博士得分 0.25，王博士得分 0.5，张博士得分 0.25. 请根据上面的数据，做出合理的决策.

解 我们把考察所得的数据用向量表示出来.

权重向量 $\mathbf{w}=\begin{pmatrix}0.4\\0.4\\0.2\end{pmatrix}$，得分向量 $\alpha_1=\begin{pmatrix}0.5\\0.25\\0.25\end{pmatrix}$，$\alpha_2=\begin{pmatrix}0.2\\0.5\\0.3\end{pmatrix}$，$\alpha_3=\begin{pmatrix}0.25\\0.5\\0.25\end{pmatrix}$.

那么分类得分矩阵就是 $A=\left(\alpha_1,\ \alpha_2,\ \alpha_3\right)$.

于是三人的综合得分可以用矩阵乘向量计算出来，即

$$\mathbf{r}=A\mathbf{w}=\begin{pmatrix}0.5 & 0.2 & 0.25\\0.25 & 0.5 & 0.5\\0.25 & 0.3 & 0.25\end{pmatrix}\cdot\begin{pmatrix}0.4\\0.4\\0.2\end{pmatrix}=\begin{pmatrix}0.33\\0.4\\0.27\end{pmatrix}.$$

由此知，李博士的综合得分是 0.33，王博士的综合得分是 0.4，张博士的综合得分是 0.27. 所以学校应该选择王博士做学科负责人. □

例 2.15 (*工厂生产成本的计算*) 某工厂生产三种产品 A, B, C，生产各种产品单件的各项成本已用表格给出，每种产品在每个季度的产量用另外一个表格给出，请计算各个季度的分类成本并用矩阵表示出来.

分类成本	A	B	C
原料成本	0.1	0.3	0.15
工资成本	0.3	0.4	0.25
间接费用	0.1	0.2	0.15

季度产量	春季	夏季	秋季	冬季
A	4000	4500	4500	4000
B	2000	2600	2400	2200
C	5800	6200	6000	6000

解 先将表格中的数据用矩阵表示出来.

$$M=\begin{pmatrix}0.1 & 0.3 & 0.15\\0.3 & 0.4 & 0.25\\0.1 & 0.2 & 0.15\end{pmatrix}\qquad \text{各个产品单件分类成本矩阵}$$

$$P = \begin{pmatrix} 4000 & 4500 & 4500 & 4000 \\ 2000 & 2600 & 2400 & 2200 \\ 5800 & 6200 & 6000 & 6000 \end{pmatrix} \quad \text{各季度分类产品产量矩阵}$$

由矩阵乘法得到 MP，那么 MP 就是各项成本分季度费用矩阵.

$$MP = \begin{pmatrix} 1870 & 2160 & 2070 & 1960 \\ 3450 & 3940 & 3810 & 3580 \\ 1670 & 1900 & 1830 & 1740 \end{pmatrix}$$

由费用矩阵 MP，最后可以得到财务报表.

	春季	夏季	秋季	冬季	年度
原料成本	1870	2160	2070	1960	8060
工资成本	3450	3940	3810	3580	14780
间接费用	1670	1900	1830	1740	7140
总费用	6990	8000	7710	7280	29980

□

例 2.16 (城镇婚姻模型) 在一个小镇，每年有 30% 的已婚女性离婚，有 20% 的单身女性结婚. 该小镇现有 8000 已婚女性和 2000 单身女性. 假设小镇的所有女性的总数保持不变，问一年后小镇有多少已婚女性和多少单身女性？两年后呢？

解 女性婚姻变化比例可以用变化矩阵 A 表示，初始婚姻数据用向量 $\mathbf{x}$ 表示.

$$A = \begin{pmatrix} 0.7 & 0.2 \\ 0.3 & 0.8 \end{pmatrix}, \quad \mathbf{x} = \begin{pmatrix} 8000 \\ 2000 \end{pmatrix}$$

先计算一年后的情况.

$$A\mathbf{x} = \begin{pmatrix} 0.7 & 0.2 \\ 0.3 & 0.8 \end{pmatrix} \cdot \begin{pmatrix} 8000 \\ 2000 \end{pmatrix} = \begin{pmatrix} 6000 \\ 4000 \end{pmatrix},$$

由此计算结果知，一年后女性已婚姻人数为 6000，单身人数为 4000.

再计算两年后的情况.

$$A^2\mathbf{x} = A(A\mathbf{x}) = \begin{pmatrix} 0.7 & 0.2 \\ 0.3 & 0.8 \end{pmatrix} \cdot \begin{pmatrix} 6000 \\ 4000 \end{pmatrix} = \begin{pmatrix} 5000 \\ 5000 \end{pmatrix}.$$

由此计算结果知，两年后女性已婚姻人数为 5000，单身人数为 5000. □

2.2.4 矩阵的转置

定义 2.5　设矩阵 $A=\left(a_{ij}\right)_{m\times n}$，矩阵 $B=\left(b_{ij}\right)_{n\times m}$，如果

$$b_{ji}=a_{ij},\quad \forall\, i,\, j,$$

那么我们称矩阵 B 是矩阵 A 的转置矩阵，记为 $B=A^T$.

例 2.17　$A=\begin{pmatrix}1&2&3\\4&5&6\end{pmatrix}$，那么 $A^T=\begin{pmatrix}1&4\\2&5\\3&6\end{pmatrix}$.

例 2.18　设行向量 $\mathbf{x}=(x_1,x_2)$, $\mathbf{y}=(y_1,y_2)$，那么

$$\mathbf{x}\mathbf{y}^T=\left(x_1,x_2\right)\cdot\begin{pmatrix}y_1\\y_2\end{pmatrix}=x_1y_1+x_2y_2,\quad \mathbf{y}^T\mathbf{x}=\begin{pmatrix}y_1\\y_2\end{pmatrix}\cdot\left(x_1,x_2\right)=\begin{pmatrix}x_1y_1&x_2y_1\\x_1y_2&x_2y_2\end{pmatrix}.$$

定理 2.1　(转置运算的性质)

(1) $(A^T)^T=A$, (2) $(kA)^T=kA^T$, (3) $(A+B)^T=A^T+B^T$, (4) $(AB)^T=B^TA^T$.

例 2.19　矩阵 $A=\begin{pmatrix}1&2&1\\3&3&5\\2&4&1\end{pmatrix}$，$B=\begin{pmatrix}1&0&2\\2&1&1\\5&4&1\end{pmatrix}$，那么

$$AB=\begin{pmatrix}1&2&1\\3&3&5\\2&4&1\end{pmatrix}\cdot\begin{pmatrix}1&0&2\\2&1&1\\5&4&1\end{pmatrix}=\begin{pmatrix}10&6&5\\34&23&14\\15&8&9\end{pmatrix},$$

$$B^TA^T=\begin{pmatrix}1&2&5\\0&1&4\\2&1&1\end{pmatrix}\cdot\begin{pmatrix}1&3&2\\2&3&4\\1&5&1\end{pmatrix}=\begin{pmatrix}10&34&15\\6&23&8\\5&14&9\end{pmatrix}=(AB)^T.$$

定义 2.6　设矩阵 $A=\left(a_{ij}\right)_{m\times n}$，如果 $m=n$，那么我们称 A 为 n 阶方阵. 如果方阵 A 满足 $A^T=A$，即 $a_{ji}=a_{ij}$，那么我们称方阵 A 为对称矩阵.

例 2.20　设矩阵 $A=\left(a_{ij}\right)_{m\times n}$，那么 $(A^TA)^T=A^T(A^T)^T=A^TA$，所以 A^TA 是 $n\times n$ 的对称方阵.

例 2.21　(简单的书本信息检索) 小王同学到图书馆找一本书，书名是“线性代数及其应用”，他将书名信息输入到图书馆的数据库中，那么该数据库如何选取小王同学需要的书呢？

假设图书馆的数据库包含这些书：B1 应用线性代数，B2 基础线性代数，B3 基础线性代数及其应用，B4 线性代数及其应用，B5 矩阵代数及其应用，B6 矩阵理论. 数据库中图书的关键字构成了数据表格. 此表中数据构成了关键字矩阵 A.

关键字	B1	B2	B3	B4	B5	B6
代数	1	1	1	1	1	0
应用	1	0	1	1	1	0
基础	0	1	1	0	0	0
线性	1	1	1	1	0	0
矩阵	0	0	0	0	1	1
理论	0	0	0	0	0	1

小王输入书名后，搜索系统在输入信息中提取出三个关键字：线性、代数、应用，于是得到需求向量 $\mathbf{x}=(1,1,0,1,0,0)^T$. 接着搜索系统计算出匹配向量

$$\mathbf{y}=A^T\mathbf{x}=\begin{pmatrix}1&1&0&1&0&0\\1&0&1&1&0&0\\1&1&1&1&0&0\\1&1&0&1&0&0\\1&1&0&0&1&0\\0&0&0&0&1&1\end{pmatrix}\cdot\begin{pmatrix}1\\1\\0\\1\\0\\0\end{pmatrix}=\begin{pmatrix}3\\2\\3\\3\\2\\0\end{pmatrix}.$$

由此计算结果，求出匹配向量 $\mathbf{y}$ 的各个最大分量 $y_1=y_3=y_4=3$，于是数据库返回检索结果为 B1, B3, B4.

2.2.5　单位矩阵与逆矩阵

定义 2.7　矩阵 $I=\left(\delta_{ij}\right)_{n\times n}$ 被称为单位矩阵，其中 $\delta_{ij}=\begin{cases}1, & i=j\\0, & i\neq j\end{cases}$. 单位矩阵常用其列向量表示为 $I=(\mathbf{e}_1,\ \mathbf{e}_2,\ \cdots,\ \mathbf{e}_n)$. 对于一个方阵 A，如果存在方阵 B，使得 $AB=BA=I$，那么称方阵 A 是可逆的，将方阵 B 称为方阵 A 的逆矩阵，记为 $B=A^{-1}$. 如果一个方阵没有逆矩阵，那么我们称该方阵不可逆或者该方阵是奇异的.

例 2.22　设矩阵 $A=\begin{pmatrix}2&4\\3&1\end{pmatrix}$，$B=\begin{pmatrix}-\frac{1}{10}&\frac{2}{5}\\\frac{3}{10}&-\frac{1}{5}\end{pmatrix}$，计算得 $AB=BA=I$，即 $B=A^{-1}$ 或者 $A=B^{-1}$.

例 2.23　设矩阵 $A=\begin{pmatrix}1 & 0\\ 0 & 0\end{pmatrix}$，证明矩阵 A 不可逆.

证明　反证法. 假设矩阵 A 的逆矩阵是 $B=\begin{pmatrix}b_{11} & b_{12}\\ b_{21} & b_{22}\end{pmatrix}$，那么 $BA=\begin{pmatrix}b_{11} & 0\\ b_{21} & 0\end{pmatrix}$. 显然 $BA\neq I$，得出矛盾，所以矩阵 A 不可逆. □

定理 2.2　设 A, B 是两个 n 阶可逆方阵，那么 $(AB)^{-1}=B^{-1}A^{-1}$.

证明　容易看到 $AI=IA=A$，再利用矩阵乘法的结合律计算.

$$B^{-1}A^{-1}(AB)=B^{-1}(A^{-1}A)B=B^{-1}B=I,\quad AB(B^{-1}A^{-1})=A(BB^{-1})A^{-1}=AA^{-1}=I.$$

此结果可以推广到多个矩阵的情况. □

2.2.6　习题

1. 设对任意的 $\mathbf{x}=(x_1, x_2, x_3)^T$，$A\mathbf{x}=\begin{pmatrix}x_1+x_2\\ 2x_1-x_3\end{pmatrix}$，求矩阵 A.

2. 设 $A=\begin{pmatrix}3 & 1 & 4\\ -2 & 0 & 1\\ 1 & 2 & 2\end{pmatrix}$，$B=\begin{pmatrix}1 & 0 & 2\\ -3 & 1 & 1\\ 2 & -4 & 1\end{pmatrix}$，计算

(1) $2A-3B$　(2) AB　(3) BA　(4) $(BA)^T$　(5) A^TB^T.

3. 设 $A=\begin{pmatrix}a_{11} & a_{12}\\ a_{21} & a_{22}\end{pmatrix}$，$B=\begin{pmatrix}b_{11} & b_{12}\\ b_{21} & b_{22}\end{pmatrix}$，$C=\begin{pmatrix}c_{11} & c_{12}\\ c_{21} & c_{22}\end{pmatrix}$.

验证矩阵乘法的结合律 $(AB)C=A(BC)$.

4. 设矩阵 $A=\begin{pmatrix}\frac{1}{2} & -\frac{1}{2}\\ -\frac{1}{2} & \frac{1}{2}\end{pmatrix}$，计算 A^2, A^3, A^n.

5. 设旋转矩阵 $R=\begin{pmatrix}\cos\theta & -\sin\theta\\ \sin\theta & \cos\theta\end{pmatrix}$，计算 R^2, R^n，并验证 $R^{-1}=R^T$.

6. 设 $A=\begin{pmatrix}1 & 2\\ 1 & -2\end{pmatrix}=\begin{pmatrix}\alpha_1, \alpha_2\end{pmatrix}$，$\mathbf{b}=\begin{pmatrix}4\\ 0\end{pmatrix}$，$\mathbf{c}=\begin{pmatrix}-3\\ -2\end{pmatrix}$.

(1) 请将 $\mathbf{b}$ 表示为 α_1, α_2 的线性组合；(2) 请将 $\mathbf{c}$ 表示为 α_1, α_2 的线性组合.

7. 设方阵 A 可逆，m 是正整数，证明 (1) $(A^T)^{-1}=(A^{-1})^T$，(2) $(A^m)^{-1}=(A^{-1})^m$.

2.3　初等矩阵及其应用

2.3.1　初等矩阵

单位矩阵 I 经过三种初等行变换就得到三种初等矩阵.

I　对换-交换单位矩阵的第 i 行和第 j 行所得的矩阵，记为 $E(i,j)$.

II　数乘-非零常数 k 乘以单位矩阵的第 i 行所得的矩阵，记为 $E(i(k))$.

III　倍加-非零常数 k 乘以单位矩阵的第 j 行再加到第 i 行所得的矩阵，记为 $E(i+j(k))$.

例 2.24　对一个 3 阶方阵 A，左乘 3 阶对换矩阵 $E(1,2)$ 得到什么？右乘呢？

解

$$E(1,2)\cdot A=\begin{pmatrix}0&1&0\\1&0&0\\0&0&1\end{pmatrix}\cdot\begin{pmatrix}a_{11}&a_{12}&a_{13}\\a_{21}&a_{22}&a_{23}\\a_{31}&a_{32}&a_{33}\end{pmatrix}=\begin{pmatrix}a_{21}&a_{22}&a_{23}\\a_{11}&a_{12}&a_{13}\\a_{31}&a_{32}&a_{33}\end{pmatrix},$$

$$A\cdot E(1,2)=\begin{pmatrix}a_{11}&a_{12}&a_{13}\\a_{21}&a_{22}&a_{23}\\a_{31}&a_{32}&a_{33}\end{pmatrix}\cdot\begin{pmatrix}0&1&0\\1&0&0\\0&0&1\end{pmatrix}=\begin{pmatrix}a_{12}&a_{11}&a_{13}\\a_{22}&a_{21}&a_{23}\\a_{32}&a_{31}&a_{33}\end{pmatrix}.$$

从上面的结果可以看到，对换矩阵 $E(1,2)$ 左乘 A 等价于将 A 的第 1 行和第 2 行交换；而对换矩阵 $E(1,2)$ 右乘 A 等价于将 A 的第 1 列和第 2 列交换. 此结论可以推广到一般情况下，对换矩阵 $E(i,j)$ 左乘 A 等价于将 A 的第 i 行和第 j 行交换；而对换矩阵 $E(i,j)$ 右乘 A 等价于将 A 的第 i 列和第 j 列交换. □

例 2.25　对一个 3 阶方阵 A，左乘 3 阶数乘矩阵 $E(3(3))$ 得到什么？右乘呢？

解

$$E(3(3))\cdot A=\begin{pmatrix}1&0&0\\0&1&0\\0&0&3\end{pmatrix}\cdot\begin{pmatrix}a_{11}&a_{12}&a_{13}\\a_{21}&a_{22}&a_{23}\\a_{31}&a_{32}&a_{33}\end{pmatrix}=\begin{pmatrix}a_{11}&a_{12}&a_{13}\\a_{21}&a_{22}&a_{23}\\3a_{31}&3a_{32}&3a_{33}\end{pmatrix},$$

$$A\cdot E(3(3))=\begin{pmatrix}a_{11}&a_{12}&a_{13}\\a_{21}&a_{22}&a_{23}\\a_{31}&a_{32}&a_{33}\end{pmatrix}\cdot\begin{pmatrix}1&0&0\\0&1&0\\0&0&3\end{pmatrix}=\begin{pmatrix}a_{11}&a_{12}&3a_{13}\\a_{21}&a_{22}&3a_{23}\\a_{31}&a_{32}&3a_{33}\end{pmatrix}.$$

从上面的结果可以看到，数乘矩阵 $E(3(3))$ 左乘 A 等价于将 A 的第 3 行乘以 3；而数乘矩阵 $E(3(3))$ 右乘 A 等价于将 A 的第 3 列乘以 3. 此结论可以推广到一般情况下，数乘矩阵 $E(i(k))$ 左乘 A 等价于将 A 的第 i 行乘以 k；而数乘矩阵 $E(i(k))$ 右乘 A 等价于将 A 的第 i 列乘以 k. □

例 2.26　对一个 3 阶方阵 A，左乘 3 阶倍加矩阵 $E(1+3(3))$ 得到什么？右乘呢？

解
$$E(1+3(3))\cdot A = \begin{pmatrix} a_{11}+3a_{31} & a_{12}+3a_{32} & a_{13}+3a_{33} \\ a_{21} & a_{22} & a_{23} \\ a_{31} & a_{32} & a_{33} \end{pmatrix},$$

$$A\cdot E(1+3(3)) = \begin{pmatrix} a_{11} & a_{12} & 3a_{11}+a_{13} \\ a_{21} & a_{22} & 3a_{21}+a_{23} \\ a_{31} & a_{32} & 3a_{31}+a_{33} \end{pmatrix}.$$

从上面的结果可以看到，倍加矩阵 $E(1+3(3))$ 左乘 A 等价于将 A 的第 3 行乘以 3 再加到第 1 行上；而倍加矩阵 $E(1+3(3))$ 右乘 A 等价于将 A 的第 1 列乘以 3 再加到第 3 列. 此结论可以推广到一般情况下，倍加矩阵 $E(i+j(k))$ 左乘 A 等价于将 A 的第 j 行乘以 k 再加到第 i 行上；而倍加矩阵 $E(i+j(k))$ 右乘 A 等价于将 A 的第 i 列乘以 k 再加到第 j 列上. □

根据前面三个例子的讨论，我们看到对矩阵进行各种初等行变换等价于对矩阵左乘各种对应的初等矩阵. 此外，根据这些讨论，我们还可以得到三类初等矩阵的逆矩阵，并且可以看到这些逆矩阵还是同类型的初等矩阵.

定理 2.3　$E(i,j)^{-1}=E(j,i)$，$E(i(k))^{-1}=E(i(\frac{1}{k}))$，$E(i+j(k))^{-1}=E(i+j(-k))$.

2.3.2　矩阵求逆

考虑 $n\times n$ 的线性方程组 $A\mathbf{x}=\mathbf{b}$. 前面我们已经知道用方程组的初等行变换来求得该方程组的解 $\mathbf{x}=A^{-1}\mathbf{b}$ 等价于用矩阵的初等行变换将增广矩阵 $(A\,|\,\mathbf{b})$ 化为最简形 $(I\,|\,A^{-1}\mathbf{b})$. 利用初等矩阵来认识这一过程. 用初等行变换求解方程组就是寻找有限个初等矩阵 $E_1, E_2, \cdots, E_k$，使得 $I=E_1E_2\cdots E_kA$.

定义 2.8　对于矩阵 A, B，如果存在有限个初等矩阵 $E_1, E_2, \cdots, E_k$，使得 $B=E_1E_2\cdots E_kA$，那么我们称 B 与 A 行等价.

定理 2.4　下面三个命题等价：(1) 矩阵 A 可逆；(2) 线性方程组 $A\mathbf{x}=\mathbf{0}$ 存在唯一解 $\mathbf{0}$；(3) 矩阵 A 行等价于单位矩阵 I.

考虑求可逆方阵 A 的逆矩阵 A^{-1}. 在等式 $I=E_1E_2\cdots E_kA$ 两边右乘 A^{-1} 即得 $A^{-1}=E_1E_2\cdots E_kI$，于是我们需要求出这些初等矩阵 E_1, E_2, $\cdots$, E_k. 但是在具体计算时，我们不必写出这些初等矩阵，而是采用这样的技巧，容易看到初等行变换将 A 变为 I 的同时就将 I 变成了 A^{-1}，即用初等行变换将 $(A|I)$ 变为 $(I|A^{-1})$，从这个结果里就可以得到 A^{-1}.

例 2.27　考虑下面线性方程组，求出其系数矩阵的逆矩阵，并利用逆矩阵计算出该方程组的解.

$$\begin{cases} x_1+4x_2+3x_3=12 \\ -x_1-2x_2=-12 \\ 2x_1+2x_2+3x_3=8 \end{cases}$$

解　用初等行变换将 $(A|I)$ 变为 $(I|A^{-1})$.

$$\left(\begin{array}{ccc|ccc} 1 & 4 & 3 & 1 & 0 & 0 \\ -1 & -2 & 0 & 0 & 1 & 0 \\ 2 & 2 & 3 & 0 & 0 & 1 \end{array}\right) \to \left(\begin{array}{ccc|ccc} 1 & 4 & 3 & 1 & 0 & 0 \\ 0 & 2 & 3 & 1 & 1 & 0 \\ 0 & -6 & -3 & -2 & 0 & 1 \end{array}\right)$$

$$\to \left(\begin{array}{ccc|ccc} 1 & 4 & 3 & 1 & 0 & 0 \\ 0 & 2 & 3 & 1 & 1 & 0 \\ 0 & 0 & 6 & 1 & 3 & 1 \end{array}\right) \to \left(\begin{array}{ccc|ccc} 1 & 4 & 0 & \frac{1}{2} & -\frac{3}{2} & -\frac{1}{2} \\ 0 & 2 & 0 & \frac{1}{2} & -\frac{1}{2} & -\frac{1}{2} \\ 0 & 0 & 6 & 1 & 3 & 1 \end{array}\right)$$

$$\to \left(\begin{array}{ccc|ccc} 1 & 0 & 0 & -\frac{1}{2} & -\frac{1}{2} & \frac{1}{2} \\ 0 & 2 & 0 & \frac{1}{2} & -\frac{1}{2} & -\frac{1}{2} \\ 0 & 0 & 6 & 1 & 3 & 1 \end{array}\right) \to \left(\begin{array}{ccc|ccc} 1 & 0 & 0 & -\frac{1}{2} & -\frac{1}{2} & \frac{1}{2} \\ 0 & 1 & 0 & \frac{1}{4} & -\frac{1}{4} & -\frac{1}{4} \\ 0 & 0 & 1 & \frac{1}{6} & \frac{1}{2} & \frac{1}{6} \end{array}\right),$$

由此得

$$A^{-1}=\begin{pmatrix} -\frac{1}{2} & -\frac{1}{2} & \frac{1}{2} \\ \frac{1}{4} & -\frac{1}{4} & -\frac{1}{4} \\ \frac{1}{6} & \frac{1}{2} & \frac{1}{6} \end{pmatrix},$$

从而

$$\mathbf{x} = A^{-1}\mathbf{b} = \begin{pmatrix} -\frac{1}{2} & -\frac{1}{2} & \frac{1}{2} \\ \frac{1}{4} & -\frac{1}{4} & -\frac{1}{4} \\ \frac{1}{6} & \frac{1}{2} & \frac{1}{6} \end{pmatrix} \cdot \begin{pmatrix} 12 \\ -12 \\ 8 \end{pmatrix} = \begin{pmatrix} 4 \\ 4 \\ -\frac{8}{3} \end{pmatrix}.$$

□

2.3.3 矩阵的三角分解

定义 2.9　设方阵 $A = \left(a_{ij}\right)_{n \times n}$，如果 $a_{ij} = 0,\ i > j$，则称方阵 A 为上三角阵；如果 $a_{ij} = 0,\ i < j$，则称方阵 A 为下三角阵. 如果 $a_{ij} = 0,\ i \neq j$，则称方阵 A 为对角阵.

例 2.28　考虑矩阵 $A = \begin{pmatrix} 2 & 4 & 2 \\ 1 & 5 & 2 \\ 4 & -1 & 9 \end{pmatrix}$，用初等行变换将其化为上三角阵 U，即

$$\begin{pmatrix} 2 & 4 & 2 \\ 1 & 5 & 2 \\ 4 & -1 & 9 \end{pmatrix} \to \begin{pmatrix} 2 & 4 & 2 \\ 0 & 3 & 1 \\ 0 & -9 & 5 \end{pmatrix} \to \begin{pmatrix} 2 & 4 & 2 \\ 0 & 3 & 1 \\ 0 & 0 & 8 \end{pmatrix} = U.$$

将上面的过程用初等矩阵来表示，即 $E_3E_2E_1A = U$，其中

$$E_1 = \begin{pmatrix} 1 & 0 & 0 \\ -\frac{1}{2} & 1 & 0 \\ 0 & 0 & 1 \end{pmatrix}, \quad E_2 = \begin{pmatrix} 1 & 0 & 0 \\ 0 & 1 & 0 \\ -2 & 0 & 1 \end{pmatrix}, \quad E_3 = \begin{pmatrix} 1 & 0 & 0 \\ 0 & 1 & 0 \\ 0 & 3 & 1 \end{pmatrix}.$$

求出 E_1, E_2, E_3 的逆矩阵.

$$E_1^{-1} = \begin{pmatrix} 1 & 0 & 0 \\ \frac{1}{2} & 1 & 0 \\ 0 & 0 & 1 \end{pmatrix}, \quad E_2^{-1} = \begin{pmatrix} 1 & 0 & 0 \\ 0 & 1 & 0 \\ 2 & 0 & 1 \end{pmatrix}, \quad E_3^{-1} = \begin{pmatrix} 1 & 0 & 0 \\ 0 & 1 & 0 \\ 0 & -3 & 1 \end{pmatrix}.$$

于是 $A = (E_3E_2E_1)^{-1}U = E_1^{-1}E_2^{-1}E_3^{-1}U = LU$，其中

$$L = E_1^{-1}E_2^{-1}E_3^{-1} = \begin{pmatrix} 1 & 0 & 0 \\ \frac{1}{2} & 1 & 0 \\ 2 & -3 & 1 \end{pmatrix}.$$

我们将 $A = LU$ 称为方阵 A 的三角分解或者 LU 分解，即将方阵 A 表示为对角线上元素为 1 的下三角阵 L 和上三角阵 U 的乘积.

考虑方程组 $A\mathbf{x} = \mathbf{b}$，将系数矩阵做三角分解 $A = LU$，于是 $LU\mathbf{x} = \mathbf{b}$. 这样我们可以先用正向代入求解下三角方程组 $L\mathbf{z} = \mathbf{b}$ 得到解 $\mathbf{z}$，然后再用反向代入求解上三角方程组 $U\mathbf{x} = \mathbf{z}$ 最后得到解 $\mathbf{x}$，这些求解的具体过程均可以用计算机编程实现，因而可以用来求解大规模的线性方程组. 大量的线性代数问题都可以转化为矩阵分解的问题，矩阵分解是线性代数的一个重要的研究方向.

2.3.4 习题

1. 求基础矩阵 E，使得 $EA = B$.

(1) $A = \begin{pmatrix} 2 & -1 \\ 5 & 3 \end{pmatrix}$，$B = \begin{pmatrix} -4 & 2 \\ 5 & 3 \end{pmatrix}$.

(2) $A = \begin{pmatrix} 2 & 1 & 3 \\ -2 & 4 & 5 \\ 3 & 1 & 4 \end{pmatrix}$，$B = \begin{pmatrix} 2 & 1 & 3 \\ 3 & 1 & 4 \\ -2 & 4 & 5 \end{pmatrix}$.

(3) $A = \begin{pmatrix} 4 & -2 & 3 \\ 1 & 0 & 2 \\ -2 & 3 & 1 \end{pmatrix}$，$B = \begin{pmatrix} 4 & -2 & 3 \\ 1 & 0 & 2 \\ 0 & 3 & 5 \end{pmatrix}$.

2. 设 E_1, E_2 是 $n \times n$ 的初等矩阵，$C = E_1E_2$，请问方阵 C 可逆吗？

3. 设矩阵 $A = \begin{pmatrix} 2 & 1 & 1 \\ 6 & 4 & 5 \\ 4 & 1 & 3 \end{pmatrix}$，请做三角分解 $A = LU$.

4. 求下列矩阵的逆矩阵.

(1) $\begin{pmatrix} -1 & 1 \\ 1 & 0 \end{pmatrix}$，(2) $\begin{pmatrix} 2 & 6 \\ 3 & 8 \end{pmatrix}$，(3) $\begin{pmatrix} -1 & -3 & -3 \\ 2 & 6 & 1 \\ 3 & 8 & 3 \end{pmatrix}$.

5. 设 $A = \begin{pmatrix} 3 & 1 \\ 5 & 2 \end{pmatrix}$，$B = \begin{pmatrix} 1 & 2 \\ 3 & 4 \end{pmatrix}$，利用 A^{-1} 分别求 2×2 的矩阵 X 和 Y，使得 $AX = B$, $YA = B$.

2.4　方阵的行列式

2.4.1　低阶方阵的行列式

对于一个方阵 A 来说，如何快速判断它是否可逆？下面我们通过计算与方阵相关的一个数，来判断方阵是否可逆，我们把这个数称为方阵的行列式.

Case 1. 1×1 的矩阵，$A=(a)$，此时 A 就是方程式 $ax=b$ 的系数矩阵. 显然 $a\neq 0$ 时，方程有唯一解 $x=a^{-1}b$. 于是我们定义 $\det A := a$，也可以记为 $|A|=a$. 那么 A 可逆等价于 $\det A\neq 0$.

Case 2. 2×2 的矩阵，$A=\begin{pmatrix} a_{11} & a_{12} \\ a_{21} & a_{22} \end{pmatrix}$，此时 A 就是 2×2 的线性方程组 $A\mathbf{x}=\mathbf{b}$ 的系数矩阵.

如果 $a_{11}\neq 0$，那么矩阵 A 可以经过初等行变换进行变形

$$\begin{pmatrix} a_{11} & a_{12} \\ a_{21} & a_{22} \end{pmatrix} \to \begin{pmatrix} a_{11} & a_{12} \\ a_{11}a_{21} & a_{11}a_{22} \end{pmatrix} \to \begin{pmatrix} a_{11} & a_{12} \\ 0 & a_{11}a_{22}-a_{12}a_{21} \end{pmatrix},$$

所以此时矩阵 A 行等价于单位矩阵 I 的充分必要条件是 $a_{11}a_{22}-a_{12}a_{21}\neq 0$.

如果 $a_{11}=0$，那么我们对换第 1 行和第 2 行得

$$\begin{pmatrix} 0 & a_{12} \\ a_{21} & a_{22} \end{pmatrix} \to \begin{pmatrix} a_{21} & a_{22} \\ 0 & a_{12} \end{pmatrix},$$

容易看到此情况下矩阵 A 行等价于单位矩阵 I 的充分必要条件是 $a_{12}a_{21}\neq 0$.

因为矩阵 A 可逆的充分必要条件是矩阵 A 行等价于单位矩阵 I，所以矩阵 A 可逆等价于 $a_{11}a_{22}-a_{12}a_{21}\neq 0$. 于是我们定义矩阵 A 的行列式 $\det A := a_{11}a_{22}-a_{12}a_{21}$，矩阵 A 的行列式也可以记为 $|A|=\begin{vmatrix} a_{11} & a_{12} \\ a_{21} & a_{22} \end{vmatrix}$.

Case 3. 3×3 的矩阵 $A=\begin{pmatrix} a_{11} & a_{12} & a_{13} \\ a_{21} & a_{22} & a_{23} \\ a_{31} & a_{32} & a_{33} \end{pmatrix}$.

如果 $a_{11}\neq 0$，那么矩阵 A 可以经过初等行变换进行变形

$$A \to \begin{pmatrix} a_{11} & a_{12} & a_{13} \\ a_{11}a_{21} & a_{11}a_{22} & a_{11}a_{23} \\ a_{11}a_{31} & a_{11}a_{32} & a_{11}a_{33} \end{pmatrix} \to \begin{pmatrix} a_{11} & a_{12} & a_{13} \\ 0 & a_{11}a_{22}-a_{21}a_{12} & a_{11}a_{23}-a_{21}a_{13} \\ 0 & a_{11}a_{32}-a_{31}a_{12} & a_{11}a_{33}-a_{31}a_{13} \end{pmatrix}.$$

可以看到矩阵 A 行等价于单位矩阵 I 的充分必要条件是

$$\begin{vmatrix} a_{11}a_{22}-a_{21}a_{12} & a_{11}a_{23}-a_{21}a_{13} \\ a_{11}a_{32}-a_{31}a_{12} & a_{11}a_{33}-a_{31}a_{13} \end{vmatrix} \neq 0.$$

于是我们定义矩阵 A 的行列式为

$$\begin{aligned} \det A &:= \frac{1}{a_{11}} \begin{vmatrix} a_{11}a_{22}-a_{21}a_{12} & a_{11}a_{23}-a_{21}a_{13} \\ a_{11}a_{32}-a_{31}a_{12} & a_{11}a_{33}-a_{31}a_{13} \end{vmatrix} \\ &= a_{11}a_{22}a_{33}-a_{11}a_{32}a_{23}-a_{12}a_{21}a_{33}+a_{12}a_{31}a_{23}+a_{13}a_{21}a_{32}-a_{13}a_{31}a_{22}. \end{aligned}$$

如果 $a_{11}=0$，那么我们需要考虑这些情况：

(i) $a_{11}=0,\ a_{21}\neq 0$; (ii) $a_{11}=a_{21}=0,\ a_{31}\neq 0$; (iii) $a_{11}=a_{21}=a_{31}=0$.

对于情况 (i)，不难看到矩阵 A 行等价于 I 的充要条件是

$$-a_{12}a_{21}a_{33}+a_{12}a_{31}a_{23}+a_{13}a_{21}a_{32}-a_{13}a_{31}a_{22}\neq 0.$$

对于情况 (ii)，此时 $A=\begin{pmatrix} 0 & a_{12} & a_{13} \\ 0 & a_{22} & a_{23} \\ a_{31} & a_{32} & a_{33} \end{pmatrix}$，那么矩阵 A 行等价于 I 的充要条件是 $a_{31}(a_{12}a_{23}-a_{22}a_{13})\neq 0$.

对于情况 (iii)，此时矩阵 A 不会行等价于 I，而且可以算出 $\det A=0$.

综合 Case3 的所有情况知，矩阵 A 可逆的充分必要条件是 $\det A\neq 0$.

2.4.2 一般方阵的行列式

前面我们已经给出了 1-3 阶方阵的行列式的定义，但是如果按照上面的方法继续，行列式的定义会很复杂，因此我们需要从已知的低阶方阵行列式的定义中寻找一些结构性规律，然后才能将行列式的概念推广到更高阶的方阵.

先看 2 阶方阵 A 的行列式. 令 $M_{11}=(a_{22})$，$M_{12}=(a_{21})$，那么

$$\det A=a_{11}a_{22}-a_{12}a_{21}=a_{11}\det M_{11}-a_{12}\det M_{12}.$$

再看 3 阶方阵 A 的行列式. 令

$$M_{11}=\begin{pmatrix} a_{22} & a_{23} \\ a_{32} & a_{33} \end{pmatrix},\quad M_{12}=\begin{pmatrix} a_{21} & a_{23} \\ a_{31} & a_{33} \end{pmatrix},\quad M_{13}=\begin{pmatrix} a_{21} & a_{22} \\ a_{31} & a_{32} \end{pmatrix},$$

$$\Rightarrow\quad \det A=a_{11}\det M_{11}-a_{12}\det M_{12}+a_{13}\det M_{13}.$$

例 2.29　设矩阵 $A=\begin{pmatrix}2&5&4\\3&1&2\\5&4&6\end{pmatrix}$，那么

$$\det A=2\begin{vmatrix}1&2\\4&6\end{vmatrix}-5\begin{vmatrix}3&2\\5&6\end{vmatrix}+4\begin{vmatrix}3&1\\5&4\end{vmatrix}=2\cdot(-2)-5\cdot 8+4\cdot 7=-16.$$

定义 2.10　设矩阵 $A=\left(a_{ij}\right)_{n\times n}$，将矩阵 A 的包含 a_{ij} 的第 i 行和第 j 列删去得到一个 $(n-1)\times(n-1)$ 的矩阵 M_{ij}，称之为 a_{ij} 的剩余矩阵. 我们记 $A_{ij}=(-1)^{i+j}\det M_{ij}$，称之为 a_{ij} 的代数余子式. 我们记

$$\det A=a_{11}A_{11}+a_{12}A_{12}+\cdots+a_{1n}A_{1n},\ n>1,$$

称之为矩阵 A 的行列式 (determinant)，矩阵 A 的行列式也常记为 $|A|$.

例 2.30　考虑 2 阶方阵 $A=\left(a_{ij}\right)_{2\times 2}$，注意到

$$\det A=a_{11}a_{22}-a_{12}a_{21}=a_{11}A_{11}+a_{12}A_{12}=a_{21}A_{21}+a_{22}A_{22},$$

即 $\det A$ 可以按照第 1 行展开，也可以按照第 2 行展开.

$$\det A=a_{11}a_{22}-a_{12}a_{21}=a_{11}A_{11}+a_{21}A_{21}=a_{12}A_{12}+a_{22}A_{22},$$

即 $\det A$ 可以按照第 1 列展开，也可以按照第 2 列行展开.

再考虑 3 阶方阵 $A=\left(a_{ij}\right)_{3\times 3}$，注意到

$$\det A=a_{11}A_{11}+a_{12}A_{12}+a_{13}A_{13}=a_{21}A_{21}+a_{22}A_{22}+a_{23}A_{23}=a_{31}A_{31}+a_{32}A_{32}+a_{33}A_{33},$$

即 $\det A$ 可以按照第 1 行展开计算，也可以按照第 2 行展开，也可以按照第 3 行展开.

$$\det A=a_{11}A_{11}+a_{21}A_{21}+a_{31}A_{31}=a_{12}A_{12}+a_{22}A_{22}+a_{32}A_{32}=a_{13}A_{12}+a_{23}A_{23}+a_{33}A_{33},$$

即 $\det A$ 可以按照第 1 列展开计算，也可以按照第 2 列展开，也可以按照第 3 列展开.

例 2.31　按照第 2 列展开，计算例 2.29 中的行列式.

解　$$\det A=-5\begin{vmatrix}3&2\\5&6\end{vmatrix}+1\begin{vmatrix}2&4\\5&6\end{vmatrix}-4\begin{vmatrix}2&4\\3&2\end{vmatrix}=-40-8+32=-16.$$ □

定理 2.5　设矩阵 $A=\left(a_{ij}\right)_{n\times n}$，那么

$$\det A=a_{i1}A_{i1}+a_{i2}A_{i2}+\cdots+a_{in}A_{in},\ i=1,2,\cdots,n,\quad \text{按行展开}$$

$$\det A=a_{1j}A_{1j}+a_{2j}A_{2j}+\cdots+a_{nj}A_{nj},\ j=1,2,\cdots,n.\quad \text{按列展开}$$

例 2.32　计算行列式 $\begin{vmatrix} 0 & 2 & 3 & 0 \\ 0 & 4 & 5 & 0 \\ 0 & 1 & 0 & 3 \\ 2 & 0 & 1 & 3 \end{vmatrix} = -2\begin{vmatrix} 2 & 3 & 0 \\ 4 & 5 & 0 \\ 1 & 0 & 3 \end{vmatrix} = -2\cdot 3\cdot \begin{vmatrix} 2 & 3 \\ 4 & 5 \end{vmatrix} = 12.$

2.4.3 行列式的性质

定理 2.6　设 A 是 n 阶方阵，那么 $\det(A^T) = \det A$.

证明　用数学归纳法证明. $n=1$ 时，结论显然成立. 假设 $n=k$ 时结论成立，下面考虑 $n=k+1$ 时的情况. 按照第 1 行展开计算

$$\det A = a_{11}\det M_{11} - a_{12}\det M_{12} + \cdots + a_{1,k+1}(-1)^{k+2}\det M_{1,k+1}.$$

因为剩余矩阵 M_{ij} 是 k 阶方阵，所以由假设条件知

$$\det A = a_{11}\det(M_{11}^T) - a_{12}\det(M_{12}^T) + \cdots + a_{1,k+1}(-1)^{k+2}\det(M_{1,k+1}^T).$$

等式的右端即为 $\det(A^T)$ 按照第 1 列展开所得，所以 $\det(A^T) = \det A$.　□

定理 2.7　(1) 设方阵 A 是上三角阵或者下三角阵，那么 $\det A$ 等于 A 的对角线元素的乘积. (2) 如果方阵 A 有相同的两行或者相同的两列，那么由归纳法得 $\det A = 0$.

引理 2.1　设矩阵 $A = \left(a_{ij}\right)_{n\times n}$，那么 $a_{i1}A_{j1} + a_{i2}A_{j2} + \cdots + a_{in}A_{jn} = \begin{cases} \det A & i=j \\ 0 & i\neq j \end{cases}$.

证明　$i=j$ 时，即为行列式按行展开. 下面考虑 $i\neq j$ 的情况. 构造矩阵

$$A^* = \begin{pmatrix} a_{11} & a_{12} & \cdots & a_{1n} \\ \vdots & & & \\ a_{i1} & a_{i2} & \cdots & a_{in} \\ \vdots & & & \\ a_{i1} & a_{i2} & \cdots & a_{in} \\ \vdots & & & \\ a_{n1} & a_{n2} & \cdots & a_{nn} \end{pmatrix} \begin{matrix} \\ \\ \text{第 } i \text{ 行} \\ \\ \text{第 } j \text{ 行} \\ \\ \\ \end{matrix}.$$

将 $\det A^*$ 按照第 j 行展开即得

$$0 = \det A^* = a_{i1}A_{j1}^* + a_{i2}A_{j2}^* + \cdots + a_{in}A_{jn}^* = a_{i1}A_{j1} + a_{i2}A_{j2} + \cdots + a_{in}A_{jn}.$$

□

定理 2.8　关于初等矩阵的行列式，有如下结论：

(1) $\det E(i,j)=-1$，$\det E(i(k))=k$，$\det E(i+j(k))=1$.

(2) 设 E 是初等矩阵，那么 $\det(EA)=\det E\cdot\det A$.

证明　对三种类型的初等矩阵分别证明.

(I) 先考虑 2 阶方阵 $A=\left(a_{ij}\right)_{2\times2}$ 的情况. 容易看到

$$\begin{vmatrix} a_{11} & a_{12} \\ a_{21} & a_{22} \end{vmatrix}=-\begin{vmatrix} a_{21} & a_{22} \\ a_{11} & a_{12} \end{vmatrix}.$$

对于 3 阶方阵 $A=\left(a_{ij}\right)_{3\times3}$，考虑 $\det(E(1,3)A)$，将其按第 2 行展开得

$$\begin{vmatrix} a_{31} & a_{32} & a_{33} \\ a_{21} & a_{22} & a_{23} \\ a_{11} & a_{12} & a_{13} \end{vmatrix}=-a_{21}\begin{vmatrix} a_{32} & a_{33} \\ a_{12} & a_{13} \end{vmatrix}+a_{22}\begin{vmatrix} a_{31} & a_{33} \\ a_{11} & a_{13} \end{vmatrix}-a_{23}\begin{vmatrix} a_{31} & a_{32} \\ a_{11} & a_{12} \end{vmatrix}$$

$$=a_{21}\begin{vmatrix} a_{12} & a_{13} \\ a_{32} & a_{33} \end{vmatrix}-a_{22}\begin{vmatrix} a_{11} & a_{13} \\ a_{31} & a_{33} \end{vmatrix}+a_{23}\begin{vmatrix} a_{11} & a_{12} \\ a_{31} & a_{32} \end{vmatrix}=-\det A.$$

类似可得 $\det(E(1,2)A)=\det(E(2,3)A)=-\det A$.

再利用归纳法不难得到: $\det(E(i,j)A)=-\det A$，具体细节留给读者. 特别地，取 A 为单位矩阵 I，即得 $\det E(i,j)=-1$，于是 $\det(E(i,j)A)=\det E(i,j)\cdot\det A$.

(II) 将行列式 $\det(E(i(k))A)$ 按第 i 行展开得

$$\det(E(i(k))A)=ka_{i1}A_{i1}+ka_{i2}A_{i2}+\cdots+ka_{in}A_{in}=k\det A.$$

特别地，取 $A=I$，即得 $\det E(i(k))=k$，于是 $\det(E(i(k))A)=\det E(i(k))\cdot\det A$.

(III) 将行列式 $\det(E(i+j(k)A)$ 按第 i 行展开得

$$\det(E(i+j(k)A)=(a_{i1}+ka_{j1})A_{i1}+\cdots+(a_{in}+ka_{jn})A_{in}$$

$$=(a_{i1}A_{i1}+\cdots+a_{in}A_{in})+k(a_{j1}A_{i1}+\cdots+a_{jn}A_{in})=\det A.$$

取 $A=I$，即得 $\det E(i+j(k))=1$，于是 $\det(E(i+j(k))A)=\det E(i+j(k))\cdot\det A$.　□

由此定理知，交换行列式两行(列)，行列式变为原来的相反数. 如果行列式中两行(列)一样，那么行列式的值为零. 用常数 k 乘以行列式的某一行(列)，其结果等于用 k 乘以原行列式. 将行列式的某行(列)乘以常数 k 再加到另外一行(列)上，行列式的值不变. 行列式性质的证明比较复杂，初学时只需记住性质，会用即可.

例 2.33　计算

$$\begin{vmatrix} 2 & 1 & 3 \\ 4 & 2 & 1 \\ 6 & -3 & 4 \end{vmatrix} = \begin{vmatrix} 2 & 1 & 3 \\ 0 & 0 & -5 \\ 0 & -6 & -5 \end{vmatrix} = -\begin{vmatrix} 2 & 1 & 3 \\ 0 & -6 & -5 \\ 0 & 0 & -5 \end{vmatrix} = -2\cdot(-6)\cdot(-5) = -60.$$

定理 2.9　方阵 A 是奇异矩阵的充分必要条件是 $\det A = 0$.

证明　设方阵 A 经过有限次初等行变换后得到最简形 $U = E_k E_{k-1}\cdots E_1 A$，那么

$$\det U = \det(E_k E_{k-1}\cdots E_1 A) = \det E_k \det E_{k-1}\cdots \det E_1 \det A.$$

容易看到 $\det A = 0$ 等价于 $\det U = 0$. 而 $\det U = 0$，等价于 U 的某一行的元素都是 0，等价于 U 不是 I，等价于 A 奇异. □

定理 2.10　设 A 和 B 是 n 阶方阵，那么 $\det(AB) = \det A \cdot \det B$.

证明　如果 A 是奇异矩阵，那么 AB 也是奇异矩阵，所以

$$\det(AB) = 0 = \det A \cdot \det B.$$

如果 A 不是奇异矩阵，那么 A 可以表示为有限个初等矩阵的乘积，即 $A = E_1 E_2 \cdots E_k$，因而

$$\det(AB) = \det(E_1 E_2 \cdots E_k B) = \det(E_1 E_2 \cdots E_k)\cdot \det B = \det A \cdot \det B.$$

□

2.4.4 伴随矩阵与克莱姆法则

定义 2.11　设 A 是 n 阶方阵，令

$$\operatorname{adj} A := \begin{pmatrix} A_{11} & A_{21} & \cdots & A_{n1} \\ A_{12} & A_{22} & \cdots & A_{n2} \\ \vdots & & & \\ A_{1n} & A_{2n} & \cdots & A_{nn} \end{pmatrix},$$

我们称 $\operatorname{adj} A$ 为 A 的伴随矩阵，有些教材里将 A 的伴随矩阵记为 A^*.

由引理 2.1 得 $a_{i1}A_{j1} + a_{i2}A_{j2} + \cdots + a_{in}A_{jn} = \det A\,\delta_{ij}$，用矩阵乘法的规则来考察此式，即得 $A\cdot(\operatorname{adj} A) = \det A I$. 所以当 $\det A \neq 0$ 时

$$A^{-1} = \frac{1}{\det A}\operatorname{adj} A.$$

例 2.34　设 $A=\left(a_{ij}\right)_{2\times 2}$，那么 $\operatorname{adj} A=\begin{pmatrix} a_{22} & -a_{12} \\ -a_{21} & a_{11} \end{pmatrix}$. 如果 A 可逆，那么

$$A^{-1}=\frac{1}{a_{11}a_{22}-a_{12}a_{21}}\begin{pmatrix} a_{22} & -a_{12} \\ -a_{21} & a_{11} \end{pmatrix}.$$

定理 2.11　(克莱姆法则)[9]　考虑 $n\times n$ 的线性方程组 $A\mathbf{x}=\mathbf{b}$. 令 A_i 是将矩阵 A 的第 i 列换为 $\mathbf{b}$ 后得到的矩阵. 如果列向量 $\mathbf{x}=(x_1,x_2,\cdots,x_n)^T$ 是该方程组的唯一解，那么

$$x_i=\frac{\det A_i}{\det A},\quad i=1,2,\cdots,n.$$

证明　因为

$$\mathbf{x}=A^{-1}\mathbf{b}=\frac{1}{\det A}\operatorname{adj} A\cdot\mathbf{b},$$

所以

$$x_i=\frac{b_1A_{1i}+b_2A_{2i}+\cdots+b_nA_{ni}}{\det A}=\frac{\det A_i}{\det A}.$$

□

例 2.35　利用克莱姆法则求解线性方程组

$$\begin{cases} x_1+2x_2+x_3=5 \\ 2x_1+2x_2+x_3=6 \\ x_1+2x_2+3x_3=9 \end{cases}.$$

解　$|A|=\begin{vmatrix} 1 & 2 & 1 \\ 2 & 2 & 1 \\ 1 & 2 & 3 \end{vmatrix}=-4,\quad |A_1|=\begin{vmatrix} 5 & 2 & 1 \\ 6 & 2 & 1 \\ 9 & 2 & 3 \end{vmatrix}=-4,$

$$|A_2|=\begin{vmatrix} 1 & 5 & 1 \\ 2 & 6 & 1 \\ 1 & 9 & 3 \end{vmatrix}=-4,\quad |A_3|=\begin{vmatrix} 1 & 2 & 5 \\ 2 & 2 & 6 \\ 1 & 2 & 9 \end{vmatrix}=-8,$$

所以 $x_1=\frac{-4}{-4}=1,\quad x_2=\frac{-4}{-4}=1,\quad x_3=\frac{-8}{-4}=2.$　□

[9] 1750 年，瑞士数学家克莱姆在其著作中运用了“克莱姆法则”，该法则其实在 1729 年就被英国数学家马克劳林提出，但是克莱姆使用的数学符号更加优越，所以流传更广泛.

2.4.5 习题

1. 计算下列矩阵的行列式，然后判断这些矩阵是否可逆？

$$(1)\ \begin{pmatrix} 3 & 1 \\ 6 & 2 \end{pmatrix},\quad (2)\ \begin{pmatrix} 3 & 3 & 1 \\ 0 & 1 & 2 \\ 0 & 2 & 3 \end{pmatrix},\quad (3)\ \begin{pmatrix} 2 & 1 & 1 \\ 4 & 3 & 5 \\ 2 & 1 & 2 \end{pmatrix}.$$

2. 设 $A = \begin{pmatrix} 3 & 2 & 4 \\ 1 & -2 & 3 \\ 2 & 3 & 2 \end{pmatrix}$，计算 $\det M_{21}$, $\det M_{22}$, $\det M_{23}$ 和 $\det A$.

3. 利用初等行变换计算下面的行列式.

$$(1)\ \begin{vmatrix} 101 & 201 & 301 \\ 102 & 202 & 302 \\ 103 & 203 & 303 \end{vmatrix},\qquad (2)\ \begin{vmatrix} 1 & t & t^2 \\ t & 1 & t \\ t^2 & t & 1 \end{vmatrix}.$$

4. 利用初等行变换计算 3×3 的范德蒙行列式 $\begin{vmatrix} 1 & x_1 & x_1^2 \\ 1 & x_2 & x_2^2 \\ 1 & x_3 & x_3^2 \end{vmatrix}$.

5. 设 $A = \begin{pmatrix} 1 & 1 & 1 \\ 1 & 9 & c \\ 1 & c & 3 \end{pmatrix}$，求常数 c 使得矩阵 A 不可逆.

6. 设 A 是 4 阶方阵，$\det A = \frac{1}{2}$，计算 $\det(2A)$，$\det(-A)$，$\det(A^2)$，$\det(A^{-1})$.

7. 利用克莱姆法则求解线性方程组

$$\begin{cases} 2x_1 + x_2 - 3x_3 = 0 \\ 4x_1 + 5x_2 + x_3 = 8 \\ -2x_1 - x_2 + 4x_3 = 2 \end{cases}.$$

8. 设 A, B 是 n 阶方阵，如果 $BA = I$，那么 $B = A^{-1}$.

9. 了解行列式和矩阵的发展历史. [10]

---

[10] 行列式和矩阵的概念都是研究线性方程组的求解而发展起来的. 在《九章算术》中，就已经出现了用矩阵表示的线性方程组的系数用以求解方程组的图例. 17 世纪晚期，关孝和与莱布尼茨的数学著作里已经使用行列式来确定方程组解的个数和形式. 18 世纪之后，行列式作为正式的数学概念被研究. 进入 19 世纪后行列式的研究进一步深入，同时矩阵的概念也应运而生. 1812 年柯西首次用单词 “determinant” 来表示行列式.

2.5　欧氏向量空间

2.5.1　欧氏向量空间及其子空间

我们在中学里已经熟知了向量的基础知识. 最简单的向量就是 2 维平面中的向量 $x=(x_1,\ x_2)^T$，该向量在几何上可以表示平面中的一个有向线段，这个几何含义可以帮助我们理解向量的数乘和加法. 我们将具有加法和数乘运算的所有的 2 维向量构成的集合称为 2 维欧几里得向量空间，简称为 2 维欧氏空间，记为 $\mathbb{R}^2$. 那么类似可以定义 3 维欧氏空间 $\mathbb{R}^3$ 和 n 维欧氏空间 $\mathbb{R}^n$.

定义 2.12　设 S 是欧氏空间 $\mathbb{R}^n$ 的子集，如果 S 满足条件：

$$(i)\ k\mathbf{x}\in S,\ \forall\,\mathbf{x}\in S,\, k\in\mathbb{R},\quad (ii)\ \mathbf{x}+\mathbf{y}\in S,\ \forall\,\mathbf{x},\mathbf{y}\in S,$$

那么我们称 S 是 $\mathbb{R}^n$ 的子空间.

例 2.36　考虑 2 维向量集 $S=\{(x_1,\ x_2)^T\mid x_2=2x_1\}$. 显然 S 是 $\mathbb{R}^2$ 的子集. 在 S 中任取两个元素 $\mathbf{x}=(b,2b)^T$, $\mathbf{y}=(c,2c)^T$，那么

$$k\mathbf{x}=(kb,2kb)^T\in S,\ \forall\,k\in\mathbb{R},\quad \mathbf{x}+\mathbf{y}=\Big(b+c,2(b+c)\Big)^T\in S,$$

所以 S 是 $\mathbb{R}^2$ 的一个子空间. 从几何角度看，2 维平面中过原点的直线是 $\mathbb{R}^2$ 的一个子空间. 由此可知，$T=\{(x,\ 1)^T\mid x\in\mathbb{R}\}$ 不是 $\mathbb{R}^2$ 的一个子空间.

考虑一个 $m\times n$ 的矩阵 A. 将线性方程组 $A\mathbf{x}=\mathbf{0}$ 的解的集合记为 $N(A)$，即 $N(A)=\{\mathbf{x}\in\mathbb{R}^n\mid A\mathbf{x}=\mathbf{0}\}$. 因为 $\mathbf{0}\in N(A)$，所以 $N(A)$ 非空. 任取 $\mathbf{x}\in N(A)$，那么

$$A(k\mathbf{x})=kA\mathbf{x}=k\mathbf{0}=\mathbf{0},\qquad \forall\,k\in\mathbb{R},$$

因而 $k\mathbf{x}\in N(A)$. 再任取 $\mathbf{y}\in N(A)$，那么

$$A(\mathbf{x}+\mathbf{y})=A\mathbf{x}+A\mathbf{y}=\mathbf{0}+\mathbf{0}=\mathbf{0},$$

因而 $\mathbf{x}+\mathbf{y}\in N(A)$. 所以 $N(A)$ 是 $\mathbb{R}^n$ 的一个子空间，称之为矩阵 A 的零空间 (nullspace).

例 2.37　设 $A=\begin{pmatrix}1&1&1&0\\2&1&0&1\end{pmatrix}$，求 $N(A)$.

解　利用消元法求解 $A\mathbf{x}=\mathbf{0}$.

$$\left(\begin{array}{cccc|c}1&1&1&0&0\\2&1&0&1&0\end{array}\right)\rightarrow\left(\begin{array}{cccc|c}1&1&1&0&0\\0&-1&-2&1&0\end{array}\right)$$

$$\rightarrow \left(\begin{array}{cccc|c} 1 & 0 & -1 & 1 & 0 \\ 0 & -1 & -2 & 1 & 0 \end{array}\right) \rightarrow \left(\begin{array}{cccc|c} 1 & 0 & -1 & 1 & 0 \\ 0 & 1 & 2 & -1 & 0 \end{array}\right).$$

所以方程的解为 $x_1 = x_3 - x_4$，$x_2 = -2x_3 + x_4$，其中 x_1, x_2 称为首变量，而 x_3, x_3 称为自由变量. 如果记 $x_3 = c_1, x_4 = c_2$，那么方程的解可以表示为

$$\mathbf{x} = \begin{pmatrix} c_1 - c_2 \\ -2c_1 + c_2 \\ c_1 \\ c_2 \end{pmatrix} = c_1 \begin{pmatrix} 1 \\ -2 \\ 1 \\ 0 \end{pmatrix} + c_2 \begin{pmatrix} -1 \\ 1 \\ 0 \\ 1 \end{pmatrix}.$$

所以 $N(A) = \left\{ c_1(1,-2,1,0)^T + c_2(-1,1,0,1)^T \,\middle|\, c_1, c_2 \in \mathbb{R} \right\}$. □

定义 2.13　设 $\mathbf{v}_1, \mathbf{v}_2, \cdots, \mathbf{v}_n$ 是一组向量，那么我们称 $c_1\mathbf{v}_1 + c_2\mathbf{v}_2 + \cdots + c_n\mathbf{v}_n$ 是该向量组的一个线性组合，其中 $c_1, \cdots, c_n$ 是常数. 我们将该向量组的所有线性组合称为由向量组 $\mathbf{v}_1, \mathbf{v}_2, \cdots, \mathbf{v}_n$ 张成的集合，记为 $\mathrm{Span}(\mathbf{v}_1, \mathbf{v}_2, \cdots, \mathbf{v}_n)$.

例 2.38　在例 2.37 中，$N(A) = \mathrm{Span}\big((1,-2,1,0)^T, (-1,1,0,1)^T \big)$.

记 $\mathbf{e}_1 = (1,0,0)^T$, $\mathbf{e}_2 = (0,1,0)^T$, $\mathbf{e}_3 = (0,0,1)^T$，那么 $\mathbb{R}^3 = \mathrm{Span}(\mathbf{e}_1, \mathbf{e}_2, \mathbf{e}_3)$.

定理 2.12　设 $\mathbf{v}_1, \mathbf{v}_2, \cdots, \mathbf{v}_n$ 是欧氏空间 V 中的向量，则 $\mathrm{Span}(\mathbf{v}_1, \mathbf{v}_2, \cdots, \mathbf{v}_n)$ 是欧氏空间 V 的一个子空间.

证明　任取 $\mathrm{Span}(\mathbf{v}_1, \mathbf{v}_2, \cdots, \mathbf{v}_n)$ 中的两个元素

$$\mathbf{v} = c_1\mathbf{v}_1 + c_2\mathbf{v}_2 + \cdots + c_n\mathbf{v}_n, \quad \mathbf{w} = d_1\mathbf{v}_1 + d_2\mathbf{v}_2 + \cdots + d_n\mathbf{v}_n,$$

那么

$$k\mathbf{v} = (kc_1)\mathbf{v}_1 + (kc_2)\mathbf{v}_2 + \cdots + (kc_n)\mathbf{v}_n \in \mathrm{Span}(\mathbf{v}_1, \mathbf{v}_2, \cdots, \mathbf{v}_n), \quad \forall\, k \in \mathbb{R},$$

$$\mathbf{v} + \mathbf{w} = (c_1 + d_1)\mathbf{v}_1 + (c_2 + d_2)\mathbf{v}_2 + \cdots + (c_n + d_n)\mathbf{v}_n \in \mathrm{Span}(\mathbf{v}_1, \mathbf{v}_2, \cdots, \mathbf{v}_n).$$

□

2.5.2 向量组的线性相关性

定义 2.14　设 $\mathbf{v}_1, \mathbf{v}_2, \cdots, \mathbf{v}_n$ 是欧氏空间 V 中的一个向量组，如果

$$c_1\mathbf{v}_1 + c_2\mathbf{v}_2 + \cdots + c_n\mathbf{v}_n = \mathbf{0} \;\Rightarrow\; c_1 = c_2 = \cdots = c_n = 0,$$

那么我们称向量组 $\mathbf{v}_1, \mathbf{v}_2, \cdots, \mathbf{v}_n$ 线性无关.

定义 2.15　设 $\mathbf{v}_1, \mathbf{v}_2, \cdots, \mathbf{v}_n$ 是欧氏空间 V 中的一个向量组，如果存在不全为 0 的数 $c_1, c_2, \cdots, c_n$ 使得 $c_1\mathbf{v}_1+c_2\mathbf{v}_2+\cdots+c_n\mathbf{v}_n=\mathbf{0}$，那么我们称向量组 $\mathbf{v}_1, \mathbf{v}_2, \cdots, \mathbf{v}_n$ 线性相关.

例 2.39　考虑 2 维向量 $\begin{pmatrix}1\\1\end{pmatrix}$, $\begin{pmatrix}1\\2\end{pmatrix}$. 因为

$$c_1\begin{pmatrix}1\\1\end{pmatrix}+c_2\begin{pmatrix}1\\2\end{pmatrix}=\begin{pmatrix}0\\0\end{pmatrix} \Rightarrow \begin{cases} c_1+c_2=0\\ c_1+2c_2=0\end{cases} \Rightarrow \begin{cases} c_1=0\\ c_2=0\end{cases},$$

所以它们线性无关.

例 2.40　设 $\mathbf{x}, \mathbf{y}$ 是 $\mathbb{R}^2$ 中的线性相关的非零向量. 那么存在不全为 0 的数 c_1, c_2，使得 $c_1\mathbf{x}+c_2\mathbf{y}=\mathbf{0}$. 不妨设 $c_1\neq 0$，那么 $\mathbf{x}=-\dfrac{c_2}{c_1}\mathbf{y}$，即 $\mathbf{x}, \mathbf{y}$ 在同一条直线上. 反之，如果 $\mathbf{x}, \mathbf{y}$ 是 $\mathbb{R}^2$ 中的线性无关的向量，那么它们不共线，此时 $\mathrm{Span}(\mathbf{x}, \mathbf{y})=\mathbb{R}^2$.

例 2.41　设 $\mathbf{x}=(1,2,3)^T$，那么 $\mathbf{e}_1, \mathbf{e}_2, \mathbf{e}_3, \mathbf{x}$ 线性相关. 这是因为

$$\mathbf{e}_1+2\mathbf{e}_2+3\mathbf{e}_3-\mathbf{x}=\mathbf{0}.$$

考虑 $\mathbb{R}^n$ 中的 k 个向量 $\mathbf{x}_1, \mathbf{x}_2, \cdots, \mathbf{x}_k$ 是否线性相关. 为此我们将

$$c_1\mathbf{x}_1+c_2\mathbf{x}_2+\cdots+c_k\mathbf{x}_k=\mathbf{0}$$

改写为线性方程组 $X\mathbf{c}=\mathbf{0}$，其中 $X=(\mathbf{x}_1, \mathbf{x}_2, \cdots, \mathbf{x}_k)$, $\mathbf{c}=(c_1,c_2,\cdots,c_k)^T$. 求解该方程组，如果零空间 $N(X)$ 中只有 $\mathbf{0}$，那么向量组线性无关；如果零空间 $N(X)$ 有非零元素，那么向量组线性相关.

例 2.42　向量组 $(4,2,3)^T$, $(2,3,1)^T$, $(2,0,0)^T$ 是否线性相关？

解　记这三个向量构成的矩阵为 X，计算 X 的行列式.

$$\det X=\begin{vmatrix}4&2&2\\2&3&0\\3&1&0\end{vmatrix}=-14\neq 0,$$

于是矩阵 X 行等价于单位矩阵，那么方程组 $X\mathbf{c}=\mathbf{0}$ 只有零解，所以这三个向量构成的向量组线性无关. □

例 2.43　设 $\mathbf{x}_1=(1,-1,2,3)^T$, $\mathbf{x}_2=(-2,3,1,-2)^T$, $\mathbf{x}_3=(1,0,7,7)^T$，由它们构成的向量组是否线性相关？

解　令 $X=(\mathbf{x}_1,\mathbf{x}_2,\mathbf{x}_3)$，求解方程组 $X\mathbf{c}=\mathbf{0}$. 将该方程组的增广矩阵化为最简形得

$$\left(\begin{array}{ccc|c} 1 & -2 & 1 & 0 \\ -1 & 3 & 0 & 0 \\ 2 & 1 & 7 & 0 \\ 3 & -2 & 7 & 0 \end{array}\right) \to \left(\begin{array}{ccc|c} 1 & 0 & 3 & 0 \\ 0 & 1 & 1 & 0 \\ 0 & 0 & 0 & 0 \\ 0 & 0 & 0 & 0 \end{array}\right).$$

由此知方程组的解是 $c_1=-3c_3$，$c_2=-c_3$，其中 c_3 是自由变量，方程组存在非零解，因而该向量组线性相关. 特别地，取 $c_3=1$，得 $\mathbf{x}_3=3\mathbf{x}_1+\mathbf{x}_2$，即 $\mathbf{x}_3$ 表示为 $\mathbf{x}_1, \mathbf{x}_2$ 的线性组合，称为 $\mathbf{x}_3$ 用 $\mathbf{x}_1, \mathbf{x}_2$ 线性表出. □

例 2.44　设 $\mathbf{u}_1=(1,-1)^T$, $\mathbf{u}_2=(-2,3)^T$, $\mathbf{x}=(1,2)^T$，将向量 $\mathbf{x}$ 用 $\mathbf{u}_1$, $\mathbf{u}_2$ 线性表出.

解　构造矩阵 $U=(\mathbf{u}_1,\ \mathbf{u}_2)=\begin{pmatrix} 1 & -2 \\ -1 & 3 \end{pmatrix}$，那么 $U^{-1}=\begin{pmatrix} 3 & 2 \\ 1 & 1 \end{pmatrix}$，设

$$\mathbf{x}=c_1\mathbf{u}_1+c_2\mathbf{u}_2=(\mathbf{u}_1,\ \mathbf{u}_2)\begin{pmatrix} c_1 \\ c_2 \end{pmatrix}=U\begin{pmatrix} c_1 \\ c_2 \end{pmatrix},$$

于是

$$\begin{pmatrix} c_1 \\ c_2 \end{pmatrix}=U^{-1}\mathbf{x}=\begin{pmatrix} 3 & 2 \\ 1 & 1 \end{pmatrix}\begin{pmatrix} 1 \\ 2 \end{pmatrix}=\begin{pmatrix} 7 \\ 3 \end{pmatrix}.$$

所以线性表出的表达式为 $\mathbf{x}=7\mathbf{u}_1+3\mathbf{u}_2$. □

定义 2.16　设 $\mathbf{v}_1, \mathbf{v}_2, \cdots, \mathbf{v}_n$ 是欧氏空间 V 中的向量，如果它们满足条件：

$$(i)\ \mathbf{v}_1, \mathbf{v}_2, \cdots, \mathbf{v}_n \text{ 线性无关},\quad (ii)\ V=\mathrm{Span}(\mathbf{v}_1, \mathbf{v}_2, \cdots, \mathbf{v}_n),$$

那么我们称 $\mathbf{v}_1, \mathbf{v}_2, \cdots, \mathbf{v}_n$ 是欧氏空间 V 的一组基，将 n 称为欧氏空间 V 的维数.

例 2.45　向量 $\mathbf{e}_1, \mathbf{e}_2, \mathbf{e}_3$ 是 3 维欧式空间 $\mathbb{R}^3$ 的一组基，$\mathbb{R}^3$ 中的任意向量均可以用 $\mathbf{e}_1, \mathbf{e}_2, \mathbf{e}_3$ 线性表出.

例 2.46　证明：向量组 $(1,2,3)^T$, $(-2,1,0)^T$, $(1,0,1)^T$ 是欧式空间 $\mathbb{R}^3$ 的一组基.

证明　因为 $\begin{vmatrix} 1 & -2 & 1 \\ 2 & 1 & 0 \\ 3 & 0 & 1 \end{vmatrix}=2$，三个向量线性无关，又因为 $\mathbb{R}^3$ 的维数是 3 维，

所以它们是 $\mathbb{R}^3$ 的一组基，$\mathbb{R}^3$ 中的任意向量均可以用 $(1,2,3)^T$, $(-2,1,0)^T$, $(1,0,1)^T$ 线性表出. □

2.5.3　线性方程组的通解

设 S 是 $m\times n$ 的线性方程组 $A\mathbf{x}=\mathbf{b}$ 的解集. 如果 $\mathbf{b}=\mathbf{0}$，我们称方程组为齐次方程组，此时 $S=N(A)$，它是 $\mathbb{R}^n$ 的子空间. 如果 $\mathbf{b}\neq\mathbf{0}$，那么 S 不是 $\mathbb{R}^n$ 的子空间. 此时，任取 $\mathbf{x}_0,\ \mathbf{y}\in S$，令 $\mathbf{z}=\mathbf{y}-\mathbf{x}_0$，则 $A\mathbf{z}=A\mathbf{y}-A\mathbf{x}_0=\mathbf{0}$，所以 $\mathbf{z}\in N(A)$. 另一方面，如果 $\mathbf{x}_0\in S$，任取 $\mathbf{z}\in N(A)$，令 $\mathbf{y}=\mathbf{x}_0+\mathbf{z}$，则 $A\mathbf{y}=A\mathbf{x}_0+A\mathbf{z}=\mathbf{b}$，所以 $\mathbf{y}$ 是方程组 $A\mathbf{x}=\mathbf{b}$ 的解. 于是我们得到下面的定理.

定理 2.13　设 $m\times n$ 的线性方程组 $A\mathbf{x}=\mathbf{b}$ 有解，那么 $\mathbf{y}$ 是该方程组的解的充分必要条件是 $\mathbf{y}=\mathbf{x}_0+\mathbf{z},\ \mathbf{z}\in N(A)$.

该定理告诉我们，求一个方程组 $A\mathbf{x}=\mathbf{b}$ 的所有解，等价于求出该方程组的一个特解 $\mathbf{x}_0$ 和系数矩阵 A 的零空间 $N(A)$，其中零空间 $N(A)$ 中的元素可以用向量组的线性组合来表示.

例 2.47　求解下面的线性方程组.

$$\begin{cases} x_1+x_2+2x_3+x_4+x_5=-2 \\ x_1+2x_2-x_3+3x_4+x_5=0 \\ 2x_1+3x_2+x_3+3x_4-x_5=1 \end{cases} \tag{2.5.1}$$

解　这是一个 3×5 的非齐次线性方程组，我们先用高斯消元法给出问题的解，然后将解写为向量形式，最后分析出该方程组通解的结构.

写出增广矩阵并通过初等行变换化为最简阵.

$$\left(\begin{array}{ccccc|c} 1 & 1 & 2 & 1 & 1 & -2 \\ 1 & 2 & -1 & 3 & 1 & 0 \\ 2 & 3 & 1 & 3 & -1 & 1 \end{array}\right) \to \left(\begin{array}{ccccc|c} 1 & 0 & 5 & 0 & 4 & -7 \\ 0 & 1 & -3 & 0 & -6 & 8 \\ 0 & 0 & 0 & 1 & 3 & -3 \end{array}\right)$$

由此得

$$\begin{cases} x_1=-5x_3-4x_5-7 \\ x_2=3x_3+6x_5+8 \\ x_4=-3x_5-3 \end{cases},$$

其中 x_3, x_5 是自由变量. 令 $x_3 = c_1, x_5 = c_2$ 得方程组的通解

$$\mathbf{x} = \begin{pmatrix} -7 \\ 8 \\ 0 \\ -3 \\ 0 \end{pmatrix} + c_1 \begin{pmatrix} -5 \\ 3 \\ 1 \\ 0 \\ 0 \end{pmatrix} + c_2 \begin{pmatrix} -4 \\ 6 \\ 0 \\ -3 \\ 1 \end{pmatrix}.$$

我们记 $\mathbf{x}_0 = (-7,8,0,-3,0)^T$，称 $\mathbf{x}_0$ 为方程组的特解. 记 $\eta_1 = (-5,3,1,0,0)^T$, $\eta_2 = (-4,6,0,-3,1)^T$，那么 η_1, η_2 是系数矩阵的零空间的一组基，将 $c_1\eta_1 + c_2\eta_2$ 称为齐次方程组的通解. 综上，我们得到这个非齐次方程组的通解为

$$\mathbf{x} = \mathbf{x}_0 + c_1\eta_1 + c_2\eta_2, \qquad c_1, c_2 \text{ 是任意常数.}$$

这个结果说明：非齐次方程组的通解等于它的一个特解加上齐次方程组的通解. □

2.5.4 行空间与列空间

定义 2.17 设 A 是 $m \times n$ 的矩阵，那么 A 的所有行向量张成的空间称为 A 的行空间 (row space)，记为 $V_r(A)$，A 的行空间是 $\mathbb{R}^n$ 的子空间；A 的所有列向量张成的空间称为 A 的列空间 (column space)，记为 $V_c(A)$，A 的列空间是 $\mathbb{R}^m$ 的子空间. 我们将矩阵 A 行空间的维数称为矩阵 A 的秩 (rank)，记为 $\mathrm{r}(A)$.

例 2.48 设矩阵 $A = \begin{pmatrix} 1 & 0 & 0 \\ 0 & 1 & 0 \end{pmatrix}$，那么 A 的行空间中的元素是 3 维行向量，其形式为

$$c\left(1,0,0\right) + d\left(0,1,0\right) = \left(c,d,0\right).$$

而 A 的列空间中的元素是 2 维列向量，其形式为

$$c\begin{pmatrix} 1 \\ 0 \end{pmatrix} + d\begin{pmatrix} 0 \\ 1 \end{pmatrix} + e\begin{pmatrix} 0 \\ 0 \end{pmatrix} = \begin{pmatrix} c \\ d \end{pmatrix}.$$

定理 2.14 行等价的矩阵具有相同的行空间.

证明 设矩阵 B 与矩阵 A 行等价，那么 B 可以由 A 经过有限次初等行变换得到. 因而 B 的行向量可以用 A 的行向量线性表出，从而 B 的行空间是 A 的行空间的子空间. 反之，A 的行空间也是 B 的行空间的子空间，所以 A 的行空间就是 B 的行空间. □

例 2.49　设 $A=\begin{pmatrix}1&-2&3\\2&-5&1\\1&-4&-7\end{pmatrix}$，经过初等行变换化为 $U=\begin{pmatrix}1&-2&3\\0&1&5\\0&0&0\end{pmatrix}$. 那么 $(1,-2,3)$, $(0,1,5)$ 构成 U 的行空间的一组基. 因为 U 与 A 行等价，所以它们也是 A 的行空间的一组基，即 $V_r(A)=\text{Span}\big((1,-2,3),\ (0,1,5)\big)$，于是 A 的秩为 2.

例 2.50　设 $A=\begin{pmatrix}1&2&-1&1\\2&4&-3&0\\1&2&1&5\end{pmatrix}$，求 A 的行空间的一组基以及零空间 $N(A)$ 的一组基，并验证 $\text{r}(A)+\text{dim}N(A)=n$，其中 $\text{dim}N(A)$ 表示 $N(A)$ 的维数.

解

$$A\ \to\ U=\begin{pmatrix}1&2&0&3\\0&0&1&2\\0&0&0&0\end{pmatrix}.$$

经过初等行变换将 A 变为梯形阵. 那么 $(1,2,0,3)$, $(0,0,1,2)$ 构成 A 的行空间的一组基，$\text{r}(A)=2$. 设 $\mathbf{x}\in N(A)$，那么 $A\mathbf{x}=\mathbf{0}$，于是 $U\mathbf{x}=\mathbf{0}$，即

$$\begin{cases}x_1+2x_2+3x_4=0\\x_3+2x_4=0\end{cases}\quad\Rightarrow\quad\begin{cases}x_1=-2x_2-3x_4\\x_3=-2x_4\end{cases}.$$

令 $x_2=c_1$, $x_4=c_2$，那么

$$\mathbf{x}=\begin{pmatrix}x_1\\x_2\\x_3\\x_4\end{pmatrix}=\begin{pmatrix}-2c_1-3c_2\\c_1\\-2c_2\\c_2\end{pmatrix}=c_1\begin{pmatrix}-2\\1\\0\\0\end{pmatrix}+c_2\begin{pmatrix}-3\\0\\-2\\1\end{pmatrix}.$$

这里的 c_1, c_2 是任意常数，$c_1(-2,1,0,0)^T+c_2(-3,0,-2,1)^T$ 是齐次方程组 $A\mathbf{x}=\mathbf{0}$ 的通解. 可以看到 $(-2,1,0,0)^T$, $(-3,0,-2,1)^T$ 构成 $N(A)$ 的一组基，$\text{dim}N(A)=2$. 这组基可以通过在通解的表达式里分别取 $c_1=1$, $c_2=0$ 和 $c_1=0$, $c_2=1$ 得到. 容易验证 $\text{r}(A)+\text{dim}N(A)=2+2=4=n$. □

定理 2.15　(维数定理) 设 A 是 $m\times n$ 的矩阵，那么 $\text{r}(A)+\text{dim}N(A)=n$.

证明　矩阵 A 经过初等行变换化为梯形阵 U，那么方程组 $A\mathbf{x}=\mathbf{0}$ 等价于方程组 $U\mathbf{x}=0$. 于是 U 有 $\text{r}(A)$ 个非零行，从而方程组的解有 $n-\text{r}(A)$ 个自由变量，自由变量的个数就是零空间 $N(A)$ 的维数，所以 $\text{dim}N(A)=n-\text{r}(A)$. □

定理 2.16 设 A 是 $m\times n$ 的矩阵，那么 A 的行空间的维数等于 A 的列空间的维数，即

$$\dim V_r(A)=\dim V_c(A).$$

证明 [11] 设 A 的行空间的维数为 r，先证明 $\dim V_c(A)\geqslant r$. 将矩阵 A 经过初等行变换化为梯形阵 U，那么 U 含有 r 个首系数(首变量对应的系数)，而且这些首系数对应的矩阵 U 的列向量线性无关. 用 U_L 表示 U 去除自由系数(自由变量对应的系数)所在的列而得到的矩阵，并用 A_L 表示 A 去除相同的列而得到的矩阵. 那么 A_L 和 U_L 都是 $m\times r$ 的矩阵，且它们是行等价的，所以 $A_L\mathbf{x}=\mathbf{0}$ 与 $U_L\mathbf{x}=\mathbf{0}$ 同解. 因为 U_L 的列向量线性无关，所以 $U_L\mathbf{x}=\mathbf{0}$ 只有零解，于是 $A_L\mathbf{x}=\mathbf{0}$ 也只有零解，即 A_L 的所有列向量线性无关，所以 $\dim V_c(A_L)=r$，从而 $\dim V_c(A)\geqslant r$.

另一方面

$$r=\dim V_r(A)=\dim V_c(A^T)\geqslant \dim V_r(A^T)=\dim V_c(A).$$

所以 A 的行空间的维数等于 A 的列空间的维数. □

例 2.51 设 $\mathbf{x}_1=(1,2,-1,0)^T$, $\mathbf{x}_2=(2,5,-3,2)^T$, $\mathbf{x}_3=(2,4,-2,0)^T$, $\mathbf{x}_4=(3,8,-5,4)^T$，求 $\mathrm{Span}(\mathbf{x}_1,\ \mathbf{x}_2,\ \mathbf{x}_3,\ \mathbf{x}_4)$ 的维数和一组基.

解 令矩阵 $X=(\mathbf{x}_1,\ \mathbf{x}_2,\ \mathbf{x}_3,\ \mathbf{x}_4)$，则 $\mathrm{Span}(\mathbf{x}_1,\ \mathbf{x}_2,\ \mathbf{x}_3,\ \mathbf{x}_4)$ 就是 X 的列空间 $V_c(X)$. 经过初等行变换求出 X 的最简形 U.

$$X=\begin{pmatrix}1&2&2&3\\2&5&4&8\\-1&-3&-2&-5\\0&2&0&4\end{pmatrix}\to U=\begin{pmatrix}1&0&2&-1\\0&1&0&2\\0&0&0&0\\0&0&0&0\end{pmatrix}=\begin{pmatrix}\mathbf{u}_1,\ \mathbf{u}_2,\ \mathbf{u}_3,\ \mathbf{u}_4\end{pmatrix}$$

由此知

$$\dim V_c(X)=\dim V_r(X)=2.$$

所以 $\mathrm{Span}(\mathbf{x}_1,\ \mathbf{x}_2,\ \mathbf{x}_3,\ \mathbf{x}_4)$ 的维数也是 2. 考虑方程组 $X\mathbf{c}=\mathbf{0}$ 和方程组 $U\mathbf{c}=\mathbf{0}$，显然这两个方程组同解，所以虽然经过行变换 A 的列向量变成了 U 的列向量，但是它们各自列向量之间的线性关系并没有发生变化(方程组的解就是线性关系的系数). 容易看到 $\mathbf{u}_3=2\mathbf{u}_1$, $\mathbf{u}_4=-\mathbf{u}_1+2\mathbf{u}_2$，所以 $\mathbf{x}_3=2\mathbf{x}_1$, $\mathbf{x}_4=-\mathbf{x}_1+2\mathbf{x}_2$，当然此线性关系也可以通过解线性方程组得到. 于是 $\mathbf{x}_1$, $\mathbf{x}_2$ 就是 $\mathrm{Span}(\mathbf{x}_1,\ \mathbf{x}_2,\ \mathbf{x}_3,\ \mathbf{x}_4)$ 的一组基. □

[11] 此定理的证明比较复杂，对初学者不做要求.

2.5.5　习题

1. 请问下列集合是否构成 $\mathbb{R}^3$ 的子空间？

(1) $\{ (x_1,x_2,x_3)^T \mid x_1+x_3=1 \}$;　　(2) $\{ (x_1,x_2,x_3)^T \mid x_3=x_1+x_2 \}$.

2. 请问下列向量组是否是线性无关的？

(1) $(1,1,1)^T$, $(1,1,0)^T$, $(1,0,0)^T$;　　(2) $(1,2,4)^T$, $(2,1,3)^T$, $(4,-1,1)^T$

3. 设 $\mathbf{x}_1=(3,2)^T$, $\mathbf{x}_2=(1,1)^T$, $\mathbf{u}=(7,4)^T$，请将 $\mathbf{u}$ 用 $\mathbf{x}_1$, $\mathbf{x}_2$ 线性表出.

4. 已知向量 $\mathbf{u}=(-1,2,3)^T$, $\mathbf{v}=(3,4,2)^T$, $\mathbf{x}=(2,6,6)^T$, $\mathbf{y}=(-9,-2,5)^T$，请判断 $\mathbf{x}$, $\mathbf{y}$ 是否属于 $\text{Span}(\mathbf{u}, \mathbf{v})$？证明你的结论.

5. 已知 4 阶方阵 A 的秩为 3，向量 $\mathbf{u}$, $\mathbf{v}$, $\mathbf{w}$ 都是方程组 $A\mathbf{x}=\mathbf{b}$ 的解，如果 $\mathbf{u}=(1,0,1,3)^T$, $\mathbf{v}-\mathbf{w}=(1,-2,1,3)^T$，那么请给出方程组 $A\mathbf{x}=\mathbf{b}$ 的通解.

6. 求非齐次方程组的通解，并将通解用向量表示.

$$\begin{cases} x_1+4x_2-2x_3-x_4=3 \\ -x_1+x_2+2x_3+x_4=3 \\ x_1+9x_2-2x_3-x_4=9 \\ -x_1+6x_2+2x_3+x_4=9 \end{cases}$$

7. 已知 $A=\begin{pmatrix} \lambda & 1 & 2 \\ 0 & 2 & 0 \\ 1 & 3 & 1 \end{pmatrix}$, $\mathbf{b}=\begin{pmatrix} a \\ 2 \\ 1 \end{pmatrix}$，考虑方程组 $A\mathbf{x}=\mathbf{b}$.

(1) 参数 λ, a 满足什么条件时，该方程组存在唯一解？

(2) 参数 λ, a 满足什么条件时，该方程组无解？

(3) 参数 λ, a 满足什么条件时，该方程组有无穷多解？此时请写出方程组的通解，要求写成向量的形式.

8. 设 $A=\begin{pmatrix} 1 & -2 & 1 & 1 & 2 \\ -1 & 3 & 0 & 2 & -2 \\ 0 & 1 & 1 & 3 & 4 \\ 1 & 2 & 5 & 13 & 5 \end{pmatrix}$，求 A 的行空间的基和 A 的列空间的基.

2.6　向量正交与正交子空间

2.6.1　向量正交

先回顾一下向量的内积运算. 设 $\mathbf{x}=(x_1,x_2,\cdots,x_n)^T$, $\mathbf{y}=(y_1,y_2,\cdots,y_n)^T$ 是欧氏空间 $\mathbb{R}^n$ 中的向量，那么向量之间的内积就是

$$(\mathbf{x},\mathbf{y})=\mathbf{x}^T\mathbf{y}=x_1y_1+x_2y_2+\cdots+x_ny_n.$$

如果 $\mathbf{x}^T\mathbf{y}=0$，那么我们就称向量 $\mathbf{x}$ 与向量 $\mathbf{y}$ 正交或者垂直. 有了内积的概念之后，就可以定义向量的长度 $\|\mathbf{x}\|:=(\mathbf{x}^T\mathbf{x})^{1/2}$. 如果 $\|\mathbf{x}\|=1$，那么我们称 $\mathbf{x}$ 是单位向量.

例 2.52　设 $\mathbf{x}=(3,-2,1)^T$, $\mathbf{y}=(4,3,2)^T$，那么它们的内积就是

$$\mathbf{x}^T\mathbf{y}=\left(3,-2,1\right)\begin{pmatrix}4\\3\\2\end{pmatrix}=8.$$

两个向量的距离就是 $\|\mathbf{y}-\mathbf{x}\|=\|(1,5,1)^T\|=3\sqrt{3}$.

定理 2.17　设 $\mathbf{x}$, $\mathbf{y}$ 是欧氏空间 $\mathbb{R}^2$ 或 $\mathbb{R}^3$ 中的向量，记它们的夹角为 θ，那么

$$\mathbf{x}^T\mathbf{y}=\|\mathbf{x}\|\cdot\|\mathbf{y}\|\cos\theta.$$

由上式可得内积不等式　$|\mathbf{x}^T\mathbf{y}|\leqslant\|\mathbf{x}\|\cdot\|\mathbf{y}\|$.

证明　利用三角形的余弦定理计算即得.

$$\|\mathbf{x}\|\cdot\|\mathbf{y}\|\cos\theta=\frac{1}{2}\Big(\|\mathbf{x}\|^2+\|\mathbf{y}\|^2-\|\mathbf{x}-\mathbf{y}\|^2\Big)=\frac{1}{2}\Big(\mathbf{x}^T\mathbf{x}+\mathbf{y}^T\mathbf{y}-(\mathbf{x}-\mathbf{y})^T(\mathbf{x}-\mathbf{y})\Big)=\mathbf{x}^T\mathbf{y}.$$

□

考虑向量 $\mathbf{x}$ 在向量 $\mathbf{y}$ 上的投影向量 $\mathbf{p}$. 显然 $\mathbf{p}$ 的方向和 $\mathbf{y}$ 相同，而 $\mathbf{p}$ 的长度为

$$\|\mathbf{p}\|=\|\mathbf{x}\|\cos\theta=\frac{\|\mathbf{x}\|\cdot\|\mathbf{y}\|\cos\theta}{\|\mathbf{y}\|}=\frac{\mathbf{x}^T\mathbf{y}}{\|\mathbf{y}\|},$$

所以

$$\mathbf{p}=\frac{\mathbf{x}^T\mathbf{y}}{\|\mathbf{y}\|}\frac{\mathbf{y}}{\|\mathbf{y}\|}=\frac{\mathbf{x}^T\mathbf{y}}{\mathbf{y}^T\mathbf{y}}\mathbf{y}.$$

容易计算得

$$(\mathbf{x}-\mathbf{p},\mathbf{y})=(\mathbf{x}-\mathbf{p})^T\mathbf{y}=\mathbf{x}^T\mathbf{y}-\frac{\mathbf{x}^T\mathbf{y}}{\mathbf{y}^T\mathbf{y}}\mathbf{y}^T\mathbf{y}=0,$$

所以 $\mathbf{x}-\mathbf{p}$ 与 $\mathbf{y}$ 正交，当然 $\mathbf{x}-\mathbf{p}$ 也与 $\mathbf{p}$ 正交，那么 $\mathbf{x}=(\mathbf{x}-\mathbf{p})+\mathbf{p}$ 是一个正交分解.

定义 2.18　我们称两两正交的非零向量所构成的向量组为正交向量组，如果这些向量还都是单位的，那么我们称该向量组为标准正交向量组.

定理 2.18　正交向量组中的向量是线性无关的.

证明　设 $\alpha_1, \alpha_2, \cdots, \alpha_k$ 是正交向量组. 考虑等式

$$c_1\alpha_1 + c_2\alpha_2 + \cdots + c_k\alpha_k = \mathbf{0},$$

等式两边与 α_j 求内积得 $c_j(\alpha_j, \alpha_j) = 0$，所以 $c_j = 0$. 这个过程对任意的 $j = 1, 2, \cdots, k$ 都对，所以 $\alpha_1, \alpha_2, \cdots, \alpha_k$ 线性无关. □

给定一个非正交的线性无关的向量组，如何将其改造为正交向量组？下面介绍施密特正交化方法. 考虑一个非正交线性无关的向量组 $\alpha_1, \alpha_2, \cdots, \alpha_k$，构造

$$\begin{aligned}
&\beta_1 = \alpha_1, \\
&\beta_2 = \alpha_2 - \frac{(\alpha_2, \beta_1)}{(\beta_1, \beta_1)}\beta_1, && \alpha_2 \text{ 减去它在 } \beta_1 \text{ 上的投影} \\
&\beta_3 = \alpha_3 - \frac{(\alpha_3, \beta_2)}{(\beta_2, \beta_2)}\beta_2 - \frac{(\alpha_3, \beta_1)}{(\beta_1, \beta_1)}\beta_1, && \alpha_3 \text{ 减去它在 } \beta_2, \beta_1 \text{ 上的投影} \\
&\ \vdots \\
&\beta_k = \alpha_k - \frac{(\alpha_k, \beta_{k-1})}{(\beta_{k-1}, \beta_{k-1})}\beta_{k-1} - \cdots - \frac{(\alpha_k, \beta_1)}{(\beta_1, \beta_1)}\beta_1.
\end{aligned}$$

容易验证，向量组 $\beta_1, \beta_2, \cdots, \beta_k$ 中的每个向量与其前面的所有向量都是正交的，且向量组 $\beta_1, \beta_2, \cdots, \beta_k$ 与 $\alpha_1, \alpha_2, \cdots, \alpha_k$ 可以互相线性表出. 两个可以相互线性表出的向量组称为等价向量组.

例 2.53　用施密特正交化方法求与向量组 $(1, 1, 1)^T$, $(0, 1, -1)^T$, $(1, 2, 1)^T$ 等价的正交向量组.

解　记该向量组为 α_1, α_2, α_3，容易验证它们线性无关. 令 $\beta_1 = \alpha_1 = (1, 1, 1)^T$，再计算

$$\beta_2 = \alpha_2 - \frac{0}{3}\beta_1 = \alpha_2 = (0, 1, -1)^T,$$

最后计算

$$\beta_3 = \alpha_3 - \frac{1}{2}\beta_2 - \frac{4}{3}\beta_1 = (-\frac{1}{3}, \frac{1}{6}, \frac{1}{6})^T.$$

□

2.6.2 正交子空间

定义 2.19　设 X 和 Y 是欧式空间 $\mathbb{R}^n$ 的两个子空间. 如果对任意的 $\mathbf{x}\in X$, $\mathbf{y}\in Y$ 都有 $\mathbf{x}^T\mathbf{y}=0$，那么我们称 X 和 Y 是正交的，记为 $X\perp Y$.

定义 2.20　设 Y 是 $\mathbb{R}^n$ 的子空间. 定义

$$Y^{\perp}:=\{\,\mathbf{x}\in\mathbb{R}^n\mid \mathbf{x}^T\mathbf{y}=0,\ \forall\,\mathbf{y}\in Y\,\},$$

我们称 $Y^{\perp}$ 为 Y 正交补. 容易证明：$Y^{\perp}$ 也是 $\mathbb{R}^n$ 的子空间.

例 2.54　设 $\mathbb{R}^3$ 中的子空间 $X=\mathrm{Span}(\mathbf{e}_1,\mathbf{e}_2)$, $Y=\mathrm{Span}(\mathbf{e}_3)$，那么任取 $\mathbf{x}\in X$, $\mathbf{y}\in Y$，计算内积 $\mathbf{x}^T\mathbf{y}=x_1\cdot 0+x_2\cdot 0+0\cdot y_3=0$，所以 $X\perp Y$，容易验证 X, Y 互为正交补.

例 2.55　设 $\mathbb{R}^3$ 中的子空间 $S=\mathrm{Span}((1,1,1)^T,(2,0,1)^T)$，请计算正交补 $S^{\perp}$.

解　记 $\mathbf{u}=(1,1,1)^T$, $\mathbf{v}=(2,0,1)^T$，利用向量的叉乘 (附录 D) 计算得

$$\mathbf{w}=\mathbf{u}\times\mathbf{v}=\begin{vmatrix}\mathbf{e}_1 & \mathbf{e}_2 & \mathbf{e}_3\\ 1 & 1 & 1\\ 2 & 0 & 1\end{vmatrix}=\mathbf{e}_1+\mathbf{e}_2-2\mathbf{e}_3=(1,1,-2)^T,$$

那么向量 $\mathbf{w}$ 与平面 S 垂直，即 $S^{\perp}=\mathrm{Span}(\mathbf{w})$. 另外容易看到 $\mathbb{R}^3=\mathrm{Span}(\mathbf{u},\mathbf{v},\mathbf{w})$.　□

定义 2.21　设 A 是 $m\times n$ 的矩阵，那么 A 的值域为

$$R(A)=\{\,A\mathbf{x}\mid\mathbf{x}\in\mathbb{R}^n\,\}.$$

容易看到 $R(A)$ 即为 A 的列空间，它是 $\mathbb{R}^m$ 的子空间. 类似的，A^T 的值域为

$$R(A^T)=\{\,A^T\mathbf{y}\mid\mathbf{y}\in\mathbb{R}^m\,\}.$$

容易看到 $R(A^T)$ 即为 A 的行空间，它是 $\mathbb{R}^n$ 的子空间.

定理 2.19　(基本子空间的正交补关系) 设 A 是 $m\times n$ 的矩阵，那么

$$N(A)=R(A^T)^{\perp},\quad N(A^T)=R(A)^{\perp}.$$

证明　先证明 $N(A)\perp R(A^T)$. 任取 $\mathbf{x}_0\in N(A)$, $\mathbf{x}_1\in R(A^T)$，那么存在 $\mathbf{y}_1\in\mathbb{R}^m$，使得 $\mathbf{x}_1=A^T\mathbf{y}_1$. 计算内积 $\mathbf{x}_1^T\mathbf{x}_0=(A^T\mathbf{y}_1)^T\mathbf{x}_0=\mathbf{y}_1^TA\mathbf{x}_0=0$，于是 $N(A)\perp R(A^T)$，这也就是说 $N(A)\subset R(A^T)^{\perp}$. 另一方面，任取 $\mathbf{x}\in R(A^T)^{\perp}$，那么 $\mathbf{x}$ 正交于 A^T 的每个列向量，也就是 $\mathbf{x}$ 正交于 A 的每个行向量，所以 $A\mathbf{x}=\mathbf{0}$，因而 $\mathbf{x}\in N(A)$，故 $N(A)=R(A^T)^{\perp}$. 最后取 $B=A^T$，那么 $N(A^T)=N(B)=R(B^T)^{\perp}=R(A)^{\perp}$.　□

我们将 $N(A), R(A^T), N(A^T), R(A)$ 称为矩阵 A 的四个基本子空间. 上面的定理被称为线性代数基本定理，它深刻地刻画了子空间之间的关系以及线性方程组的解的结构. 这个关系可以用下面的图像来表现出来，方便我们的记忆.

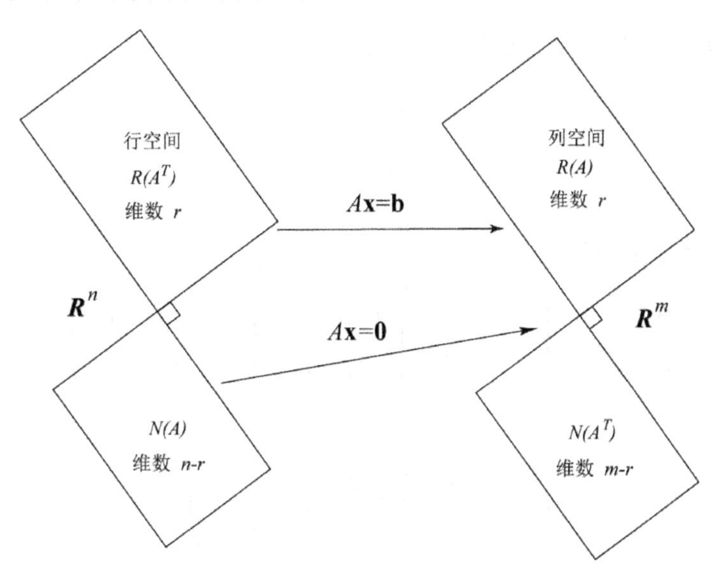

例 2.56　设 A 是 $m\times n$ 的矩阵，证明：$N(A^TA)=N(A)$，$\mathrm{r}(A^TA)=\mathrm{r}(A)$.

证明　若 $A\mathbf{x}=\mathbf{0}$，则 $A^TA\mathbf{x}=\mathbf{0}$；反之 $A^TA\mathbf{x}=\mathbf{0}$，则 $\mathbf{x}^TA^TA\mathbf{x}=0$，从而 $(A\mathbf{x})^TA\mathbf{x}=0$，即 $\|A\mathbf{x}\|^2=0$，所以 $A\mathbf{x}=\mathbf{0}$. 于是 $N(A^TA)=N(A)$. 注意到 $N(A), N(A^TA)$ 都是 $\mathbb{R}^n$ 的子空间，故 $\dim N(A^TA)=n-\mathrm{r}(A^TA)$, $\dim N(A)=n-\mathrm{r}(A)$，从而 $\mathrm{r}(A^TA)=\mathrm{r}(A)$. □

2.6.3　最小二乘法

考虑 $m\times n$ 的线性方程组 $A\mathbf{x}=\mathbf{b}$，如果 $m>n$，即方程的个数超过了未知数的个数，那么我们称该问题为超定问题. 如何求解这样的超定线性方程组呢？显然这样的问题未必有解，但是这样的问题在实际生活中大量出现，于是需要我们合理的定义这个问题的解，即最小二乘解.

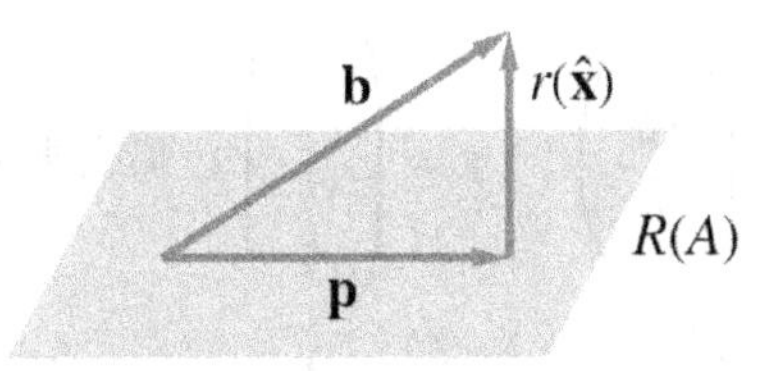

记 $r(\mathbf{x})=\mathbf{b}-A\mathbf{x}$，那么 $\|r(\mathbf{x})\|$ 就表示 $\mathbf{b}$ 与 $A\mathbf{x}$ 的距离. 我们希望寻找使得 $\|r(\mathbf{x})\|$

最小的 $\mathbf{x}$，记为 $\hat{\mathbf{x}}$. 令 $\mathbf{p} = A\hat{\mathbf{x}}$，由图分析可知，$r(\hat{\mathbf{x}}) \perp R(A)$，所以 $r(\hat{\mathbf{x}}) \in N(A^T)$，于是 $A^T(\mathbf{b} - A\hat{\mathbf{x}}) = \mathbf{0}$，这样我们得到方程组 $A^TA\hat{\mathbf{x}} = A^T\mathbf{b}$. 可以证明，此方程组必有解，我们将 $\hat{\mathbf{x}}$ 称为最小二乘解，该方法称为最小二乘法 (Least Square Method).

例 2.57　求超定方程组的最小二乘解.

$$\begin{cases} x_1 + x_2 = 3 \\ -2x_1 + 3x_2 = 1 \\ 2x_1 - x_2 = 2 \end{cases}$$

解　将原方程组改造为

$$\begin{pmatrix} 1 & -2 & 2 \\ 1 & 3 & -1 \end{pmatrix} \begin{pmatrix} 1 & 1 \\ -2 & 3 \\ 2 & -1 \end{pmatrix} \begin{pmatrix} x_1 \\ x_2 \end{pmatrix} = \begin{pmatrix} 1 & -2 & 2 \\ 1 & 3 & -1 \end{pmatrix} \begin{pmatrix} 3 \\ 1 \\ 2 \end{pmatrix},$$

化简得

$$\begin{pmatrix} 9 & -7 \\ -7 & 11 \end{pmatrix} \begin{pmatrix} x_1 \\ x_2 \end{pmatrix} = \begin{pmatrix} 5 \\ 4 \end{pmatrix},$$

解得

$$(x_1,\, x_2)^T = \left(\frac{83}{50},\, \frac{71}{50}\right)^T.$$

□

例 2.58　(线性拟合) 给定一组数据，即平面中的一些点 (0,1), (3,4), (6,5). 请用最小二乘法求一个线性函数去拟合这组数据.

解　设要求的线性函数为 $y = c_0 + c_1x$，该函数需要拟合给定数据，于是得到超定方程组

$$\begin{cases} c_0 = 1 \\ c_0 + 3c_1 = 4 \\ c_0 + 6c_1 = 5 \end{cases}.$$

记 $A = \begin{pmatrix} 1 & 0 \\ 1 & 3 \\ 1 & 6 \end{pmatrix}$，$\mathbf{c} = \begin{pmatrix} c_0 \\ c_1 \end{pmatrix}$，$\mathbf{y} = \begin{pmatrix} 1 \\ 4 \\ 5 \end{pmatrix}$，那么求解方程组 $A^TA\mathbf{c} = A^T\mathbf{y}$ 即

$$\begin{pmatrix} 3 & 9 \\ 9 & 45 \end{pmatrix} \begin{pmatrix} c_0 \\ c_1 \end{pmatrix} = \begin{pmatrix} 10 \\ 42 \end{pmatrix}.$$

解得 $c_0 = 4/3$, $c_1 = 2/3$，于是所求函数为 $y = \frac{4}{3} + \frac{2}{3}x$. □

例 2.59　(线性拟合公式) 给定平面中多个点 (x_i, y_i), $i = 1, 2, \cdots, n$，用最小二乘法求线性拟合这些点的直线.

解　设拟合直线为 $y = a + bx$，代入数据得到方程组

$$\begin{cases} a + bx_1 = y_1 \\ a + bx_2 = y_2 \\ \cdots\cdots \\ a + bx_n = y_n \end{cases}.$$

采用最小二乘法求解.

$$\begin{pmatrix} 1 & 1 & \cdots & 1 \\ x_1 & x_2 & \cdots & x_n \end{pmatrix} \begin{pmatrix} 1 & x_1 \\ 1 & x_2 \\ \vdots & \vdots \\ 1 & x_n \end{pmatrix} \begin{pmatrix} a \\ b \end{pmatrix} = \begin{pmatrix} 1 & 1 & \cdots & 1 \\ x_1 & x_2 & \cdots & x_n \end{pmatrix} \begin{pmatrix} y_1 \\ y_2 \\ \vdots \\ y_n \end{pmatrix},$$

即

$$\begin{pmatrix} n & \sum x_i \\ \sum x_i & \sum x_i^2 \end{pmatrix} \begin{pmatrix} a \\ b \end{pmatrix} = \begin{pmatrix} \sum y_i \\ \sum x_i y_i \end{pmatrix}.$$

由克莱姆法则求得

$$a = \frac{\sum x_i^2 \sum y_i - \sum x_i \sum x_i y_i}{n \sum x_i^2 - (\sum x_i)^2}, \qquad b = \frac{n \sum x_i y_i - \sum x_i \sum y_i}{n \sum x_i^2 - (\sum x_i)^2}.$$

□

最小二乘法具有深刻的理论价值和广泛的应用价值，它由法国数学家勒让德和德国数学家高斯各自独立发明，高斯更是将最小二乘法用于天文学的计算. 1801 年 1 月，意大利天文学家皮亚齐 (G.Piazzi) 发现了太阳系里最大的小行星谷神星，谷神星的体积大概是月亮的四分之一，它位于火星和木星之间的小行星带中. 皮亚齐跟踪观测了谷神星六个星期，但是由于太阳的干扰，后来丢失了跟踪. 在皮亚齐之前，已有很多天文学家预测了谷神星的存在，并预测了其运行的轨道，高斯也利用最小二乘法做了预测，但是高斯预测的轨道和其他人相差较大. 1802 年 1 月，天文学家再次观测到了谷神星，谷神星出现的位置和高斯的预测十分接近，这个成绩为高斯赢得了天文学界的巨大声誉.

2.6.4 矩阵的 QR 分解

对矩阵的列向量组进行施密特正交化的同时将其标准化，即得矩阵的 QR 分解 (QR Factorization). 简单起见，我们用 3 个向量构成的向量组做说明，考虑矩阵 $A=(\alpha_1,\alpha_2,\alpha_3)$. 构造向量组

(1) $\mathbf{q}_1=\dfrac{1}{r_{11}}\alpha_1$，即 $\alpha_1=r_{11}\mathbf{q}_1$，其中 $r_{11}=\|\alpha_1\|$.

(2) $\mathbf{q}_2=\dfrac{1}{r_{22}}(\alpha_2-r_{12}\mathbf{q}_1)$，即 $\alpha_2=r_{12}\mathbf{q}_1+r_{22}\mathbf{q}_2$，其中

$$r_{12}=(\alpha_2,\mathbf{q}_1),\ r_{22}=\|\alpha_2-r_{12}\mathbf{q}_1\|.$$

(3) $\mathbf{q}_3=\dfrac{1}{r_{33}}(\alpha_3-r_{13}\mathbf{q}_1-r_{23}\mathbf{q}_2)$，即 $\alpha_3=r_{13}\mathbf{q}_1+r_{23}\mathbf{q}_2+r_{33}\mathbf{q}_3$，其中

$$r_{13}=(\alpha_3,\mathbf{q}_1),\ r_{23}=(\alpha_3,\mathbf{q}_2),\ r_{33}=\|\alpha_3-r_{13}\mathbf{q}_1-r_{23}\mathbf{q}_2\|.$$

从上面的构造过程可以看到向量组 $\mathbf{q}_1,\mathbf{q}_2,\mathbf{q}_3$ 构成一个标准正交向量组，将其与原来的向量组之间的关系写成矩阵形式，即为矩阵 A 的 QR 分解.

$$A=(\alpha_1,\alpha_2,\alpha_3)=(\mathbf{q}_1,\mathbf{q}_2,\mathbf{q}_3)\begin{pmatrix} r_{11} & r_{12} & r_{13}\\ 0 & r_{22} & r_{23}\\ 0 & 0 & r_{33}\end{pmatrix}=QR,$$

其中矩阵 $Q=(\mathbf{q}_1,\mathbf{q}_2,\mathbf{q}_3)$ 满足 $Q^TQ=I$，矩阵 R 是一个可逆的上三角矩阵.

例 2.60 利用系数矩阵的 QR 分解求下面线性方程组 $A\mathbf{x}=\mathbf{b}$ 的最小二乘解.

$$\begin{pmatrix} 1 & -2 & -1\\ 2 & 0 & 1\\ 2 & -4 & 2\\ 4 & 0 & 0\end{pmatrix}\begin{pmatrix} x_1\\ x_2\\ x_3\end{pmatrix}=\begin{pmatrix} -1\\ 1\\ 1\\ -2\end{pmatrix}$$

解 将矩阵 A 的 QR 分解代入最小二乘解的方程得

$$A^TA\mathbf{x}=A^T\mathbf{b},\ A=QR\ \Rightarrow\ R^T(Q^TQ)R\mathbf{x}=R^TQ^T\mathbf{b}.$$

注意到 $Q^TQ=I$ 且 R^T 可逆，所以 $R\mathbf{x}=Q^T\mathbf{b}$.

用数学软件可以很方便地算出矩阵 A 的 QR 分解，得到矩阵 Q^T 和 R.

In[∘]:=

```
Map[MatrixForm, QRDecomposition[(1 -2 -1
映射 矩阵格式      QR分解        2  0  1
                                 2 -4  2
                                 4  0  0)]]
```

Out[∘]=

$$\left\{\begin{pmatrix} \frac{1}{5} & \frac{2}{5} & \frac{2}{5} & \frac{4}{5} \\ -\frac{2}{5} & \frac{1}{5} & -\frac{4}{5} & \frac{2}{5} \\ -\frac{4}{5} & \frac{2}{5} & \frac{2}{5} & -\frac{1}{5} \end{pmatrix}, \begin{pmatrix} 5 & -2 & 1 \\ 0 & 4 & -1 \\ 0 & 0 & 2 \end{pmatrix}\right\}$$

将矩阵 Q^T 和 R 代入 $R\mathbf{x}=Q^T\mathbf{b}$，得到

$$\begin{pmatrix} 5 & -2 & 1 \\ 0 & 4 & -1 \\ 0 & 0 & 2 \end{pmatrix}\begin{pmatrix} x_1 \\ x_2 \\ x_3 \end{pmatrix}=\begin{pmatrix} -1 \\ -1 \\ 2 \end{pmatrix},$$

解得 $\mathbf{x}=(-\frac{2}{5},0,1)^T$. □

2.6.5　习题

1. 设 $\mathbf{x}=(1,1,2,2)^T$, $\mathbf{y}=(-2,1,2,0)^T$，求 $\mathbf{x}$ 在 $\mathbf{y}$ 上的投影 $\mathbf{p}$，验证 $\mathbf{x}-\mathbf{p}$ 正交于 $\mathbf{p}$，并对 $\mathbf{x}$, $\mathbf{p}$, $\mathbf{x}-\mathbf{p}$ 验证勾股定理.

2. 设向量组 $\alpha_1=(1,1,-1,-1)^T$, $\alpha_2=(1,-1,1,-1)^T$, $\alpha_3=(1,0,-1,0)^T$，请用施密特正交化求与其等价的标准正交向量组.

3. 设 α_1, $\alpha_2,\cdots$, α_n 是 $\mathbb{R}^n$ 的一组标准正交基，那么对任意的 $\mathbf{x}\in\mathbb{R}^n$，请将 $\mathbf{x}$ 用此标准正交基线性表出.

4. 设 $\mathbf{x}_1=(1,0,4)^T$, $\mathbf{x}_2=(0,1,-8)^T$，记 $S=\mathrm{Span}(\mathbf{x}_1, \mathbf{x}_2)$，请用向量的叉乘 (向量积) 求 $S^\perp$ 的基，并给出 S 和 $S^\perp$ 的几何解释. 向量积的概念和计算方法见附录 D.

5. 给定一组数据(平面中的一些点)，$(0,3)$, $(1,2)$, $(2,4)$, $(3,4)$. 请用最小二乘法求一个二次多项式函数去拟合这组数据.

6*. 设一个物体的运行轨道近似一个圆周，给出圆周上 5 个点测量数据 $(-2.8,-1.8)$，$(-0.5,4.93)$，$(1.1,4.6)$，$(2.7,-2.2)$，$(3,0.1)$. 请将此问题转化为最小二乘问题，然后在数学软件中用最小二乘法计算出此圆周轨道 $(x-a)^2+(y-b)^2=r^2$.

2.7　矩阵的特征值问题

2.7.1　特征值和特征向量

回顾一下小镇婚姻模型，在一个小镇，每年有 30% 的已婚女性离婚，有 20% 的单身女性结婚. 该小镇现有 8000 已婚女性和 2000 单身女性. 用矩阵和向量将这些数据表示出来.

$$A=\begin{pmatrix}0.7 & 0.2\\ 0.3 & 0.8\end{pmatrix},\quad \mathbf{w}_0=\begin{pmatrix}8000\\ 2000\end{pmatrix}.$$

那么一年后，已婚和单身女性的人数就是

$$\mathbf{w}_1=A\mathbf{w}_0=\begin{pmatrix}0.7 & 0.2\\ 0.3 & 0.8\end{pmatrix}\begin{pmatrix}8000\\ 2000\end{pmatrix}=\begin{pmatrix}6000\\ 4000\end{pmatrix},$$

两年后，就是 $\mathbf{w}_2=A^2\mathbf{w}_0$，$n$ 年后就是 $\mathbf{w}_n=A^n\mathbf{w}_0$. 算出了如下几个具体的数据

$$\mathbf{w}_{10}=\begin{pmatrix}4004\\ 5996\end{pmatrix},\quad \mathbf{w}_{20}=\begin{pmatrix}4000\\ 6000\end{pmatrix},\quad \mathbf{w}_{30}=\begin{pmatrix}4000\\ 6000\end{pmatrix}.$$

事实上

$$\mathbf{w}_{12}=\begin{pmatrix}4000\\ 6000\end{pmatrix},\quad A\mathbf{w}_{12}=\begin{pmatrix}4000\\ 6000\end{pmatrix},$$

这告诉我们已婚女性和单身女性的人数在 12 年后达到一个稳定的状态，不再变化.

我们提出一个新问题，如果改变初始的婚姻人数 $\mathbf{w}_0$，那么多年后也会出现婚姻人数稳定的现象吗？为了研究这个问题，引入两个向量 $\mathbf{x}_1=(2,3)^T$, $\mathbf{x}_2=(-1,1)^T$，那么我们发现

$$A\mathbf{x}_1=\begin{pmatrix}0.7 & 0.2\\ 0.3 & 0.8\end{pmatrix}\begin{pmatrix}2\\ 3\end{pmatrix}=\begin{pmatrix}2\\ 3\end{pmatrix}=\mathbf{x}_1,$$

$$A\mathbf{x}_2=\begin{pmatrix}0.7 & 0.2\\ 0.3 & 0.8\end{pmatrix}\begin{pmatrix}-1\\ 1\end{pmatrix}=\begin{pmatrix}-\frac{1}{2}\\ \frac{1}{2}\end{pmatrix}=\frac{1}{2}\mathbf{x}_2.$$

我们设初始的已婚女性人数为 p，那么

$$\mathbf{w}_0=\begin{pmatrix}p\\ 10000-p\end{pmatrix}=c_1\mathbf{x}_1+c_2\mathbf{x}_2.$$

于是

$$p=2c_1-c_2,\quad 10000-p=3c_1+c_2\quad\Rightarrow\quad c_1=2000.$$

计算

$$\mathbf{w}_n = A^n \mathbf{w}_0 = c_1 A^n \mathbf{x}_1 + c_2 A^n \mathbf{x}_2 = c_1 \mathbf{x}_1 + c_2 (\frac{1}{2})^n \mathbf{x}_2 \ \rightarrow \ c_1 \mathbf{x}_1, \quad n \rightarrow \infty.$$

由此结果知，不论初始数据如何变化，小镇已婚女性和单身女性的人数总会趋于 $c_1\mathbf{x}_1 = (4000, 6000)^T$.

可以看到，$\mathbf{x}_1$ 和 $\mathbf{x}_2$ 在上面的分析中起着关键的作用，它们的用处在于

$$A\mathbf{x}_1 = 1\mathbf{x}_1, \quad A\mathbf{x}_2 = \frac{1}{2}\mathbf{x}_2,$$

我们将 1 和 $\frac{1}{2}$ 称为矩阵 A 的特征值，而 $\mathbf{x}_1$ 和 $\mathbf{x}_2$ 称为特征值对应的特征向量.

定义 2.22　设 A 是 $n \times n$ 的矩阵. 考虑向量方程 $A\mathbf{x} = \lambda \mathbf{x}$，其中 λ 是未知常数. 如果存在某个 λ，使得该方程组有非零解 $\mathbf{x}$，那么我们就称这个 λ 为矩阵 A 的特征值 (eigenvalue)，称非零解 $\mathbf{x}$ 为 λ 对应的特征向量 (eigenvector).

由特征向量的定义可以看到，特征向量 $\mathbf{x}$ 与 $A\mathbf{x}$ 具有相同的方向. 如果 $A\mathbf{x} = \lambda\mathbf{x}$，那么 $A^2\mathbf{x} = \lambda^2\mathbf{x}$, $A^{-1}\mathbf{x} = \lambda^{-1}\mathbf{x}$, $(A + cI)\mathbf{x} = (\lambda + c)\mathbf{x}$.

将方程 $A\mathbf{x} = \lambda\mathbf{x}$ 写成等价形式 $(A - \lambda I)\mathbf{x} = \mathbf{0}$，如果该方程有非零解，那么得到特征方程 $\det(A - \lambda I) = 0$. 记 $p(\lambda) = \det(A - \lambda I)$，这是一个关于 λ 的多项式，称之为矩阵 A 的特征多项式. 那么求矩阵 A 的特征值就是求矩阵 A 的特征多项式的零点. 求出矩阵 A 的特征值后，再将特征值代入方程 $(A - \lambda I)\mathbf{x} = \mathbf{0}$，即可算出特征值对应的特征向量.

例 2.61　求矩阵 $A = \begin{pmatrix} 3 & 2 \\ 3 & -2 \end{pmatrix}$ 的特征值及其对应的特征向量.

解　矩阵 A 的特征方程为

$$\begin{vmatrix} 3-\lambda & 2 \\ 3 & -2-\lambda \end{vmatrix} = 0 \quad \text{或} \quad \lambda^2 - \lambda - 12 = 0,$$

解得 $\lambda_1 = 4$, $\lambda_2 = -3$.

求 $\lambda_1 = 4$ 对应的特征向量，为此求解方程组 $(A - 4I)\mathbf{x} = \mathbf{0}$. 解得 $\mathbf{x} = k(2,1)^T$，即任意常数乘以 $(2,1)^T$ 都是 $\lambda_1 = 4$ 对应的特征向量，或者说由 $(2,1)^T$ 张成的空间是 $\lambda_1 = 4$ 的特征空间. 一般为了方便，忽略常数 k，那么 $\lambda_1 = 4$ 对应的特征向量为 $(2,1)^T$.

类似方法求 $\lambda_2 = -3$ 对应的特征向量，为此求解方程组 $(A + 3I)\mathbf{x} = \mathbf{0}$. 解得 $\lambda_2 = -3$ 对应的特征向量为 $(-1,3)^T$. □

例 2.62 求矩阵 $A=\begin{pmatrix} 2 & -3 & 1 \\ 1 & -2 & 1 \\ 1 & -3 & 2 \end{pmatrix}$ 的特征值和对应的特征空间.

解

$$\begin{vmatrix} 2-\lambda & -3 & 1 \\ 1 & -2-\lambda & 1 \\ 1 & -3 & 2-\lambda \end{vmatrix} = -\lambda(\lambda-1)^2=0,$$

解得 $\lambda_1=0,\ \lambda_2=\lambda_3=1$.

$$\left(\begin{array}{ccc|c} 2 & -3 & 1 & 0 \\ 1 & -2 & 1 & 0 \\ 1 & -3 & 2 & 0 \end{array}\right) \to \left(\begin{array}{ccc|c} 1 & 0 & -1 & 0 \\ 0 & 1 & -1 & 0 \\ 0 & 0 & 0 & 0 \end{array}\right).$$

对应于 $\lambda_1=0$ 的特征向量是 $(x_3,x_3,x_3)^T$，于是对应于 $\lambda_1=0$ 的特征空间是 $N(A)=\text{Span}((1,1,1)^T)$.

$$\left(\begin{array}{ccc|c} 1 & -3 & 1 & 0 \\ 1 & -3 & 1 & 0 \\ 1 & -3 & 1 & 0 \end{array}\right) \to \left(\begin{array}{ccc|c} 1 & -3 & 1 & 0 \\ 0 & 0 & 0 & 0 \\ 0 & 0 & 0 & 0 \end{array}\right).$$

对应于 $\lambda_{2,3}=1$ 的特征向量为 $(3x_2-x_3,x_2,x_3)^T$，于是对应于 $\lambda_{2,3}=1$ 的特征空间是 $N(A-I)=\text{Span}((3,1,0)^T,(-1,0,1)^T)$. □

2.7.2 方阵的对角化与特征分解

定理 2.20 设 $\lambda_1,\lambda_2,\cdots,\lambda_k$ 是 n 阶方阵 A 的 k 个不同的特征值，$\mathbf{x}_1,\mathbf{x}_2,\cdots,\mathbf{x}_k$ 是对应的特征向量，那么 $\mathbf{x}_1,\mathbf{x}_2,\cdots,\mathbf{x}_k$ 线性无关.

证明 设由 $\mathbf{x}_1,\mathbf{x}_2,\cdots,\mathbf{x}_k$ 张成的空间维数为 r. 反证法. 假设 $\mathbf{x}_1,\mathbf{x}_2,\cdots,\mathbf{x}_k$ 线性相关，那么 $r<k$，不妨设 $\mathbf{x}_1,\mathbf{x}_2,\cdots,\mathbf{x}_r$ 线性无关. 因为 $\mathbf{x}_1,\mathbf{x}_2,\cdots,\mathbf{x}_r,\mathbf{x}_{r+1}$ 线性相关，那么存在不全为零的常数 $c_1,\cdots,c_r,c_{r+1}$，使得 $c_1\mathbf{x}_1+\cdots+c_r\mathbf{x}_r+c_{r+1}\mathbf{x}_{r+1}=\mathbf{0}$，且 $c_{r+1}\neq 0$，从而 $c_1,\cdots,c_r$ 也不全为零. 用 A 乘以等式两边得

$$c_1A\mathbf{x}_1+\cdots+c_rA\mathbf{x}_r+c_{r+1}A\mathbf{x}_{r+1}=\mathbf{0},$$

于是 $c_1\lambda_1\mathbf{x}_1+\cdots+c_r\lambda_r\mathbf{x}_r+c_{r+1}\lambda_{r+1}\mathbf{x}_{r+1}=\mathbf{0}$，从而 $c_1(\lambda_1-\lambda_{r+1})\mathbf{x}_1+\cdots+c_r(\lambda_r-\lambda_{r+1})\mathbf{x}_r=\mathbf{0}$，这与 $\mathbf{x}_1,\mathbf{x}_2,\cdots,\mathbf{x}_r$ 线性无关矛盾，所以 $r=k$. □

定义 2.23　设 A 是一个 n 阶方阵，如果存在可逆矩阵 X 和对角阵 D，使得 $X^{-1}AX=D$，那么我们称 X 将 A 对角化.

定理 2.21　设 A 是一个 n 阶方阵，那么 A 可对角化的充分必要条件是 A 有 n 个线性无关的特征向量.

证明　设 A 有 n 个线性无关的特征向量 $\mathbf{x}_1,\mathbf{x}_2,\cdots,\mathbf{x}_n$，它们对应的特征值记为 $\lambda_1,\cdots,\lambda_n$. 令矩阵 $X=(\mathbf{x}_1,\mathbf{x}_2,\cdots,\mathbf{x}_n)$，那么

$$
\begin{aligned}
AX &= \left(A\mathbf{x}_1,\, A\mathbf{x}_2,\, \cdots,\, A\mathbf{x}_n\right) = \left(\lambda_1\mathbf{x}_1,\, \lambda_2\mathbf{x}_2,\, \cdots,\, \lambda_n\mathbf{x}_n\right) \\
&= \left(\mathbf{x}_1,\, \mathbf{x}_2,\, \cdots,\, \mathbf{x}_n\right)\begin{pmatrix} \lambda_1 & & & \\ & \lambda_2 & & \\ & & \ddots & \\ & & & \lambda_n \end{pmatrix} = XD.
\end{aligned}
$$

因为 X 有 n 个线性无关的列向量，所以 X 可逆，于是 $D=X^{-1}XD=X^{-1}AX$.

反之，假设 A 可对角化，那么存在可逆矩阵 X 和对角阵 D，使得 $X^{-1}AX=D$. 记 X 的列向量为 $\mathbf{x}_1,\mathbf{x}_2,\cdots,\mathbf{x}_n$，那么 $A\mathbf{x}_j=d_{jj}\mathbf{x}_j$，其中 d_{jj} 是对角阵 D 的对角线上的元素，$\lambda_j=d_{jj}$. 因为 X 可逆，所以 $\mathbf{x}_1,\mathbf{x}_2,\cdots,\mathbf{x}_n$ 线性无关，所以 A 有 n 个线性无关的特征向量. □

设 A 是一个 n 阶方阵，如果存在可逆矩阵 X 和对角阵 D，使得 $X^{-1}AX=D$，那么 $A=XDX^{-1}$，从而 $A^n=(XDX^{-1})^n=XD^nX^{-1}$. 我们将 $A=XDX^{-1}$ 称为矩阵 A 的特征分解.

例 2.63　将矩阵 $A=\begin{pmatrix} 2 & -3 \\ 2 & -5 \end{pmatrix}$ 对角化.

解　先求矩阵 A 的特征值.

$$
\begin{vmatrix} 2-\lambda & -3 \\ 2 & -5-\lambda \end{vmatrix}=0 \;\Rightarrow\; \lambda_1=1,\; \lambda_2=-4,
$$

再求矩阵 A 的特征值对应的特征向量.

$$
(A-I)\mathbf{x}=0 \;\Rightarrow\; \mathbf{x}_1=(3,1)^T,\quad (A+4I)\mathbf{x}=0 \;\Rightarrow\; \mathbf{x}_2=(1,2)^T.
$$

然后构造 $X=\begin{pmatrix} 3 & 1 \\ 1 & 2 \end{pmatrix}$，$D=\begin{pmatrix} 1 & 0 \\ 0 & -4 \end{pmatrix}$，那么

$$X^{-1}AX = \frac{1}{5}\begin{pmatrix} 2 & -1 \\ -1 & 3 \end{pmatrix}\begin{pmatrix} 2 & -3 \\ 2 & -5 \end{pmatrix}\begin{pmatrix} 3 & 1 \\ 1 & 2 \end{pmatrix} = \begin{pmatrix} 1 & 0 \\ 0 & -4 \end{pmatrix} = D.$$

□

例 2.64　考虑斐波那契数列 $a_1 = a_2 = 1$，当 $n \geqslant 3$ 时，$a_n = a_{n-1} + a_{n-2}$. 请用矩阵表示它的递推公式，并求出斐波那契数列的通项.

解　由斐波那契数列的递推公式得

$$\begin{pmatrix} a_{n+2} \\ a_{n+1} \end{pmatrix} = \begin{pmatrix} 1 & 1 \\ 1 & 0 \end{pmatrix}\begin{pmatrix} a_{n+1} \\ a_n \end{pmatrix} = \cdots = \begin{pmatrix} 1 & 1 \\ 1 & 0 \end{pmatrix}^n \begin{pmatrix} 1 \\ 1 \end{pmatrix}.$$

矩阵 $A = \begin{pmatrix} 1 & 1 \\ 1 & 0 \end{pmatrix}$，求其特征值为 $\lambda_1 = \frac{1}{2}(1+\sqrt{5})$，$\lambda_2 = \frac{1}{2}(1-\sqrt{5})$，再求出对应的特征向量为 $(\lambda_1, 1)^T, (\lambda_2, 1)^T$. 构造 $X = \begin{pmatrix} \lambda_1 & \lambda_2 \\ 1 & 1 \end{pmatrix}$，求出 $X^{-1} = \frac{1}{\sqrt{5}}\begin{pmatrix} 1 & -\lambda_2 \\ -1 & \lambda_1 \end{pmatrix}$，于是

$$X^{-1}AX = \begin{pmatrix} \lambda_1 & 0 \\ 0 & \lambda_2 \end{pmatrix}.$$

计算

$$A^n = X\begin{pmatrix} \lambda_1 & 0 \\ 0 & \lambda_2 \end{pmatrix}^n X^{-1} = \frac{1}{\sqrt{5}}\begin{pmatrix} \lambda_1 & \lambda_2 \\ 1 & 1 \end{pmatrix}\begin{pmatrix} \lambda_1^n & 0 \\ 0 & \lambda_2^n \end{pmatrix}\begin{pmatrix} 1 & -\lambda_2 \\ -1 & \lambda_1 \end{pmatrix},$$

$$\Rightarrow \quad A^n = \frac{1}{\sqrt{5}}\begin{pmatrix} \lambda_1^{n+1} - \lambda_2^{n+1} & \lambda_1\lambda_2^{n+1} - \lambda_2\lambda_1^{n+1} \\ \lambda_1^n - \lambda_2^n & \lambda_1\lambda_2^n - \lambda_2\lambda_1^n \end{pmatrix}.$$

代入计算即得斐波那契数列的通项为 $a_n = \frac{1}{\sqrt{5}}\left(\lambda_1^n - \lambda_2^n\right)$.　□

2.7.3　实对称矩阵的对角化

不是所有的方阵都可以对角化，比如矩阵 $\begin{pmatrix} 1 & 1 \\ 0 & 1 \end{pmatrix}$，容易看到它的特征值为 $\lambda_1 = \lambda_2 = 1$，它们对应的特征向量只有一个 $(1,0)^T$，所以这个矩阵无法对角化. 幸运的是，在大多数情况下，我们只需要分解一类有简单分解的矩阵，具体来说，就是每个实对称矩阵都可以通过特征分解化为对角矩阵.

定义 2.24　设 A 是 n 阶方阵，如果 A 的列向量组是标准正交的，即 $A^TA=I$，此时我们称矩阵 A 为正交矩阵.

设 A 是正交矩阵，那么容易得到 $AA^T=I$，即正交矩阵的行向量组也是标准正交的. 另外 $A^{-1}=A^T$，由于正交矩阵求逆的代价小，所以正交矩阵得到了广泛的关注. 对于行向量组和列向量组互相正交但不是标准正交，没有对应的专用术语.

例 2.65　考虑实对称矩阵 $A=\begin{pmatrix}1&2\\2&4\end{pmatrix}$. 先求得其特征值为 $\lambda_1=0$，$\lambda_2=5$，再求得特征值对应的特征向量为 $\mathbf{x}_1=(2,-1)^T$，$\mathbf{x}_2=(1,2)^T$. 容易看到 $\mathbf{x}_1\perp\mathbf{x}_2$. 将它们单位化得

$$\mathbf{q}_1=\frac{1}{\sqrt{5}}(2,-1)^T,\quad \mathbf{q}_2=\frac{1}{\sqrt{5}}(1,2)^T.$$

构造矩阵 $Q=(\mathbf{q}_1,\mathbf{q}_2)$，那么

$$Q^TQ=\begin{pmatrix}\mathbf{q}_1^T\\\mathbf{q}_2^T\end{pmatrix}\left(\mathbf{q}_1,\mathbf{q}_2\right)=\begin{pmatrix}1&0\\0&1\end{pmatrix}=I,$$

即 Q 为正交矩阵，且

$$Q^TAQ=\frac{1}{\sqrt{5}}\begin{pmatrix}2&-1\\1&2\end{pmatrix}\begin{pmatrix}1&2\\2&4\end{pmatrix}\frac{1}{\sqrt{5}}\begin{pmatrix}2&1\\-1&2\end{pmatrix}=\begin{pmatrix}0&0\\0&5\end{pmatrix}=D.$$

定理 2.22　设 A 是 n 阶实对称方阵，那么

(1) 矩阵 A 的特征值都是实数，且不同特征值对应的特性向量正交；

(2) 存在一个正交矩阵 Q 将 A 对角化，即 $Q^TAQ=D$，其中 D 为对角矩阵. 我们将 $A=QDQ^T$ 称为矩阵 A 的正交分解.

证明　(1) 设 $A\mathbf{x}=\lambda\mathbf{x}$，那么 $A\overline{\mathbf{x}}=\overline{\lambda}\overline{\mathbf{x}}$，于是

$$\lambda\overline{\mathbf{x}}^T\mathbf{x}=\overline{\mathbf{x}}^TA\mathbf{x}=(A\overline{\mathbf{x}})^T\mathbf{x}=\overline{\lambda}\overline{\mathbf{x}}^T\mathbf{x}\ \Rightarrow\ \lambda=\overline{\lambda},$$

所以矩阵 A 的特征值都是实数，从而特征向量也都是实向量. 再证不同特征值对应的特性向量正交. 设特征值 $\lambda_1\neq\lambda_2$，$\mathbf{x}_1$, $\mathbf{x}_2$ 是它们对应的特征向量，那么

$$\lambda_1\mathbf{x}_1^T\mathbf{x}_2=(A\mathbf{x}_1)^T\mathbf{x}_2=\mathbf{x}_1^TA\mathbf{x}_2=\lambda_2\mathbf{x}_1^T\mathbf{x}_2\quad\Rightarrow\quad\mathbf{x}_1^T\mathbf{x}_2=0\ \text{即}\ \mathbf{x}_1\perp\mathbf{x}_2.$$

(2) [12]用数学归纳法证明.

[12]此证明比较复杂，初次阅读时只需要知道结论.

当 $n=1$ 时，结论显然成立. 假设 $k\times k$ 的实对称矩阵可以正交对角化，考虑 A 是 $(k+1)\times(k+1)$ 的实对称矩阵.

令 λ_1 是 A 的一个特征值， $\mathbf{w}_1$ 是 λ_1 的一个单位特征向量. 利用施密特正交化构造向量 $\mathbf{w}_2,\mathbf{w}_3,\cdots,\mathbf{w}_{k+1}$，使得 $\{\mathbf{w}_1,\mathbf{w}_2,\cdots,\mathbf{w}_{k+1}\}$ 是 $n+1$ 维向量空间的标准正交基. 令矩阵 $W=(\mathbf{w}_1,\mathbf{w}_2,\cdots,\mathbf{w}_{k+1})$，那么 W 是正交矩阵，且 W^TAW 的第 1 列为 $W^TA\mathbf{w}_1$. 注意到

$$W^TA\mathbf{w}_1=\lambda_1W^T\mathbf{w}_1=\lambda_1\mathbf{e}_1,$$

所以 W^TAW 的形式为

$$\left(\begin{array}{c|ccc}\lambda_1 & \times & \cdots & \times\\ \hline 0 & & & \\ \vdots & & M & \\ 0 & & & \end{array}\right),$$

其中 M 是 $k\times k$ 的矩阵. 因为 W^TAW 为实对称矩阵，所以 M 是 $k\times k$ 的实对称矩阵，且 W^TAW 的形式为

$$\left(\begin{array}{c|ccc}\lambda_1 & 0 & \cdots & 0\\ \hline 0 & & & \\ \vdots & & M & \\ 0 & & & \end{array}\right).$$

由假设条件知，存在 $k\times k$ 的正交矩阵 V_1 使得 $V_1^TMV_1=D_1$，其中 D_1 为对角阵. 令

$$V=\left(\begin{array}{c|ccc}1 & 0 & \cdots & 0\\ \hline 0 & & & \\ \vdots & & V_1 & \\ 0 & & & \end{array}\right),$$

显然 V 是正交矩阵，且

$$V^TW^TAWV=\left(\begin{array}{c|ccc}\lambda_1 & 0 & \cdots & 0\\ \hline 0 & & & \\ \vdots & & V_1^TMV_1 & \\ 0 & & & \end{array}\right)=\left(\begin{array}{c|ccc}\lambda_1 & 0 & \cdots & 0\\ \hline 0 & & & \\ \vdots & & D_1 & \\ 0 & & & \end{array}\right)=D.$$

令 $Q=WV$，注意到 $Q^TQ=(WV)^TWV=V^TW^TWV=I$，所以 Q 是正交矩阵，并且 $Q^TAQ=D$. □

例 2.66　设实对称矩阵 $A=\begin{pmatrix}0 & 2 & -1\\ 2 & 3 & -2\\ -1 & -2 & 0\end{pmatrix}$，试用正交矩阵将 A 对角化.

解　矩阵 A 的特征多项式为

$$p(\lambda)=-\lambda^3+3\lambda^2+9\lambda+5=(1+\lambda)^2(5-\lambda).$$

于是特征值为 $\lambda_1=\lambda_2=-1$, $\lambda_3=5$.

求解出 $(A+I)\mathbf{x}=0$ 的特征向量是 $\mathbf{x}_1=(1,0,1)^T$, $\mathbf{x}_2=(-2,1,0)^T$，用施密特正交化过程将它们正交化，最后再标准化.

$$\mathbf{q}_1=\frac{\mathbf{x}_1}{\|\mathbf{x}_1\|}=\frac{1}{\sqrt{2}}(1,0,1)^T,\ \ \mathbf{p}=(\mathbf{x}_2^T\mathbf{q}_1)\mathbf{q}_1=-\sqrt{2}\mathbf{q}_1=(-1,0,-1)^T,$$

$$\mathbf{x}_2-\mathbf{p}=(-1,1,1)^T,\quad \mathbf{q}_2=\frac{\mathbf{x}_2-\mathbf{p}}{\|\mathbf{x}_2-\mathbf{p}\|}=\frac{1}{\sqrt{3}}(-1,1,1)^T.$$

求解 $(A-5I)\mathbf{x}=0$ 的特征向量 $\mathbf{x}_3=(-1,-2,1)^T$，单位化得 $\mathbf{q}_3=\dfrac{1}{\sqrt{6}}(-1,-2,1)^T$.

构造正交矩阵 $Q=(\mathbf{q}_1,\mathbf{q}_2,\mathbf{q}_3)$，那么 $AQ=QD$，其中对角阵 D 的对角线元素为 $-1,-1,5$，所以 $Q^TAQ=D$. 此时矩阵 A 可以分解为

$$A=QDQ^T=\lambda_1\mathbf{q}_1\mathbf{q}_1^T+\lambda_2\mathbf{q}_2\mathbf{q}_2^T+\lambda_3\mathbf{q}_3\mathbf{q}_3^T.$$

□

2.7.4　奇异值分解

考虑一个 $m\times n$ 的实矩阵 A，如何将矩阵 A 对角化？[13]

注意到 A^TA 是一个实对称矩阵，那么容易证明矩阵 A^TA 的特征值都是非负实数，将这些特征值按从大到小排序：$\lambda_1\geqslant\lambda_2\geqslant\cdots\geqslant\lambda_n\geqslant 0$. 将这些特征值对应的特征向量记为 $\mathbf{v}_j$，$j=1,2,\cdots,n$，由对称矩阵的正交分解知，这些特征向量构成 $\mathbb{R}^n$ 的一组标准正交基. 设 $r(A)=r$，那么 $r(A^TA)=r$，于是可以设

$$\lambda_1\geqslant\lambda_2\geqslant\cdots\geqslant\lambda_r>0,\ \ \lambda_{r+1}=\cdots=\lambda_n=0.$$

构造正交矩阵 V，令

$$V_1=(\mathbf{v}_1,\cdots,\mathbf{v}_r),\quad V_2=(\mathbf{v}_{r+1},\cdots,\mathbf{v}_n),\quad V=(V_1,V_2).$$

[13]奇异值分解是选学内容，不做教学要求，初次学习时可以略去.

注意到 $A^TA\mathbf{v}_j=\mathbf{0}$, $j=r+1,\cdots,n$，因为 $N(A^TA)=N(A)$，故 $A\mathbf{v}_j=\mathbf{0}$, $j=r+1,\cdots,n$，即 $AV_2=0$ 矩阵，从而

$$A=AVV^T=A(V_1V_1^T+V_2V_2^T)=AV_1V_1^T.$$

记

$$\sigma_j=\sqrt{\lambda_j},\quad \Sigma_1=\begin{pmatrix}\sigma_1 & & \\ & \ddots & \\ & & \sigma_r\end{pmatrix},\quad \Sigma=\begin{pmatrix}\Sigma_1 & O\\ O & O\end{pmatrix}_{m\times n}.$$

令 $\mathbf{u}_j=\dfrac{1}{\sigma_j}A\mathbf{v}_j$，$j=1,2,\cdots,r$，即 $A\mathbf{v}_j=\sigma_j\mathbf{u}_j$. 容易看到

$$\mathbf{u}_i^T\mathbf{u}_j=\frac{1}{\sigma_i\sigma_j}\mathbf{v}_i^TA^TA\mathbf{v}_j=\frac{\sigma_j}{\sigma_i}\mathbf{v}_i^T\mathbf{v}_j=\delta_{ij},$$

所以 $\{\mathbf{u}_1,\mathbf{u}_2,\cdots,\mathbf{u}_r\}$ 构成 $R(A)$ 的一组标准正交基. 因为 $N(A^T)=R(A)^\perp$，于是选取 $N(A^T)$ 的一组标准正交基为 $\{\mathbf{u}_{r+1},\mathbf{u}_{r+2},\cdots,\mathbf{u}_m\}$. 由此构造正交矩阵 U，令

$$U_1=(\mathbf{u}_1,\mathbf{u}_2,\cdots,\mathbf{u}_r),\quad U_2=(\mathbf{u}_{r+1},\mathbf{u}_{r+2},\cdots,\mathbf{u}_m),\quad U=(U_1,U_2).$$

由 $A\mathbf{v}_j=\sigma_j\mathbf{u}_j$，$j=1,2,\cdots,r$ 得到 $AV_1=U_1\Sigma_1$，于是

$$U\Sigma V^T=\begin{pmatrix}U_1,\ U_2\end{pmatrix}\cdot\begin{pmatrix}\Sigma_1 & O\\ O & O\end{pmatrix}\cdot\begin{pmatrix}V_1^T\\ V_2^T\end{pmatrix}=U_1\Sigma_1V_1^T=AV_1V_1^T=A.$$

我们将 σ_j 称为矩阵 A 的*奇异值*，将 $A=U\Sigma V^T$ 称为矩阵 A 的*奇异值分解* (SVD)，其中 U 是 $m\times m$ 的正交矩阵，V 是 $n\times n$ 的正交矩阵，Σ 是 $m\times n$ 的对角阵.

由上面的讨论知，正交矩阵 V 可将 A^TA 对角化，$\mathbf{v}_j$ 是 A^TA 的特征向量，即

$$AA^T\mathbf{v}_j=\sigma_j^2\mathbf{v}_j,\quad j=1,2,\cdots,n.$$

注意到 $AA^T=U\Sigma\Sigma^TU^T$，这说明正交矩阵 U 可将 AA^T 对角化，也就是说 $\mathbf{u}_j$ 是 AA^T 的特征向量，即

$$AA^T\mathbf{u}_j=\sigma_j^2\mathbf{u}_j,\quad j=1,2,\cdots,m.$$

另外，由前面的推导也可以观察到

(1)　$\mathbf{v}_1,\cdots,\mathbf{v}_r$ 是 $R(A^T)$ 的标准正交基,

(2)　$\mathbf{v}_{r+1},\cdots,\mathbf{v}_n$ 是 $N(A)$ 的标准正交基,

(3)　$\mathbf{u}_1,\cdots,\mathbf{u}_r$ 是 $R(A)$ 的标准正交基,

(4)　$\mathbf{u}_{r+1},\cdots,\mathbf{u}_m$ 是 $N(A^T)$ 的标准正交基.

例 2.67　(Moore-Panrose 广义逆矩阵) 对于非方矩阵来说，没有逆矩阵. 考虑一个 $m\times n$ 的非方矩阵 A，利用该矩阵的奇异值分解 $A=U\Sigma V^T$，我们可以定义矩阵 A 的广义逆 (伪逆) 矩阵

$$A^{\dagger}:=V\Sigma^{\dagger}U^T,$$

其中 $\Sigma^{\dagger}$ 是将对角阵 Σ 的非零元素变为倒数再将矩阵转置得到的，即 $\Sigma^{\dagger}$ 是 Σ 的广义逆矩阵. 容易看到

$$A^{\dagger}A=V\Sigma^{\dagger}U^TU\Sigma V^T=V\Sigma^{\dagger}_{n\times m}\Sigma_{m\times n}V^T=VV^T=I_{n\times n}\quad n\text{ 阶单位矩阵},$$

$$AA^{\dagger}=U\Sigma V^TV\Sigma^{\dagger}U^T=U\Sigma_{m\times n}\Sigma^{\dagger}_{n\times m}U^T=UU^T=I_{m\times m}\quad m\text{ 阶单位矩阵}.$$

考虑线性方程组 $A\mathbf{x}=\mathbf{b}$. 如果 $m>n$，即方程数 m 多于未知数的数目 n，该方程组可能无解. 此时，我们可以利用广义逆得到解 $\hat{\mathbf{x}}=V\Sigma^{\dagger}U^T\mathbf{b}$，可以验证此解即为最小二乘解 $\mathbf{x}_{LS}=(A^TA)^{-1}A\mathbf{b}$. 如果 $m<n$，即方程数 m 少于未知数的数目 n，该方程组可能有很多解. 此时，我们可以利用广义逆得到解 $\tilde{\mathbf{x}}=V\Sigma^{\dagger}U^T\mathbf{b}$，可以验证此解是最小模解，即 $\tilde{\mathbf{x}}$ 是所有解里到原点距离最小的解.

例 2.68　(基于 SVD 的数字图像压缩) 将一张矩形图像分为 $m\times n$ 个正方形小格子，我们用正数 a_{ij} 来表示每个小格子里图像的灰度，那么该图像就可以用一个矩阵 $A=(a_{ij})_{m\times n}$ 来表示. 因为图像中相邻小格子的灰度一般不会相差太多，所以存储该图像的数据量可以从 mn 适当减少. 下面来说明具体的方法. 将图像矩阵 A 做奇异值分解得 $A=U\Sigma V^T$，即

$$A=\sigma_1\mathbf{u}_1\mathbf{v}_1^T+\sigma_2\mathbf{u}_2\mathbf{v}_2^T+\cdots+\sigma_n\mathbf{u}_n\mathbf{v}_n^T.$$

一般来说，图像矩阵 A 有很多很小的奇异值，因而我们可以将上面的求和截断得到

$$A_k=\sigma_1\mathbf{u}_1\mathbf{v}_1^T+\sigma_2\mathbf{u}_2\mathbf{v}_2^T+\cdots+\sigma_k\mathbf{u}_k\mathbf{v}_k^T.$$

容易看到截断矩阵 A_k 的存储量为 $k(m+n+1)$. 用矩阵 A_k 近似替代矩阵 A，即将图像 A 压缩为图像 A_k，压缩比

$$r=\frac{mn}{k(m+n+1)}.$$

具体压缩效果可以参考下面的图像，其中 $m=n=512$，k 分别取 128, 64, 32，压缩比分别为 2, 4, 8.

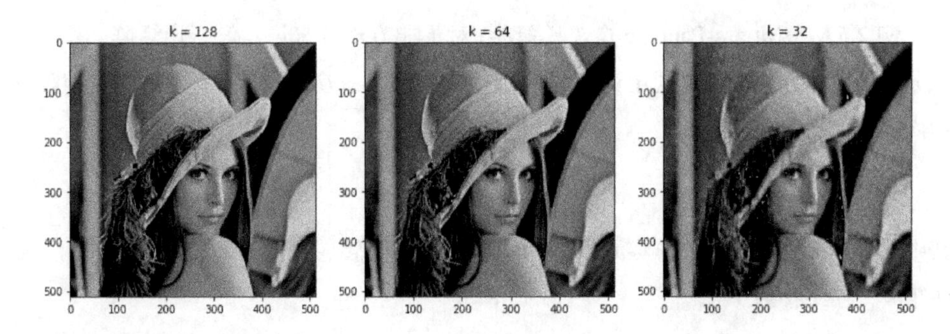

2.7.5 习题

1. 求投影矩阵 $P=\begin{pmatrix} 0.5 & 0.5 \\ 0.5 & 0.5 \end{pmatrix}$ 的特征值及其对应的特征向量.

2. 求反射矩阵 $R=\begin{pmatrix} 0 & 1 \\ 1 & 0 \end{pmatrix}$ 的特征值和对应的特征向量.

3. 求旋转矩阵 $A=\begin{pmatrix} \cos\theta & -\sin\theta \\ \sin\theta & \cos\theta \end{pmatrix}$ 的特征值和对应的特征向量.

4. 求矩阵 $A=\begin{pmatrix} 1 & 5 \\ 0 & 6 \end{pmatrix}$ 的特征分解 XDX^{-1}，并由此计算 A^n.

5. 计算对称矩阵 $A=\begin{pmatrix} 1 & 2 & 2 \\ 2 & 1 & 2 \\ 2 & 2 & 1 \end{pmatrix}$ 的正交分解 $A=QDQ^T$.

6. 利用数学软件求下列矩阵的奇异值分解 $A=U\Sigma V^T$ 中的矩阵 U, Σ, V，并验证矩阵的奇异值分解.

$$(1)\ \begin{pmatrix} 1 & -1 \\ 1 & 1 \\ 0 & 0 \end{pmatrix}, \qquad (2)\ \begin{pmatrix} 2 & 5 & 4 \\ 6 & 3 & 0 \\ 6 & 3 & 0 \\ 2 & 5 & 4 \end{pmatrix}.$$

提示：在 Mathematica 中使用命令

Map[MatrixForm, SingularValueDecomposition[矩阵]].

第 3 章　概率统计：用数学解构不确定性

3.1　随机事件及其概率

3.1.1　样本空间和随机事件

在客观世界中，人们所观察到的现象可以分为两种类型. 第一类现象是完全可以事先预知结果的，即在一定条件下，某一确定的现象必然会发生，我们称这类现象为确定性现象. 例如，在一个标准大气压下，纯净的水加热到 $100^{\circ}C$ 必然会沸腾；向上抛一枚硬币必然下落等等. 第二类现象是事先不能预知结果的，即使在相同的条件下重复进行试验，每次得到的结果也未必相同，我们称这类现象为随机现象. 例如，向上抛一枚硬币，落下后可能是正面朝上，也可能是反面朝上；新出生的婴儿可能是男孩也可能是女孩. 随机现象是偶然性与必然性的辩证统一，其偶然性表现为每一次试验前都不能准确预言发生哪种结果；其必然性表现为在相同条件下大量重复某个试验，其结果会表现出一定的量的规律性，称为随机现象的统计规律性.

定义 3.1　我们把对随机现象的一次观测或者一次实验称为它的一个试验，如果这个试验满足两个条件：(1) 在相同的条件下可以重复进行；(2) 试验有哪些可能的结果是确定的，但每次试验的具体结果在试验前无法得知，那么我们称这个试验为一个随机试验，一般用字母 E 表示.

定义 3.2　随机试验中，每个可能出现的不能再分解的最简单的结果称为随机试验的基本事件或样本点，用 ω 表示；而全体基本事件构成的集合称为样本空间，记为 Ω.

例 3.1　设 E 为抛一枚均匀的硬币，观察正反面出现的情况. 记 ω_1 是正面出现，ω_2 是反面出现，那么样本空间 Ω 由两个基本事件构成，即 $\Omega=\{\omega_1, \omega_2\}$.

例 3.2　设 E 为抛一枚骰子，观察出现的点数. 出现 i 个点 $(i=1,2,3,4,5,6)$ 记为基本事件 ω_i，那么 Ω 由六个基本事件构成，即 $\Omega=\{\omega_1, \omega_2, \omega_3, \omega_4, \omega_5, \omega_6\}$.

例 3.3　设 E 从 10 件产品(其中 2 件次品，8 件正品)之中任取 3 件，观察其中次品的件数. 记 ω_i 是恰有 i 件次品 $(i=0,1,2)$，那么样本空间 Ω 由三个基本事件构成，即 $\Omega=\{\omega_0, \omega_1, \omega_2\}$.

例 3.4　设 E 为相同条件下不断地向一个目标射击，直到第一次击中目标为止，观察射击次数. 记 ω_i 是射击 i 次 $(i=1,2,\cdots)$，那么样本空间 $\Omega=\{\omega_1, \omega_2, \cdots\}$.

我们常用集合来表示随机事件的关系.

(1) 事件的包含关系. 若事件 A 发生必然导致事件 B 发生，即 A 的每个样本点都在 B 中，则称事件 B 包含事件 A，记为 $A\subset B$.

(2) 事件的相等关系. 若事件 A 包含事件 B 且事件 B 也包含事件 A，即事件 A 和事件 B 所含的样本点完全相同，则称事件 A 和事件 B 相等，记为 $A=B$.

(3) 事件的并(和). 将事件 A 和事件 B 包含的所有样本点构成的集合称为事件 A 与事件 B 并或和，记为 $A\cup B$ 或 $A+B$.

(4) 事件的交(积). 将同时属于事件 A 以及事件 B 的样本点构成的集合称为事件 A 与事件 B 的交或积，记为 $A\cap B$ 或 AB.

(5) 事件的互不相容关系. 若 $AB=\varnothing$，则称事件 A 和事件 B 是互不相容的. 这就是说事件 A 和事件 B 不能同时发生.

(6) 事件的逆. 将不包含在事件 A 的所有样本点构成的集合称为事件 A 的逆或事件 A 的对立事件，记为 A^c. 这就是说，事件 A^c 表示在一次随机试验中事件 A 不发生. 有了事件的逆运算，我们就可以定义两个事件的差，即 $A-B:=A\cap B^c$.

定义 3.3　如果 n 个事件 $A_1, A_2, \cdots, A_n$ 互不相容，且它们的和是必然事件 Ω，则称事件 $A_1, A_2, \cdots, A_n$ 是完备事件组.

对于事件的关系，我们可以用集合论里的韦恩图给出直观的说明，大家在中学里都已经学过韦恩图，这里不再赘述.

例 3.5　投掷一枚骰子，观察出现的点数. 设 A 是“出现奇数点”，B 是“出现点数小于 5”，C 是“出现小于 5 的偶数点”. 请写出该试验的样本空间 Ω 以及事件 $A+B, A-B, AB, AC, A+C^c, (A+B)^c$.

解　因为 $\Omega=\{1,2,3,4,5,6\}$, $A=\{1,3,5\}$, $B=\{1,2,3,4\}$, $C=\{2,4\}$，所以

$$A+B=\{1,2,3,4,5\},\quad A-B=\{5\},\quad AB=\{1,3\},$$

$$AC=\varnothing,\qquad A+C^c=\{1,3,5,6\},\qquad (A+B)^c=\{6\}.$$

□

3.1.2　随机事件的频率与概率

定义 3.4　在一组不变的条件下，独立地重复 n 次试验 E. 如果事件 A 在 n 次试验中出现了 k 次，则称 $\frac{k}{n}$ 为 n 次试验中事件 A 出现的频率，记为 $f_n(A)$.

例如，在抛一枚硬币时，我们规定条件为：硬币均匀，放在手心，用一定的动作垂直上抛到足够高度，让硬币落在一个有弹性的平面上等等. 保持此条件不变，事件 A “出现正面”发生的次数能够体现出一定的规律性. 一般来说，随着试验次数的增加，我们会发现事件 A 出现的次数 k 约占总试验次数 n 的一半. 历史上，不少概率统计学家作过大量的抛硬币试验，其试验记录如下表所示.

试验者	试验次数n	频数k	频率$f_n(A)$
德·摩根	2048	1061	0.5181
蒲丰	4040	2048	0.5069
费勒	10000	4979	0.4979
皮尔逊	12000	6019	0.5016
皮尔逊	24000	12012	0.5005
维尼	30000	14994	0.4998

可以看到，随着试验次数的增加，事件 A 发生的频率的波动性越来越小，呈现出一种稳定状态，即频率在 0.5 这个定值附近摆动. 这就是频率的稳定性，它是随机现象的一个客观规律.

定义 3.5　在相同条件下重复进行 n 次试验，事件 A 发生的频率 $f_n(A)$ 在某个常数 p 附近摆动，而且随着 n 的增加，摆动幅度变小，那么我们称常数 p 是事件 A 的概率，记为 $P(A)$，即 $P(A) := \lim_{n\to+\infty} f_n(A)$.

定理 3.1　由集合运算的知识，可以得到概率的性质.

(1) 加法性质 设 A, B 是任意两个随机事件，则 $P(A+B)=P(A)+P(B)-P(AB)$.

(2) 有限可加性 设 $A_1,A_2,\cdots,A_n$ 两两互不相容，则 $P\left(\bigcup_{i=1}^{n} A_i\right)=\sum_{i=1}^{n} P(A_i)$.

例 3.6　甲乙二人进行射击，甲击中目标的概率是 0.8，乙击中目标的概率是 0.85，甲乙同时击中目标的概率是 0.68，求当甲乙各自射击一次时，目标未被击中的概率.

解　设事件 A 是甲击中目标，B 是乙击中目标，C 是目标未被击中.

$$P(A+B)=P(A)+P(B)-P(AB)=0.8+0.85-0.68=0.97,$$

所以 $P(C)=1-P(A+B)=1-0.97=0.03$. □

3.1.3 概率模型

如果样本空间中的每个基本事件的概率相同，这样的概率问题称为古典概率模型或等概率模型. 在古典概率模型中，如果事件 A 由 n 个样本点中的 m 个组成，则事件 A 的概率 $P(A)=\dfrac{m}{n}$.

例 3.7　有 10 件产品，其中 2 件次品，从中任取 3 件. 求 (1) 这 3 件都是正品的概率；(2) 恰有 2 件次品的概率.

解　设事件 A 表示 3 件都是正品，而事件 B 表示恰有 2 件次品.

$$P(A)=\frac{C_8^3}{C_{10}^3}=\frac{56}{120}=\frac{7}{15},\qquad P(B)=\frac{C_2^2C_8^1}{C_{10}^3}=\frac{8}{120}=\frac{1}{15}.$$

□

对于非古典概率模型，常见几何概率模型，我们来看下面这个著名的例子.

例 3.8　(蒲丰投针问题) 平面中放置一些平行线，它们之间的距离是 2 厘米. 将一个长 1 厘米的细针随机地投掷到平面中. 请问细针与平行线相交的概率是多少？

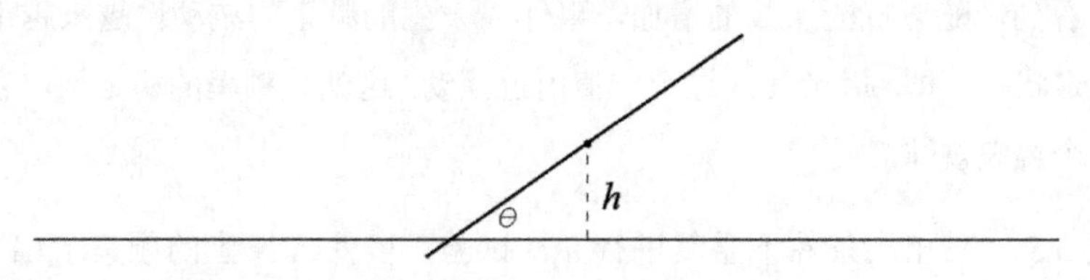

解　记 $h\in[0,1]$ 是细针的中点到最近的直线的距离，$\theta\in[0,\pi/2]$ 是细针与平行线的夹角，那么我们取样本空间为 $\Omega=[0,\pi/2]\times[0,1]$. 细针与平行线相交等价于条件 $\dfrac{h}{\sin\theta}\leqslant\dfrac{1}{2}$，即“细针与平行线相交”的事件

$$A=\{(\theta,h)\in\Omega\,|\,h\leqslant\frac{1}{2}\sin\theta\},$$

因此

$$P(A)=\frac{|A|}{|\Omega|}=\frac{\int_0^{\pi/2}\frac{1}{2}\sin\theta\,\mathrm{d}\theta}{\pi/2}=\frac{1}{\pi}.$$

可用数学软件模拟此随机试验，并观察频率与概率的关系，具体操作留给读者. □

3.1.4 贝特朗悖论与概率的公理化定义

例 3.9 (贝特朗悖论 Bertrand's Paradox) 平面中有一个半径为 2 厘米的圆，随机地选取该圆的一条弦. 请问此弦与半径为 1 厘米的同心圆相交的概率是多少？

约瑟夫·贝特朗在 1888 年提出了三种算法. 第一种算法，由于任意一条弦由该弦中点的位置唯一确定，所以弦与半径为 1 厘米的同心圆相交的概率 $P=\dfrac{\pi\cdot 1^2}{\pi\cdot 2^2}=\dfrac{1}{4}$.

第二种算法，由对称性不妨设弦是垂直的，那么弦只要位于小圆直径 2 厘米的范围内都与小圆相交，因而弦与半径为 1 厘米的同心圆相交的概率 $P=\dfrac{2}{4}=\dfrac{1}{2}$.

第三种算法，由对称性不妨设弦的一个端点在大圆的最左侧那，于是由角度 $\theta\in[-\dfrac{\pi}{2},\dfrac{\pi}{2}]$ 可以唯一确定弦的位置，当角度 $\theta\in[-\dfrac{\pi}{6},\dfrac{\pi}{6}]$ 时弦与小圆相交，因而弦与半径为 1 厘米的同心圆相交的概率 $P=\dfrac{2\cdot\pi/6}{2\cdot\pi/2}=\dfrac{1}{3}$.

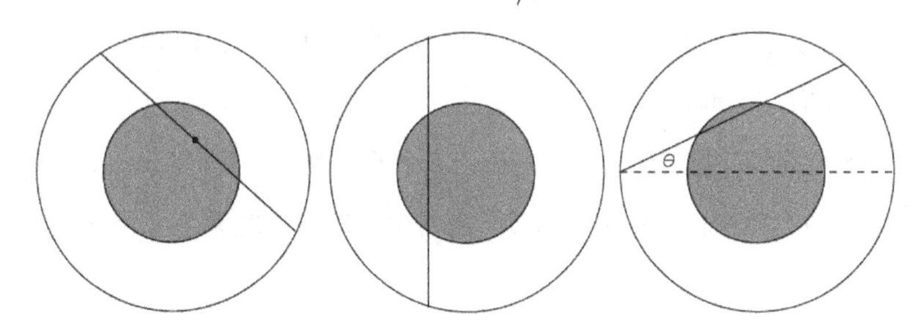

从贝特朗悖论可以看到，如果随机选取的方法不同，会产生不同的概率. 为了统一处理各种情况下的概率，1933 年前苏联数学家柯尔莫哥洛夫采用数学抽象的方法，给出了更加一般的概率的公理化定义，为概率理论的严格化奠定了基础.

14

[14]图为柯尔莫哥洛夫 (1903-1987)，20 世纪最著名的数学家，莫斯科大学学派的代表人物，现代概率论之父. 他建立了测度论基础上的概率公理体系，奠定了现代概率论的基础，此外他在动力系统、函数论、信息论以及拓扑学等方面也做出了重要贡献. 同时他也是伟大的教育家，培养了大批数学人才.

定义 3.6　设 E 是一个随机试验，Ω 是其样本空间，以 E 中所有的随机事件组成的集合为定义域，定义一个函数 $P(A)$ 满足条件：(1) $0 \leqslant P(A) \leqslant 1$；(2) $P(\Omega)=1$；(3) 若 $A_1, A_2, \cdots, A_n, \cdots$ 两两互不相容，则 $P\left(\bigcup_{i=1}^{\infty} A_i\right)=\sum_{i=1}^{\infty} P(A_i)$，那么我们称函数 $P(A)$ 为事件 A 的概率.

我们将上面定义中的三个条件称为概率的三个公理，第一条公理即概率是 $[0,1]$ 中的一个数，第二条公理是说必然事件的概率为 1，第三条公理称为概率的可数可加性. 建立在这三条公理上的概率，具有良好的性质，适合逻辑推导.

3.1.5　习题

1. 设 $P(A)=P(B)=P(C)=\frac{1}{4}$, $P(AB)=P(BC)=0$, $P(AC)=\frac{1}{8}$，求 A, B, C 至少有一个发生的概率.

2. 某产品 50 件，其中次品 5 件. 现在从中任取 3 件，求 (1) 其中恰有1 件次品的概率；(2) 其中有次品的概率.

3. 投掷 5 个均匀的骰子，计算恰好掷出 k 个 6 的概率，其中 $k=0,1,2,3,4,5$.

4. 将一个均匀的细杆任意折成两段，求其中一段的长度大于另外一段 m 倍的概率，其中常数 $m>1$.

5. 在圆周上随机地选取三个点 A, B, C，做成一个三角形 ΔABC，求该三角形为锐角三角形的概率.

6. 在犯罪现场发现了指纹证据. 它与一个人匹配的概率是 1/5000. 将该证据与一个包含 30000 个人的指纹数据库相比较，求出它至少与数据库中一个人匹配的概率.

7. 某种病毒的传播率介于 1/100 和 1/1000 之间. 如果病毒的传播率为 1%，当某人暴露在这种环境下 100 次时，计算其感染的风险. 如果病毒的传播率为 0.1%，当某人暴露在这种环境下 1000 次时，计算其感染的风险. 如果病毒的传播率为 $1/n$，当某人暴露在这种环境下 n 次时，计算其感染的风险.

8. (生日问题) 假设一年有 365 天，请问 n 个人中至少有两个人生日相同的概率是多少？并用数学软件计算要使至少有两个人生日相同的概率超过 99%，那么 n 最小是多少？

9*. 甲乙两人相约 8:00 到 9:00 在南京火车站坐火车去杭州，先到者等 10 分钟后即可登车. 火车从 8:00 开始，每 15 分钟有一班火车. 求两人坐同一班火车的概率.

3.2　条件概率

3.2.1　条件概率与事件的独立性

定义 3.7　事件 B 发生的条件下，事件 A 发生的概率，称为条件概率，记为 $P(A|B)$.

条件概率随处可见. 比如：已知两种药物都无效的前提下，第三种药物能治好病人的概率是多少？我刚做完一种罕见病的测试且结果为阳性，那么我得这种疾病的概率是多大？在很多情况下，条件概率都是最常见且应用最广泛的概率形式.

例 3.10　有一个酒鬼，有 90% 的概率出去喝酒，有 10% 的概率在家喝酒，他出去喝酒只去附近的三家酒馆，且去每家酒馆的概率都是一样的. 有一天，警察去前两家酒馆都没找到他，请问警察在第三家酒馆找到该酒鬼的概率是多少？

解　该酒鬼在家喝酒的概率是 10%，去三家酒馆喝酒的概率各是 30%，那么条件“警察去前两家酒馆都没找到他”的概率是 40%，所以在此条件下，“警察在第三家酒馆找到该酒鬼”的概率是 $30/40=75\%$. □

例 3.11　盒子中有 10 个玻璃球，6 个金属球. 在玻璃球中有 3 个黄色的，7 个红色的；在金属球中有 2 个黄色的，4 个是红色的. 现从盒子中任取一个球，已知取到的球是红色球，问此球是金属球的概率？

解　样本空间中共有 16 个样本点，记 A 为取到金属球，B 为取到红色球，那么

$$P(B)=\frac{11}{16},\quad P(AB)=\frac{4}{16},\quad P(A|B)=\frac{4}{11}=\frac{P(AB)}{P(B)}.$$

□

从上面的例子，我们可以得到条件概率的计算公式：$P(A|B)=\dfrac{P(AB)}{P(B)}$.

例 3.12　某个家庭有两个孩子. 已知两个孩子中至少有一个是男孩，问这两个孩子都是男孩的概率是多少？假设样本空间 $\Omega=\{(b,b),(b,g),(g,b),(g,g)\}$，且所有的样本点都是等概率的，其中样本点 (b,g) 表示老大是男孩，老二是女孩.

解　用 A 表示两个孩子都是男孩，用 B 表示至少有一个男孩，那么

$$P(A|B)=\frac{P(AB)}{P(B)}=\frac{1/4}{3/4}=\frac{1}{3}.$$

□

定义 3.8 当事件 A 发生的概率不受事件 B 发生与否影响，那么称事件 A, B 相互独立，此时 $P(A|B)=P(A)$，于是 $P(AB)=P(A)P(B)$.

从独立事件的定义可以看到，两个独立事件同时发生的概率只与每个事件单独发生的概率有关，它们之间不会发生相互作用.

例 3.13 甲乙二人同时用高射炮向敌机射击. 已知甲击中敌机的概率为 0.6，乙击中敌机的概率为 0.5. 求敌机被击中的概率.

解 设 A 表示“甲击中敌机”，B 表示“乙击中敌机”，C 表示“敌机被击中”，那么 $P(A)=0.6$，$P(B)=0.5$，$P(AB)=P(A)P(B)=0.3$，从而

$$P(C)=P(A+B)=P(A)+P(B)-P(AB)=0.6+0.5-0.3=0.8.$$

□

3.2.2 乘法公式

条件概率的计算公式可改写为两个事件的*乘法公式*：$P(AB)=P(B)P(A|B)$.

下面将两个事件的乘法公式做推广，先考虑三个事件的情况.

$$P(A_1A_2A_3)=P(A_1A_2)P(A_3|A_1A_2)=P(A_1)P(A_2|A_1)P(A_3|A_1A_2).$$

利用数学归纳法，我们可以得到更一般的*乘法公式*：

$$P(A_1A_2A_3\cdots A_n)=P(A_1)P(A_2|A_1)P(A_3|A_1A_2)\cdots P(A_n|A_1\cdots A_{n-1}).$$

例 3.14 有三个人参加聚会，他们将各自的帽子扔到房间的中央，这些帽子被弄混了，随后每个人在其中随机选取一个帽子. 问三个人都没有选到他自己的帽子的概率是多少？

解 用 E_i 表示事件“第 i 个人选到了他自己的帽子”，用 A 表示事件“三个人都没有选到他自己的帽子”. 容易看到“至少有一个人选中自己的帽子”的概率就是 $P(E_1+E_2+E_3)$，于是“三个人都没有选到他自己的帽子”的概率是

$$P(A)=1-P(E_1+E_2+E_3).$$

利用概率的加法法则得

$$P(E_1+E_2+E_3)=P(E_1)+P(E_2)+P(E_3)-P(E_1E_2)-P(E_1E_3)-P(E_2E_3)+P(E_1E_2E_3),$$

其中 $P(E_i)=1/3$，我们还需要计算 $P(E_iE_j)$ 以及 $P(E_1E_2E_3)$. 利用乘法公式计算

$$P(E_iE_j) = P(E_i)P(E_j|E_i) = \frac{1}{3} \cdot \frac{1}{2} = \frac{1}{6}, \quad i \neq j.$$

注意到，在已知前两人已经得到他们自己的帽子的条件下，第三人肯定也得到他自己的帽子，即 $P(E_3|E_1E_2) = 1$，于是

$$P(E_1E_2E_3) = P(E_1E_2)P(E_3|E_1E_2) = \frac{1}{6} \cdot 1 = \frac{1}{6}.$$

将上面的概率代入计算，即得“三个人都没有选到他自己的帽子”的概率是

$$P(A) = 1 - \left(3 \cdot \frac{1}{3} - 3 \cdot \frac{1}{6} + \frac{1}{6}\right) = \frac{1}{3}.$$

□

例 3.15　将一副 52 张的扑克牌(不含大小王)随机分成 4 堆，每堆 13 张. 计算每堆正好有一张 A 的概率.

解　设事件

$E_1 = \{$ 黑桃 A 在任意堆里 $\}$,

$E_2 = \{$ 黑桃 A 和红桃 A 在不同的堆里 $\}$,

$E_3 = \{$ 黑桃 A 红桃 A 和方块 A 在不同的堆里 $\}$,

$E_4 = \{$ 4 张 A 在不同的堆里 $\}$.

利用乘法法则得

$$P(E_1E_2E_3E_4) = P(E_1)P(E_2|E_1)P(E_3|E_1E_2)P(E_4|E_1E_2E_3).$$

注意到 E_1 是整个样本空间，所以 $P(E_1) = 1$. 红桃 A 可以在黑桃 A 的这堆里，也可以在其余 3 堆里，红桃 A 在其余 3 堆里的概率为 $P(E_2|E_1) = 39/51$. 类似分析，方块 A 可以分在黑桃 A 或者红桃 A 的这些堆里，也可分在其余两堆里，方块 A 分在其余两堆里的概率为 $P(E_3|E_1E_2) = 26/50$. 梅花 A 可以分在黑桃 A 红桃 A 或者方块 A 的这些堆里，也可分在另外一堆里，方块 A 分在另外一堆的概率为 $P(E_4|E_1E_2E_3) = 13/49$. 因此，我们得到每堆正好有一张 A 的概率为

$$P(E_1E_2E_3E_4) = 1 \cdot \frac{39}{51} \cdot \frac{26}{50} \cdot \frac{13}{49} = 0.105.$$

也就是说，有 10.5% 的机会每堆正好有一张 A.　□

3.2.3　全概公式

定理 3.2　(全概公式) 设 $A_1, A_2, \cdots, A_n$ 是完备事件组，则对于任意的事件 B 有

$$P(B) = \sum_{i=1}^{n} P(BA_i) = \sum_{i=1}^{n} P(A_i)P(B|A_i).$$

全概公式常用来推算未知复杂事件的概率，A_i 可以看成影响该复杂事件的各种因素.

例 3.16　在市场上某种商品由三个厂家同时供货，其中第一家的供应量是第二家的两倍，第二、三两个厂家的供应量相等，各个厂家产品的次品率分别是2%, 2%, 4%. 求顾客任意选购一件该产品是次品的概率.

解　设 A_i 表示顾客选购到第 i 家的产品，B 表示选购到次品，那么

$$P(A_1)=\frac{1}{2},\ P(A_2)=P(A_3)=\frac{1}{4},\ P(B|A_1)=0.02,\ P(B|A_2)=0.02,\ P(B|A_3)=0.04,$$

利用全概公式计算得

$$P(B)=\sum_{i=1}^{3}P(A_i)P(B|A_i)=\frac{1}{2}\cdot 0.02+\frac{1}{4}\cdot 0.02+\frac{1}{4}\cdot 0.04=0.025.$$

□

例 3.17　(蒙提霍尔问题) 在美国的一档电视游戏节目 “*Let's make a deal*” 中，主持人蒙提霍尔给参与者提出了一个问题. 在游戏中，参与者可以在三扇门之间做出选择，从而可以拿走这扇门后面的东西. 一扇门后面是一辆汽车，而另外两扇门后面则都是山羊. 参与者先选定一扇门 (不妨记为 1 号门)，然后主持人会打开 2 号门，此时你会看到 2 号门后面是一只山羊. 之后，主持人将会允许你继续保持最初的选择，或者重新选择 3 号门. 那么参与者应该怎么做呢？

解　如果参与者不改变选择，那么他并没有利用主持人给出的条件，所以此时他选中汽车的概率依然是 1/3.

如果参与者选择 3 号门，此时我们来计算 3 号门后面是汽车的概率. 我们分两种情况来考虑，用 A 表示 1 号门后是汽车，用 A^c 表示 1 号门后是山羊，那么

$$P(A)=\frac{1}{3},\quad P(A^c)=\frac{2}{3}.$$

容易看到，在条件 A 下，3 号门后面没有汽车，而在条件 A^c 下，3 号门后面必是汽车. 设事件 B 表示 3 号门后面是一辆汽车，那么根据全概公式，事件 B 的概率就是

$$P(B)=P(A)P(B|A)+P(A^c)P(B|A^c)=\frac{1}{3}\cdot 0+\frac{2}{3}\cdot 1=\frac{2}{3}.$$

由此结果知，参与者选择 3 号门而获得汽车的概率更大!　□

例 3.18　(敏感性调查) 学校准备做一个调查，调查的问题是“你考试作弊了吗？”这是一个敏感性问题，即使学校申明会不记名调查，也会有很多被调查者不会给出真实的结果. 为此，我们设计另外一个问题是：“你出生的月份是偶数吗？”我们在一个箱子里放入 1 个红球和 1 个白球，被调查者在摸到球后记住颜色并立刻

放回(只有被调查者自己知道摸到了哪个颜色的球)，然后根据球的颜色是红还是白分别回答上面的问题. 假设有 200 人参加调查，其中 58 人回答“是”，请估计这 200 人中大约有多少人考试作弊?

解　用 A_1 表示被调查者摸到红球，摸到红球回答是否考试作弊；用 A_2 表示被调查者摸到白球，摸到白球回答出生月份是否是偶数. 设 B 表示回答“是”，那么由全概公式知

$$P(B)=P(A_1)P(B|A_1)+P(A_2)P(B|A_2),$$

其中 $P(A_1)=P(A_2)=1/2$. 由于被调查的总人数较多，从而可以认为 $P(B|A_2)\approx 1/2$，另外由统计结果知 $P(B)=58/200$，于是计算得

$$P(B|A_1)=\frac{P(B)-P(A_2)P(B|A_2)}{P(A_1)}\approx\frac{58/200-1/2\cdot 1/2}{1/2}=\frac{16}{200},$$

即这 200 人中大约有 16 人考试作弊或者说考试作弊的比例约为 8%. □

3.2.4　贝叶斯公式

定理 3.3　(贝叶斯公式) 设 $A_1, A_2, \cdots, A_n$ 是完备事件组，则对于任意的事件 B 有 $P(B)=\sum\limits_{i=1}^{n}P(A_i)P(B|A_i)$，从而

$$P(A_i|B)=\frac{P(A_iB)}{P(B)}=\frac{P(A_i)P(B|A_i)}{\sum_{i=1}^{n}P(A_i)P(B|A_i)}.$$

贝叶斯公式常用来探讨事件发生的各种原因. 将 $A_1, A_2, \cdots, A_n$ 看成导致试验结果的各种“原因”，已知的 $P(A_i)$ 一般是以往经验的总结，称为先验概率，反映了各种“原因”发生的可能性大小. 条件概率 $P(A_i|B)$ 称为后验概率，反映了试验之后对各种“原因”的可能性大小的新认识.

例 3.19　某人乘火车、轮船、汽车、飞机参加活动的概率分别是 0.3, 0.2, 0.1, 0.4. 如果他乘坐火车、轮船、汽车来迟到的概率是 0.2, 0.3, 0.5，而乘坐飞机来不会迟到. 结果他迟到了，问他是乘坐火车来的概率是多少?

解　设 A_1 表示乘坐火车，A_2 表示乘坐轮船，A_3 表示乘坐汽车车，A_4 表示乘坐飞机，B 表示迟到，那么由贝叶斯公式得

$$P(A_1|B)=\frac{P(A_1)P(B|A_1)}{\sum_{i=1}^{4}P(A_i)P(B|A_i)}=\frac{0.3\cdot 0.2}{0.3\cdot 0.2+0.2\cdot 0.3+0.1\cdot 0.5+0.4\cdot 0}=0.353.$$

□

例 3.20　(*疾病确诊率问题*) 假设有一种通过检验胃液来诊断胃癌的方法，胃癌患者检验结果为阳性的概率为 99.9%，非胃癌患者检验结果为阳性 (假阳性) 的概率为 0.1%. 假设某地区胃癌患病率为 0.01%，那么

(1) 检验结果为阳性者确实是患胃癌的概率多大?

(2) 如果假阳性的概率分别降为 0.01%, 0.001%, 0%，则确诊率分别上升到多少?

(3) 采用重复检验的方法能提高确诊率吗?

解　我们用 $+$ 表示阳性，H 表示患者，F 表示非患者. 由问题给出的数据知

$$P(+|H)=0.999,\qquad P(+|F)=0.001,\qquad P(H)=0.0001.$$

(1) 由贝叶斯公式得

$$P(H|+)=\frac{P(H)P(+|H)}{P(H)P(+|H)+P(F)P(+|F)}=\frac{10^{-4}\times 0.999}{10^{-4}\times 0.999+0.9999\times 10^{-3}}\approx 9.1\%.$$

(2) 如果假阳性的概率降为 0.01%，一般来说，此时胃癌患者检验结果为阳性的概率变为 99.99%，于是由贝叶斯公式可得，确诊率上升到

$$P(H|+)=\frac{10^{-4}\times 0.9999}{10^{-4}\times 0.9999+0.9999\times 10^{-4}}=\frac{1}{2}.$$

类似地，如果假阳性的概率降为 0.001%，那么胃癌患者检验结果为阳性的概率为 99.999%，于是由贝叶斯公式可得，确诊率上升到

$$P(H|+)=\frac{10^{-4}\times 0.99999}{10^{-4}\times 0.99999+0.9999\times 10^{-5}}\approx 90.9\%.$$

如果假阳性的概率降为 0%，则确诊率上升到 100%.

(3) 用重复检验的方法可以使确诊率有一定程度的提高，但是不能大幅提高，因为重复检验的结果相关性很大，不能按独立事件对待. □

3.2.5　习题

1. 若事件 A, B 满足 $P(A)+P(B)>1$，则 A, B 一定 _____.

　(*a*) 不独立　　(*b*) 不相容　　(*c*) 独立　　(*d*) 相容.

2. 若事件 A, B 满足 $P(A)=\frac{1}{2}$, $P(B)=\frac{1}{3}$, $P(AB)=\frac{1}{6}$，则 A, B 的关系是 _____.

　(*a*) 不独立　　(*b*) 不相容　　(*c*) 独立　　(*d*) 对立.

3. 设有甲乙两个箱子，甲中有红球3只，白球2只；乙箱中有红球4 只，白球1 只. 随机地选取一个箱子，然后在随机地从该箱子里任取一球. (1) 求取出的球为红球的

概率；(2) 如果取出的球为红球，则该球取自甲箱子的概率是多少？

4. 一项教育提案需要通过各个部门的研究审核最后形成决议从而获得拨款. 已知提案的研究审核流程为，从部门 1 通过后到部门 2 和 3，如果提案在部门 2 或 3 通过，则送到部门 4 做最终审核. 假设各个部门相互独立且通过率都是 60%，请问一项教育提案最终获得拨款的概率是多少？

5. 掷两个骰子. 问 (1) 至少一个点数是 6 的概率是多少？(2) 在这两个骰子的点数不同的条件下，那么至少有一个是 6 的条件概率是多少？

6. 掷三个骰子，三个骰子中恰好有两个出现相同点数的概率是多少？

7. 监狱长通知三个犯人，已经随机地选中一人处死，而其余两人将被释放. 犯人甲要求监狱长私下告诉他哪一个犯人被释放，并声称泄露这个信息是无害的，因为他已经知道至少一人将获得自由. 监狱长拒绝回答这个问题，并指出如果甲知道哪一个犯人将被释放，那么他被处死的概率就从 1/3 上升为 1/2，因为他将是两个犯人中的一个. 对于监狱长的论据你有什么看法？

8. 某同学在考试中做一道共有 m 个选项的选择题，设 p 是他知道正确答案的概率，那么他猜测本题答案的概率就是 $1-p$. 如果这个同学答对了这道题，那么他的确会做这道题的概率是多少？

9. 用高射炮射击飞机，若每门炮击中飞机的概率是 0.6，求 (1) 用两门炮分别射击一次，击中飞机的概率是多少？(2) 若要以 99% 的把握击中飞机，那么至少要配备多少门炮？

10. 问题 1 是"你的生日是在 7 月 1 日之前吗？" 问题 2 是"你论文抄袭了吗？" 为了让被调查者做出真实的回答，我们在一个箱子里放入一个红球和一个白球，被调查者在摸到球后记住颜色并立即放回，如果摸到红色球则回答问题 1，如果摸到白色球则回答问题 2. 回答时只要在白纸上打 $\surd$ 或打 $\times$，分别表示是或否. 现在有 400 人参加调查，统计共有 128 个 $\surd$，那么这 400 人中有论文抄袭行为的比例大约是多少？

11. 假设 5% 的男性和 0.25% 的女性是色盲. 随机选取一个色盲的人，请问此人是男性的概率是多少？假定男性和女性的人数相等.

12. (赌徒输光模型) 甲有本金 a 元，决心再赢 b 元就停止赌博. 设甲每局赢的概率是 $p=\frac{1}{2}$，每局输赢都是 1 元钱，甲输光后就停止赌博，试求甲输光的概率 $q(a)$.

3.3　随机变量及其分布

3.3.1　随机变量的概念

为了从数量上研究随机现象的统计规律，以便更好地分析解决各种随机问题，有必要把随机试验的结果数量化，所以我们引入随机变量的概念.

定义 3.9　设随机试验的样本空间为 Ω，如果对于 Ω 中的每个样本点 ω，都存在唯一的实数 $X(\omega)$ 与之对应，那么我们称函数 $X(\omega)$ 为随机变量，简记为 X.

例 3.21　设 E 为抛一枚均匀的硬币，记 ω_1 是正面出现，ω_2 是反面出现. 样本空间 $\Omega=\{\omega_1, \omega_2\}$. 那么我们可以规定：$X(\omega_1)=1$，$X(\omega_2)=0$，这样我们就得到了随机变量 $X: \Omega\to\{0,1\}$. 随机事件 ω_1 发生的概率即为 $P(\omega_1)=P(X=1)=\dfrac{1}{2}$.

例 3.22　设 E 为考察一个灯泡的寿命，这个灯泡的实际使用寿命可能是 $[0,+\infty)$ 中的任意一个实数，于是样本空间 $\Omega=\{t\,|\,t\geq 0\}$. 用 X 表示灯泡的寿命(小时)，即规定：$X(t)=t$，这样我们就得到了随机变量 $X: \Omega\to[0,+\infty)$. 于是随机事件 A “灯泡的寿命大于 5000 小时”就可以表示为 $X>5000$，这一随机事件概率 $P(A)$ 也就可以表示为 $P(X>5000)$.

引入随机变量后，对随机现象规律的研究，就由随机事件及其概率的研究转化为随机变量及其取值规律的研究，这样就使得我们可以利用微积分这个强大的数学工具.

3.3.2　离散型随机变量

定义 3.10　如果随机变量 X 的所有可能的取值可以一一列出，那么我们称 X 为离散型随机变量. 设随机变量 X 的所有可能的取值为 $x_1,x_2,\cdots,x_k,\cdots$，那么我们将这些取值的概率

$$P(X=x_k)=p_k,\quad k=1,2,\cdots,$$

称为离散型随机变量 X 的概率分布(律)，简称为分布(律). 记

$$F(x)=P(X\leqslant x)=\sum_{\{k\,|\,x_k\leq x\}} p_k,$$

称 $F(x)$ 为离散型随机变量 X 的(累积)分布函数. 容易看到离散型随机变量 X 的概率分布满足：(1) $p_k\geqslant 0$，(2) $\sum\limits_k p_k=1$.

例 3.23　抛一枚均匀的骰子，用 X 表示出现的点数，那么 $1,2,3,4,5,6$ 是离散型随机变量 X 的 6 个可能的取值，且这 6 个取值的概率相同，即

$$P(X=k)=\frac{1}{6}, \quad k=1,2,3,4,5,6.$$

对于离散型随机变量，我们介绍几种常见的概率分布.

1. 两点分布

定义 3.11　如果随机变量 X 的可能值是 0 和 1，且概率分布为

$$P(X=1)=p, \quad P(X=0)=1-p, \quad 0 \leqslant p \leqslant 1,$$

则称随机变量 X 服从两点分布或者伯努利分布，记为 $X \sim b(1,p)$.

例 3.24　设 100 件产品中有 97 件合格品，3 件不合格品. 现从中任取 1 件，令

$$X=\begin{cases} 1, & \text{取到合格品} \\ 0, & \text{取到不合格品} \end{cases},$$

那么 $P(X=1)=0.97$，$P(X=0)=0.03$，即 X 满足两点分布，参数 $p=0.97$.

2. 二项分布

定义 3.12　进行 n 次独立试验，每次试验只有两个可能的结果. 将一个结果称为“成功”，其概率为 p；另一个结果称为“失败”，其概率为 $1-p$. 令 X 表示试验成功的次数，于是 X 的概率分布为

$$P(X=k)=C_n^k p^k(1-p)^{n-k}, \quad k=0,1,2,\cdots,n,$$

此时我们称 X 满足二项分布，记为 $X \sim b(n,p)$.

例 3.25　某人独立地射击 5 次，每次命中的概率为 p，求恰好命中 3 次的概率.

解　令 X 表示射击命中的次数，于是 $X=3$ 表示恰好命中 3 次，共有 C_5^3 种情形，具体到每种情形，事件发生的概率为 $p^3(1-p)^2$，所以 $P(X=3)=C_5^3p^3(1-p)^2$.　□

例 3.26　某篮球运动员，投篮命中的概率为 0.7，一共投了 8 次，求下列事件的概率：(1) 恰好投中 4 次；(2) 至少投中 4 次；(3) 至多投中 4 次.

解　令 X 表示 8 次投篮投中的次数，于是 $X \sim b(8,0.7)$.

(1) $P(X=4)=C_8^4 0.7^4 0.3^4 \approx 0.136137$;

(2) $P(X \geqslant 4)=\sum\limits_{k=4}^{8} C_8^k 0.7^k 0.3^{8-k} \approx 0.942032$;

(3) $P(X \leqslant 4)=\sum\limits_{k=0}^{4} C_8^k 0.7^k 0.3^{8-k} \approx 0.194104$.　□

3. 泊松分布

定义 3.13　设随机变量 X 的所有可能值是全体非负整数，且

$$P(X=k)=\frac{\lambda^k}{k!}e^{-\lambda},\quad k=0,1,2,\cdots,\ \lambda>0,$$

那么我们称随机变量 X 服从参数为 λ 的泊松分布，记为 $X\sim P(\lambda)$.

利用 e^x 的泰勒级数，容易验证泊松分布的概率满足

$$\sum_{k=0}^{\infty}\frac{\lambda^k}{k!}e^{-\lambda}=e^{-\lambda}\sum_{k=0}^{\infty}\frac{\lambda^k}{k!}=e^{-\lambda}e^{\lambda}=1.$$

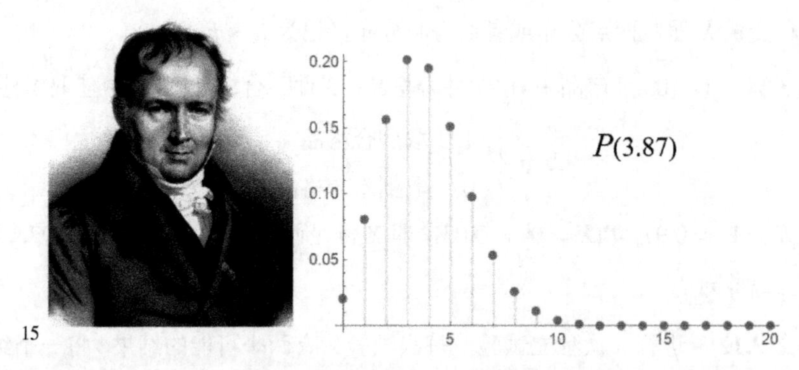

[15]

服从泊松分布的随机变量是常见的. 例如放射性物质在某一段时间内放射的粒子数，某容器内的细菌数，某交换台的电话呼唤次数，一页书中印刷错误出现的个数等等，都近似服从泊松分布.

例 3.27　采用 0.05 J/m^2 的紫外线照射大肠杆菌时，每个基因组 (大约有 40 个核苷酸对) 平均产生 3 个嘧啶二体. 设每个基因组产生嘧啶二体的个数为 X，那么 $X\sim P(3)$，即

$$P(X=k)=\frac{3^k}{k!}e^{-3},\quad k=0,1,2,\cdots.$$

例 3.28　1910 年，科学家卢瑟福和盖格观察了放射性物钋 (Polonium) 放射 α 粒子的情况. 他们进行了 $N=2608$ 次观测，每次观测 7.5 秒，一共观测到 10094 个 α 粒子放射出来. 记 $\lambda=\dfrac{10094}{2608}\approx 3.87$，那么 λ 表示每 7.5 秒放射出的 α 粒子的平均数. 那么每次观测出现的 α 粒子数 X 满足泊松分布 $P(3.87)$，即

$$P(X=k)=\frac{3.87^k}{k!}e^{-3.87},\quad k=0,1,2,\cdots.$$

下面我们以钋放射 α 粒子为例，从数学上探讨二项分布和泊松分布之间的联系.

[15] 左图为泊松 (1781-1840)，法国数学家. 泊松的工作特色是应用数学方法研究各类物理问题，并由此得到数学上的发现. 他对积分理论、行星运动理论、热物理、弹性理论、电磁理论、位势理论和概率论都有重要贡献. 右图是参数为 3.87 的泊松分布.

将时间 $T=7.5$ 秒平均分成 n 个小时间段，每个小时间段的长度为 T/n. 对充分大的 n，我们做合理的假设：(1) 在每个小时间段 T/n 内最多只有一个 α 粒子被放射出来，其概率为 $p_n=\mu T/n$，其中 μ 是常数；(2) 各个时间段内是否放射出 α 粒子相互独立. 那么每次观测出现的 α 粒子数 X 满足分布 $X\sim \lim\limits_{n\to+\infty} b(n,p_n)$，计算

$$P(X=k)=\lim_{n\to+\infty}\frac{n!}{k!(n-k)!}(\frac{\mu T}{n})^k(1-\frac{\mu T}{n})^{n-k}$$

$$=\frac{(\mu T)^k}{k!}\lim_{n\to+\infty}\frac{n(n-1)\cdots(n-k+1)}{n^k}\lim_{n\to+\infty}(1-\frac{\mu T}{n})^{n-k}=\frac{(\mu T)^k}{k!}e^{-\mu T}.$$

从上面的过程可以看到，当 n 很大且 p 很小时，二项分布 $b(n,p)$ 和泊松分布 $P(np)$ 近似相等. 在实际应用中，当 $p\leqslant 0.25$, $n>20$, $np\leqslant 5$ 时，用泊松分布近似二项分布的效果良好.

3.3.3 连续型随机变量

前面我们考虑到随机变量灯泡的寿命 X，它的可能的取值不再是离散的点，而是一个区间，我们一般通过 X 的概率密度函数来刻画这样的 X.

定义 3.14　对于随机变量 X，如果存在非负可积函数 $f(x)$，使得对任意的实数 a, b 都有

$$P(a\leqslant X\leqslant b)=\int_a^b f(x)\,\mathrm{d}x,$$

那么我们称 X 是连续型随机变量，称 $f(x)$ 是 X 的概率密度函数 (PDF). 将概率密度函数的变上限积分

$$F(x)=P(X\leqslant x)=\int_{-\infty}^{x} f(t)\,\mathrm{d}t,$$

称为 X 的累积分布函数 (CDF)，简称为分布函数.

容易看到概率密度函数满足条件：(1) $f(x)\geqslant 0$, (2) $\int_{-\infty}^{+\infty} f(x)\,\mathrm{d}x=1$. 于是概率分布函数满足：(1) $0\leqslant F(x)\leqslant 1$, (2) $F(x)$ 单调增, $F(-\infty)=0$, $F(+\infty)=1$.

对于连续型随机变量，我们介绍几种常见的概率分布.

1. 均匀分布

定义 3.15　如果随机变量 X 的概率密度函数 $f(x)=\begin{cases}\dfrac{1}{b-a}, & a\leqslant x\leqslant b\\ 0, & 其他\end{cases}$，那么我们称 X 服从参数为 a, b 的均匀分布，记为 $X\sim U(a,b)$.

例 3.29　如果 $X\sim U(0,10)$，计算概率：(1) $X<3$；(2) $X>6$；(3) $3<X<8$.

解

$$P(X<3)=\int_0^3 \frac{1}{10}\,\mathrm{d}x=\frac{3}{10},\ P(X>6)=\int_6^{10} \frac{1}{10}\,\mathrm{d}x=\frac{2}{5},\ P(3<X<8)=\int_3^8 \frac{1}{10}\,\mathrm{d}x=\frac{1}{2}.$$

□

2. 指数分布

定义 3.16 如果随机变量 X 的概率密度函数 $f(x)=\begin{cases}\lambda e^{-\lambda x}, & x\geqslant 0\\ 0, & x<0\end{cases}$，其中参数 $\lambda>0$，那么我们称 X 服从参数为 λ 的指数分布，记为 $X\sim e(\lambda)$.

在实践中，指数分布常作为某个事件发生的等待时间的分布而出现. 比如地震发生时间的间隔，一场新的战争爆发时间的间隔等等. 可以证明参数 $1/\lambda$ 就是等待时间的平均值.

例 3.30 某台计算机在死机前连续运行的时间(小时)是一个连续型随机变量 X，且 $X\sim e(0.01)$，求下列事件的概率为多少？(1) 该计算机在死机前运行的时间在 50 个小时到 150 个小时之间；(2) 运行时间不超过 100 小时.

解 (1) $P(50\leqslant X\leqslant 150)=\displaystyle\int_{50}^{150} 0.01e^{-0.01x}\,\mathrm{d}x=e^{-1/2}-e^{-3/2}\approx 0.384.$

(2) $P(X\leqslant 100)=\displaystyle\int_0^{100} 0.01e^{-0.01x}\,\mathrm{d}x=1-e^{-1}\approx 0.633.$ □

例 3.31 假设某品牌的电动汽车在电池用完之前跑的公里数服从均值为 1000 公里的指数分布. 如果某人要计划开始一个 500 公里的旅行，那么他不用更换电池就能跑完全程的概率是多大？

解 设 X 是汽车不更换电池能跑的路程，那么 $X\sim e(0.001)$，于是

$$P(X\geqslant 500)=\int_{500}^{+\infty} 0.001e^{-0.001x}\,\mathrm{d}x=e^{-0.5}\approx 0.604.$$

□

3. 正态分布

定义 3.17 如果随机变量 X 的概率密度函数

$$f(x)=\frac{1}{\sqrt{2\pi}\sigma}e^{-\frac{(x-\mu)^2}{2\sigma^2}},\quad -\infty<x<+\infty,$$

那么我们称 X 服从参数为 μ 和 σ^2 的正态分布，记为 $X\sim N(\mu,\sigma^2)$. 特别地，称 $\mu=0$ 和 $\sigma=1$ 的正态分布为标准正态分布. 令 $\Phi(x)=\displaystyle\int_{-\infty}^{x}\frac{1}{\sqrt{2\pi}}e^{-\frac{t^2}{2}}\,\mathrm{d}t$，即 $\Phi(x)$ 是标准正态分布的累积分布函数.

正态分布在现实世界中广泛存在，比如测量物体质量的误差、成年人的身高、气体分子在任意方向上的速度等等. 正态分布的概率密度函数图像称为正态曲线，该曲线关于直线 $x=\mu$ 左右对称，概率密度函数在 $x=\mu$ 处取得最大值，当参数 σ 较大时曲线比较平缓，当参数 σ 较小时曲线比较陡峭.

对于标准正态分布的累积分布函数，由对称性易得，$\Phi(x)+\Phi(-x)=1$. 我们经常利用 $\Phi(x)$ 来做一些概率的计算. 设 $X\sim N(\mu,\sigma^2)$，对其做标准化变换 $Y=\dfrac{X-\mu}{\sigma}$，那么

$$P(Y\leqslant x)=P(X\leqslant \mu+\sigma x)=\int_{-\infty}^{\mu+\sigma x}\frac{1}{\sqrt{2\pi}\sigma}e^{-\frac{(t-\mu)^2}{2\sigma^2}}\,\mathrm{d}t=\int_{-\infty}^{x}\frac{1}{\sqrt{2\pi}}e^{-\frac{s^2}{2}}\,\mathrm{d}s=\Phi(x),$$

即 $Y\sim N(0,1)$，于是

$$P(X\leqslant x)=P(\frac{X-\mu}{\sigma}\leqslant\frac{x-\mu}{\sigma})=\Phi(\frac{x-\mu}{\sigma}).$$

类似可计算得

$$P(|X-\mu|\leqslant\sigma)=\Phi(1)-\Phi(-1)=2\Phi(1)-1\approx 68.27\%,$$

$$P(|X-\mu|\leqslant 2\sigma)=\Phi(2)-\Phi(-2)=2\Phi(2)-1\approx 95.45\%,$$

$$P(|X-\mu|\leqslant 3\sigma)=\Phi(3)-\Phi(-3)=2\Phi(3)-1\approx 99.73\%,$$

$$P(|X-\mu|\leqslant 6\sigma)=\Phi(6)-\Phi(-6)\approx 99.999999802682\%.$$

上面各式中，$\Phi(x)$ 的具体数值可以通过标准正态分布表 (附录B) 得到，或者通过数学软件获得.

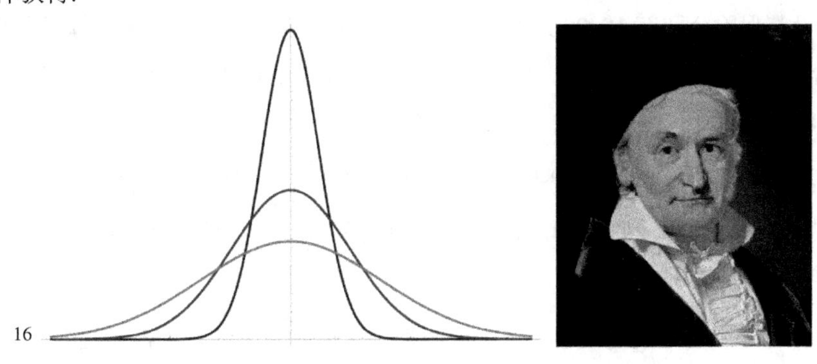

正态分布在生产和生活实践中具有广泛的应用. 比如，在产品质量和服务质量管理中，摩托罗拉公司在 1988 年提出了 3σ 和 6σ 的管理原则就是要求产品质量、产品性能的可靠性或服务的满意度等指标达到 $P(|X-\mu|\leqslant 3\sigma)$ 或 $P(|X-\mu|\leqslant 6\sigma)$.

[16]右图是德国数学家高斯 (1777-1855)，他在 1809 年将正态分布用来预测星体的位置，最早展现了正态分布的应用价值，此后正态分布就称为高斯分布. 高斯在数学、物理以及天文学等领域都做出了重要贡献，享有“数学王子”的美誉. 左图是不同方差下的正态分布.

一般来说，对于载人航天之类的复杂系统目前可以做到 3σ 标准. 再比如，在医学上可以应用正态分布估计人体的某些生理指标，比如白细胞数的正常值范围，白细胞数在正常人群中近似服从正态分布. 我们可以制定一个上限和下限，比如 95% 的人在正常范围之内，而超出这一范围的人，我们就认为需要对其进行特殊关注.

例 3.32　已知 $\Phi(1)=0.8413$, $X\sim N(1,4)$, $Y\sim N(2,9)$，求 $P(X\leqslant 3)$ 和 $P(Y>5)$.

解　因为 $\dfrac{X-1}{2}\sim N(0,1)$，所以 $P(X\leqslant 3)=P(\dfrac{X-1}{2}\leqslant 1)=\Phi(1)=0.8413$.

类似地，计算 $P(Y>5)=1-P(Y\leqslant 5)=1-P(\dfrac{Y-2}{3}\leqslant 1)=1-\Phi(1)=0.1587$. □

例 3.33　公共汽车车门的高度是按成年男子与车门碰头的概率不大于 1% 来设计的. 设成年男子的身高(厘米) $X\sim N(168,7^2)$，$\Phi(2.33)=0.9901$，那么车门的高度应该定为多少？

解　设车门高度应为 h 厘米，那么 $P(X>h)\leqslant 0.01$，即 $P(X\leqslant h)\geqslant 0.99$，因此

$$P(X\leqslant h)=P(\frac{X-168}{7}\leqslant\frac{h-168}{7})=\Phi(\frac{h-168}{7})\geqslant 0.99,$$

于是取 $\dfrac{h-168}{7}=2.33$，从而 $h=168+7\times 2.33=184.31$ 厘米. □

3.3.4　习题

1. 设某保险公司有 10000 人参加人身意外保险. 该公司规定：每人每年保费 120 元，若遭遇意外死亡，公司赔付 10000 元. 若每人每年意外死亡的概率为 0.006，请讨论 (1) 该公司是否会亏损？(2) 其利润不少于 40 万元的概率？

2. 某电话总机有 1000 个分机，若每个分机平均 1 小时有 3 分钟需要外线且每个分机要外线与否是独立的，问总机要考虑安装多少条外线可以保证用户有 99% 的可能性接通外线？

3. 假设一家大型购物中心从过去的数据中了解到，某特定的品牌店每天出售的床的数量服从参数为 $\lambda=0.5$ 的泊松分布. 那么这个品牌店今天卖出不超过 3 张床的概率是多少？

4. 公共汽车从早上 7 点开始，到达某一车站的时间间隔为 15 分钟. 如果某个乘客到达车站的时间服从 7 点到 7 点半之间的均匀分布，求下列事件的概率：

(1) 他等公共汽车的时间不超过 5 分钟；(2) 他等公共汽车的时间超过 10 分钟.

5. 假设足球比赛中，下次进球得分所需等待的平均时间为 30 分钟，且等待时间近似满足指数分布. 足球比赛半场时间为 45 分钟，请问足球比赛半场没进球的概率是多少？

6. 已知 $\Phi(1) = 0.8413$，$X \sim N(3,25)$，求 $P(3 < X < 8)$.

7. 已知 $\Phi(0.1257) = 0.55$，$\Phi(0.6745) = 0.75$，随机变量 $X \sim N(\mu,\sigma^2)$，且 $P(X \leqslant 3) = 0.55$，$P(X \leqslant 0) = 0.25$，那么参数 μ 和 σ^2 分别是多少？

8. 已知某批建筑材料的强度 $X \sim N(200,18^2)$，$\Phi(1.11) = 0.8665$，$\Phi(2.78) = 0.9973$. 现从这批材料中任取 1 件，求 (1) 这件材料的强度不低于 180 的概率；(2) 如果所用的材料要以 99% 的概率保证强度不低于 150，问这批材料是否符合要求？

3.4　随机变量的数字特征

3.4.1　随机变量的期望

定义 3.18　设离散型随机变量 X 的概率分布为 $P(X = x_k) = p_k$，$k = 1,2,\cdots$，那么我们称 $\sum\limits_k x_k p_k$ 为随机变量 X 的数学期望，简称为期望或均值，记为 EX.

定义 3.19　设连续型随机变量 X 的概率密度为 $f(x)$，那么我们称 $\int_{-\infty}^{+\infty} xf(x)\,\mathrm{d}x$ 为随机变量 X 的数学期望，记为 EX.

从定义可以看到，数学期望是加权平均数的概念在随机变量中的推广，它反映了随机变量取值的平均水平. 其统计意义就是对随机变量进行大量观测所得的理论平均值.

例 3.34　投掷一枚骰子，求点数的平均值.

解　设 X 是投掷一枚骰子出现的点数，那么 X 的概率分布为多点均匀分布，即

$$P(X = k) = \frac{1}{6}, \qquad k = 1,2,\cdots,6,$$

计算 X 的期望.

$$EX = \sum_{1}^{6} k \cdot P(X = k) = \frac{1}{6}\Big(1+2+\cdots+6\Big) = 3.5.$$

即投掷一枚骰子，点数的平均值为 3.5.　□

例 3.35 设连续型随机变量 X 的概率分布函数为 $F(x)=\begin{cases}0, & x\leqslant 3\\ 1-27/x^3, & x>3\end{cases}$，求 EX.

解 先求出概率密度 $f(x)=\begin{cases}0, & x\leqslant 3\\ 81/x^4, & x>3\end{cases}$，于是 $EX=\int_3^{+\infty}\frac{81}{x^3}\,\mathrm{d}x=\frac{9}{2}$. □

下面我们来计算一些常见分布的数学期望.

(1) 两点分布

设 $X\sim b(1,p)$，则 $EX=1\cdot p+0\cdot(1-p)=p$.

(2) 二项分布

设 $X\sim b(n,p)$，记 $q=1-p$，则

$$
\begin{aligned}
EX&=\sum_1^n k\frac{n!}{k!(n-k)!}p^k q^{n-k}\\
&=np\sum_1^n\frac{(n-1)!}{(k-1)![(n-1)-(k-1)]!}p^{k-1}q^{(n-1)-(k-1)}=np(p+q)^{n-1}=np.
\end{aligned}
$$

(3) 泊松分布

设 $X\sim P(\lambda)$，则 $EX=\sum_1^{+\infty}k\frac{\lambda^k}{k!}e^{-\lambda}=\lambda e^{-\lambda}\sum_1^{+\infty}\frac{\lambda^{k-1}}{(k-1)!}=\lambda$.

(4) 均匀分布

设 $X\sim U(a,b)$，则 $EX=\int_a^b x\frac{1}{b-a}\,\mathrm{d}x=\frac{a+b}{2}$.

(5) 指数分布

设 $X\sim e(\lambda)$，则 $EX=\int_0^{\infty}x\lambda e^{-\lambda x}\,\mathrm{d}x=\frac{1}{\lambda}$. （$EX$ 即为平均等待时间）

(6) 正态分布

设 $X\sim N(\mu,\sigma^2)$，则

$$
EX=\int_{-\infty}^{+\infty}x\frac{1}{\sqrt{2\pi}\sigma}e^{-\frac{(x-\mu)^2}{2\sigma^2}}\,\mathrm{d}x \qquad 令\ t=x-\mu
$$

$$
=\frac{1}{\sqrt{2\pi}\sigma}\int_{-\infty}^{+\infty}(t+\mu)e^{-\frac{t^2}{2\sigma^2}}\,\mathrm{d}t=\frac{1}{\sqrt{2\pi}\sigma}\left(\int_{-\infty}^{+\infty}te^{-\frac{t^2}{2\sigma^2}}\,\mathrm{d}t+\mu\int_{-\infty}^{+\infty}e^{-\frac{t^2}{2\sigma^2}}\,\mathrm{d}t\right)=0+\mu=\mu.
$$

从数学期望的定义可以看到，对随机变量求数学期望满足下面的性质：

(1) $E(C)=C$, $E(CX)=CEX$, C 是常数， (2) $E(X+Y)=EX+EY$.

3.4.2 期望与决策

例 3.36　(求职决策) 有两家各个方面的工作条件都一样公司欢迎你去面试. 由以前招聘信息知道，公司 1 给你一个极好工作的概率为 0.2，此时会有 80000 元的年薪；给你一个好的工作的概率是 0.3，此时会有 60000 元的年薪；给你一个一般工作的概率是 0.4，此时会有 50000 元的年薪；公司 1 不雇用你的概率为 0.1.

(1) 假设公司 2 保证雇用你，年薪为 52000元，且两家公司的面试在同一时间，你只能选择一家公司去面试，请问你选择哪家公司？

(2) 假设公司 2 录用概率以及给出的年薪和公司 1 相同，请问你如何做出决策？

(3) 假设现在有 3 家公司给你面试机会，公司 2 和公司 3 录用概率以及给出的年薪和公司 1 完全相同，请问你如何做出决策？

解　(1) 如果你不关心年薪，只希望能保证就业，那么公司 2 显然是更好的选择. 如果你不担心就业，以年薪高低作为你的选择标准，那么应该算一算公司 1 给你的“平均年薪”. 设 X 是你被公司 1 录用后得到的年薪，那公司 1 的期望年薪为

$$EX = 80000 \times 0.2 + 60000 \times 0.3 + 50000 \times 0.4 = 54000.$$

公司 1 的期望年薪高于公司 2 的年薪，所以你应该选择公司 1 去面试.

(2) 当公司 1 给你 80000 年薪时，显然你应该接受. 考虑到公司 2 给你的年薪期望为 54000，所以当公司 1 给你 60000 时你也应该接受，而当公司 1 给你 50000 年薪时，你应该去公司 2 面试. 在这样的决策下，你的期望年薪为

$$80000 \times 0.2 + 60000 \times 0.3 + 54000 \times 0.5 = 61000.$$

(3) 你先去公司 1 面试，当公司 1 给你 80000 年薪时，显然你应该接受. 当公司 1 给你 60000 年薪时，由 (2) 中的讨论知，后面两家公司给出的期望年薪为 61000，所以你该拒绝公司 1，再去公司 2 面试. 如果公司 2 给出 80000 或 60000 年薪，你都应该接受，因为你最后选择去公司 3 面试的话，你的期望年薪就只有 54000了. 如果公司 2 只给出 50000 年薪，那你就该去公司 3 面试. □

例 3.37　(四个骰子的赌博游戏) 投四个骰子进行赌博游戏，玩家可以对 1 到 6 的任意一个数字下注. 如果四个骰子中下注的数字出现了 k 次，那么玩家就赢得 k 元，其中 k 在 1 到 4 之间取值. 如果该数字没有出现，那么玩家将损失 1 元. 请问玩家应该玩这个游戏吗？

解　设 X 是玩家投四个骰子时赢得的钱或损失的钱，那么 X 的可能取值是 $-1,1,2,3,4$. 下面来计算这些取值的概率.

$$P(X=-1)=C_4^0(\frac{1}{6})^0(\frac{5}{6})^4=\frac{625}{1296},$$

$$P(X=1)=C_4^1(\frac{1}{6})^1(\frac{5}{6})^3=\frac{125}{324},$$

$$P(X=2)=C_4^2(\frac{1}{6})^2(\frac{5}{6})^2=\frac{25}{216},$$

$$P(X=3)=C_4^3(\frac{1}{6})^3(\frac{5}{6})^1=\frac{5}{324},$$

$$P(X=4)=C_4^4(\frac{1}{6})^4(\frac{5}{6})^0=\frac{1}{1296},$$

再计算期望

$$EX=(-1)\cdot\frac{625}{1296}+1\cdot\frac{125}{324}+2\cdot\frac{25}{216}+3\cdot\frac{5}{324}+4\cdot\frac{1}{1296}=\frac{239}{1296}.$$

我们发现期望值大于零，因此这个游戏规则是对玩家有利的. 从平均水平来看，在玩了 1296 次后，我们预期的收入是 239 元. 我们通过 Mathematica 程序来验证上面的结果.

```
In[∘]:= s4game[numdo_] := Module[{}, win = 0;
                          |模块
          For[n = 1, n ≤ numdo, n++,
          |For循环
           {numrol = Sum[If[RandomInteger[{1, 6}] == 1, 1, 0],
                     |求和 |… |伪随机整数
              {i, 1, 4}];
            If[numrol == 0, win = win - 1, win = win + numrol];}];
            |如果
          Print["期望               ", 239 / 1296.0];
          |打印
          Print["试验局平均赢钱   ", N[win / numdo ]];]
          |打印                     |数值运算

In[∘]:= s4game[10^6]
        期望            0.184414
        试验局平均赢钱  0.184832
```

□

例 3.38　(德国坦克问题) 在第二次世界大战中，盟军试图统计德国制造的坦克数量. 为此他们收集了被摧毁的坦克序列号，分析了坦克的轮子，并估算了当时使用了多少种车轮模具. 利用这些信息，盟军预言在“登陆日”之前大约有 270 辆坦克被生产出来. 事实上，德国在这段时间一共制造了 276 辆坦克. 下面我们来探讨一下预言背后的数学分析，即分析预测无放回的多点均匀分布的最大值.

我们讨论一个简化后的问题：设坦克序列号的范围是从 1 到 N，我们的目的是求出 N. 在实际问题中，因为我们不知道最小的序列号，所以还需要估计最小的序列号，问题因而会更难一些. 假设我们记录了 k 个序列号，其中 m^* 是观察到的最大序列号，下面我们尝试求出未知的 N.

我们先将上面的问题用数学语言转化为概率统计问题. 从集合 $\{1,2,\cdots,N\}$ 中无放回的抽取 k 个观测值，用随机变量 M 表示这 k 个观测值中的最大值. 那么 M 的可能取值在集合 $\{k,k+1,\cdots,N\}$ 中，每个可能值的概率为

$$P(M=m)=\frac{C_{m-1}^{k-1}}{C_N^k}.$$

利用组合数公式 $C_n^i=C_{n-1}^i+C_{n-1}^{i-1}$，我们发现

$$\sum_{m=k}^{N}P(M=m)=\frac{1}{C_N^k}\sum_{m=k}^{N}C_{m-1}^{k-1}=\frac{1}{C_N^k}\left(C_k^k+C_k^{k-1}+C_{k+1}^{k-1}+\cdots+C_{N-1}^{k-1}\right)=1.$$

这个式子表明这是 M 这个随机变量的所有取值的概率分布.

下面我们计算 M 的期望.

$$EM=\sum_{m=k}^{N}m\cdot P(M=m)=\sum_{m=k}^{N}\frac{m\frac{(m-1)!}{(k-1)!(m-k)!}}{\frac{N!}{k!(N-k)!}}$$

$$=\sum_{m=k}^{N}\frac{kC_m^k}{\frac{k+1}{N+1}C_{N+1}^{k+1}}=\frac{k}{k+1}(N+1)\sum_{m=k}^{N}\frac{C_m^k}{C_{N+1}^{k+1}}=\frac{k}{k+1}(N+1).$$

于是 $N=\frac{k+1}{k}EM-1$，将实测得到的 m^* 代入此式即得 N 的估计值

$$\widehat{N}=\frac{k+1}{k}m^*-1.$$

最后我们来看下，这种估计方法的效果如何？维基百科中给出了德国在部分月份坦克生产的具体数据，由此可以看到这个方法是有效的.

月　份	统计估计	情报判断	德国记录
1940.6	169	1000	122
1941.6	244	1550	271
1942.8	327	1550	342

例 3.39 (新冠病毒混检问题) 某城市突发新冠疫情，需要对全市人员进行新冠病毒检测. 医务人员通过采集被检测者的咽喉、鼻子或者呼吸道的分泌物等作为标本，检测其中是否存在新冠病毒的病原体核酸.

在具体的操作中，医务人员将 k 个人一组进行混检，若结果为阴性，则说明此 k 人都未感染新冠病毒，这 k 个人只需化验一次；若混检结果为阳性，则说明 k 个人中至少有一人为阳性，应对这 k 个人逐一检验，找出感染者，此时这 k 个人需化验 $k+1$ 次. 那么问题是如何选择 k 使得总的检测次数最少？

假设该城市新冠病毒的感染率为 p，且受检人群是否感染相互独立，设每个人需化验的次数是随机变量 X，则 X 的概率分布为

$$P(X=\frac{1}{k})=(1-p)^k, \quad P(X=1+\frac{1}{k})=1-(1-p)^k.$$

计算随机变量 X 的期望

$$EX=1-(1-p)^k+\frac{1}{k}.$$

这样问题就转化为，选取最优的 $\widehat{k}$ 使得 EX 最小，即

$$\widehat{k}=\operatorname{argmin}_{k\in\mathbb{N},\ k\geqslant 2}\left(1-(1-p)^k+\frac{1}{k}\right).$$

该最优化问题的解没有显式表达式，但可以数值求解.

我们以 $p=0.1$ 为例，借助数学软件分别计算不同的 k 对应的期望，这样可以算出最优解 $\widehat{k}=4$，此时 $EX=0.5939$. 我们也可以研究不同感染率下每个分组人数 k 的最优选取，具体计算过程请读者用数学软件实现.

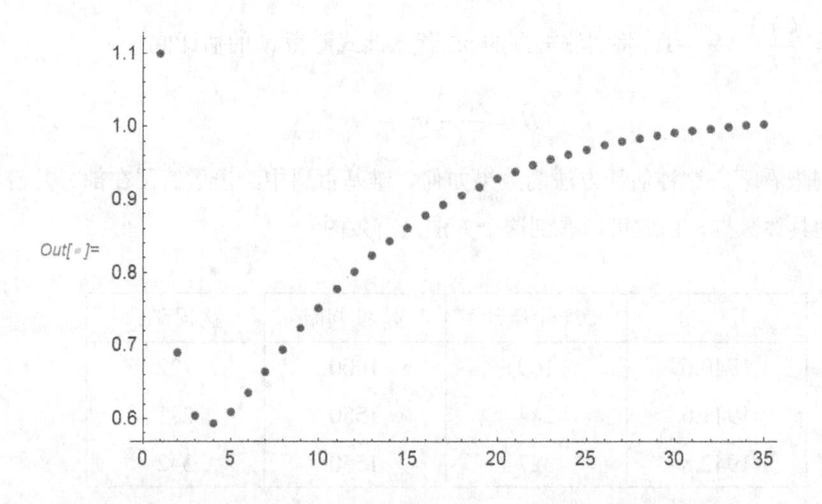

3.4.3 随机变量的方差

随机变量的期望反映了随机变量取值的平均水平，为了能够对随机变量的变化情况作出更全面的描述，还需要了解随机变量的取值对其期望的偏差程度. 为此我们引入随机变量的方差.

定义 3.20　设 X 是随机变量，定义 X 的方差为 $DX := E(X-EX)^2$，定义 X 的标准差为 $\sqrt{DX}$.

当 X 是离散型随机变量，其概率分布为 $P(X=x_k)=p_k$，$k=1,2,\cdots$，那么

$$DX=\sum_k (x_k-EX)^2 p_k.$$

当 X 是连续型随机变量，其概率密度为 $f(x)$，那么

$$DX=\int_{-\infty}^{+\infty}(x-EX)^2 f(x)\,\mathrm{d}x.$$

由方差的定义知

$$DX=E[X^2-2XEX+(EX)^2]=E(X^2)-2EX\cdot EX+(EX)^2=E(X^2)-(EX)^2.$$

于是我们得到了方差的常用计算公式：$DX=E(X^2)-(EX)^2$.

例 3.40　设离散型随机变量 X 的概率分布为 $P(X=0)=0.2$，$P(X=1)=0.5$，$P(X=2)=0.3$，求 DX.

解　$EX=0\cdot 0.2+1\cdot 0.5+2\cdot 0.3=1.1$，$E(X^2)=0^2\cdot 0.2+1^2\cdot 0.5+2^2\cdot 0.3=1.7$，所以 $DX=1.7-1.1^2=0.49$. □

例 3.41　设随机变量 X 的概率密度为 $f(x)=\begin{cases}2x, & 0\leqslant x\leqslant 1\\ 0 & 其他\end{cases}$，求 DX.

解　$EX=\int_0^1 2x^2\,\mathrm{d}x=\frac{2}{3}$，$E(X^2)=\int_0^1 2x^3\,\mathrm{d}x=\frac{1}{2}$，所以 $DX=\frac{1}{2}-(\frac{2}{3})^2=\frac{1}{18}$. □

下面我们来推导一些常见分布的方差.

(1) 两点分布

设 $X\sim b(1,p)$，计算得 $EX=p$，$E(X^2)=1^2\cdot p+0^2\cdot(1-p)=p$，所以 $DX=p(1-p)$.

(2) 二项分布

设 $X\sim b(n,p)$，记 $q=1-p$，计算得 $EX=np$，$E(X^2)=n(n-1)p^2+np$，所以 $DX=np(1-p)$.

(3) 泊松分布

设 $X \sim P(\lambda)$，计算得 $EX = \lambda$，$E(X^2) = \lambda^2 + \lambda$，所以 $DX = \lambda$.

(4) 均匀分布

设 $X \sim U(a,b)$，计算得 $EX = \dfrac{a+b}{2}$，$E(X^2) = \dfrac{a^2+ab+b^2}{3}$，所以 $DX = \dfrac{(b-a)^2}{12}$.

(5) 指数分布

设 $X \sim e(\lambda)$，计算得 $EX = \dfrac{1}{\lambda}$，$E(X^2) = \dfrac{2}{\lambda^2}$，所以 $DX = \dfrac{1}{\lambda^2}$.

(6) 正态分布

设 $X \sim N(\mu,\sigma^2)$，计算得 $EX = \mu$，所以

$$\begin{aligned} DX &= \int_{-\infty}^{+\infty} (x-\mu)^2 \frac{1}{\sqrt{2\pi}\sigma} e^{-\frac{(x-\mu)^2}{2\sigma^2}}\,\mathrm{d}x \qquad \text{令 } t = \frac{x-\mu}{\sigma} \\ &= \frac{\sigma^2}{\sqrt{2\pi}} \int_{-\infty}^{+\infty} t^2 e^{-\frac{t^2}{2}}\,\mathrm{d}t = \frac{\sigma^2}{\sqrt{2\pi}} \left(-te^{-t^2/2}\Big|_{-\infty}^{+\infty} + \int_{-\infty}^{+\infty} e^{-\frac{t^2}{2}}\,\mathrm{d}t \right) = \sigma^2. \end{aligned}$$

从方差的定义可以证明，对随机变量的方差满足下面的性质：

(1) 如果 C 是常数，则 $D(C) = 0$, $D(CX) = C^2 DX$;

(2) 如果 X 与 Y 相互独立，则 $D(X+Y) = DX + DY$.

例 3.42　设随机变量 X 的概率密度为 $f(x) = \begin{cases} Ax^2 + Bx, & 0 \leqslant x \leqslant 1 \\ 0, & \text{其他} \end{cases}$，且 $EX = 1/2$，求 (1) A, B 的值；(2) DX.

解　(1) 由概率密度性质知

$$\int_{-\infty}^{+\infty} f(x)\,\mathrm{d}x = \int_0^1 Ax^2 + Bx\,\mathrm{d}x = \frac{A}{3} + \frac{B}{2} = 1,$$

由数学期望知

$$EX = \int_{-\infty}^{+\infty} xf(x)\,\mathrm{d}x = \int_0^1 Ax^3 + Bx^2\,\mathrm{d}x = \frac{A}{4} + \frac{B}{3} = \frac{1}{2},$$

求得 $A = -6$, $B = 6$.

(2) $E(X^2) = \displaystyle\int_0^1 x^2(-6x^2+6x)\,\mathrm{d}x = \frac{3}{10}$，$DX = \dfrac{3}{10} - (\dfrac{1}{2})^2 = \dfrac{1}{20}$. □

除了随机变量的期望和方差，还可以定义随机变量的其他数字特征，比如：原点矩 $E(X^k)$，$k = 1,2,\cdots$ 和中心矩 $E((X-EX)^k)$，$k = 1,2,\cdots$. 容易看到，期望是 1 阶原点矩，而方差是 2 阶中心矩. 如果要描述多个随机变量的关系，还有协方差和相关系数等概念，有兴趣的同学可以参考其他专业书籍，这里不再赘述.

3.4.4 习题

1. 甲乙两人在相同条件下进行射击，击中的环数为 X, Y，概率分布如下：

$$P(X=8)=0.3,\ P(X=9)=0.1,\ P(X=10)=0.6,$$

$$P(Y=8)=0.2,\ P(Y=9)=0.5,\ P(Y=10)=0.3,$$

试求 EX, EY，并比较谁的射击水平较好.

2. 汽车保险公司每年向顾客收取 500元 的保险费. 公司通过调查历史数据知，每年约 8% 的顾客要求索赔，平均赔款数为 1200 元. 请问公司从每个顾客中得到的平均收益是多少？

3. 某工地有一台大型吊车，因该工地可能受到洪水侵袭，为保护吊车，有三种方案可以选择：

(1) 运走吊车，运费 8000元；(2) 建一个保护墙，建设费用 500，此保护墙只能抵抗小洪水，遇到大洪水损失 60000 元；(3) 不采取措施，遇到小洪水损失 10000元，遇到大洪水损失 60000元.

根据气象预报，有小洪水的概率为 0.25，有大洪水的概率为 0.01，请问你应该采用什么样的决策？

4. 某人玩游戏每局获胜的概率为 p，他计划玩 5 局，但是如果他赢了第 5 局，他就会继续玩，直到他输掉 1 局. 求 (1) 他一共玩的局数的期望；(2) 他一共输掉的局数的期望.

5. 设 a, b 是常数，X 是随机变量，请证明：

$$E(aX+b)=aEX+b, \quad D(aX+b)=a^2DX.$$

6. 已知随机变量 X 的分布密度为 $\frac{1}{2}e^{-|x-1|}$，求 EX.

7. 已知 $X\sim e(10)$，求 $E(2X+1)$.

8. 投掷一枚均匀的骰子，求点数的方差.

9. 已知 $X\sim b(n,p)$，且 $EX=2$, $DX=1.5$，求 n, p.

10. 已知 $X\sim N(0,1)$, $Y=2X+1\sim N(\mu,\sigma^2)$，求 μ, σ.

3.5 概率极限定理

3.5.1 概率不等式

如果知道了随机变量的概率分布，那么我们就可以计算各个随机事件的概率，但是在现实中，概率分布的所有信息经常是缺乏的，因而要精确计算出概率往往是困难的. 幸运的是，对于很多问题，我们不需要知道确切的答案，而只要知道一定范围内的答案就足够了. 下面我们介绍两个最基础的不等式来回答这一问题.

定理 3.4　(马尔可夫不等式)[17]设 X 是一个期望为有限值的非负随机变量，那么

$$P(X \geqslant a) \leqslant \frac{EX}{a}, \quad \forall\, a > 0.$$

证明　我们以连续型随机变量为例来证明，至于离散型随机变量的证明思路类似. 设 X 的分布密度为 $f(x)$，由于 X 是非负随机变量，所以当 $x<0$ 时，$f(x)=0$.

$$P(X \geqslant a) = \int_a^{+\infty} f(x)\,\mathrm{d}x \leqslant \int_a^{+\infty} \frac{x}{a}\cdot f(x)\,\mathrm{d}x \leqslant \frac{1}{a}\int_0^{+\infty} x f(x)\,\mathrm{d}x = \frac{EX}{a}.$$

□

例 3.43　假设我国的人均收入为 6 万元，那么随机选出一个人，其收入超过 12 万元的概率是多少？超过 100 倍平均收入的概率又是多少呢？

解　我们取马尔可夫不等式中的 $a = kEX$，那么不等式改写为

$$P(X \geqslant kEX) \leqslant \frac{1}{k}.$$

由此知，随机选出一个人，其收入超过 12 万元的概率不超过 50%，其收入超过 100 倍平均收入的概率不超过 1%. 遗憾的是，这就是我们利用均值这个信息能得到的最好结果. 在实际中，收入超过 100 倍平均收入的概率不超过 1% 的估计，显然是过高了. 这告诉我们需要更多的信息来改进我们的估计. □

定理 3.5　(切比雪夫不等式)[18] 设 X 是一个随机变量，其期望和方差都是有限的. 那么利用期望和方差我们得到概率估计

$$P\big(|X-EX| \geqslant k\sqrt{DX}\big) \leqslant \frac{1}{k^2}, \quad \forall\, k > 0.$$

[17]马尔可夫 (1856-1922)，俄国数学家，彼得堡数学学派的代表人物，开创了随机过程这个新的领域，以他的名字命名的马尔可夫链在现代工程、自然科学和社会科学的各个领域都有很广泛的应用.

[18]切比雪夫 (1821-1894)，俄国数学家，彼得堡大学的功勋教授，彼得堡数学学派的奠基人和领袖. 他在概率论、解析数论和函数逼近论等领域有很多开创性工作.

证明　我们还是以连续型随机变量为例来证明. 记 $EX=\mu$, $\sqrt{DX}=\sigma$，设 X 的分布密度为 $f(x)$，那么

$$
\begin{aligned}
P(|X-\mu|\geqslant k\sigma) &= \int_{|x-\mu|\geqslant k\sigma} f(x)\,\mathrm{d}x \leqslant \int_{|x-\mu|\geqslant k\sigma}\left(\frac{x-\mu}{k\sigma}\right)^2\cdot f(x)\,\mathrm{d}x \\
&\leqslant \frac{1}{k^2\sigma^2}\int_{-\infty}^{+\infty}(x-\mu)^2 f(x)\,\mathrm{d}x = \frac{1}{k^2\sigma^2}\cdot\sigma^2 = \frac{1}{k^2}.
\end{aligned}
$$

□

相比马尔可夫不等式，切比雪夫不等式去掉了随机变量 X 是非负的条件，但增加了方差的信息. 一般来说切比雪夫不等式的概率估计结果要比马尔可夫不等式好，但两者都远不是事实，切比雪夫不等式的结果大约是真实值的 6 倍.

3.5.2　大数定律

定义 3.21　(依概率收敛) 设 $\{X_n\}_1^\infty$ 是一个随机变量序列. 如果对任意的 $\varepsilon>0$，都有

$$
\lim_{n\to\infty}P(|X_n-X|\geqslant\varepsilon)=0,
$$

那么称随机变量序列 $\{X_n\}_1^\infty$ 依概率收敛于 X，记为 $X_n\xrightarrow{P}X$.

定理 3.6　(大数定律) 设 $\{X_n\}_1^\infty$ 是一个独立同分布的随机变量序列，它们的期望 μ 和方差 σ^2 都是有限的，那么

$$
\frac{X_1+X_2+\cdots+X_n}{n}\xrightarrow{P}\mu.
$$

证明　记 $\overline{X}_n=\dfrac{X_1+X_2+\cdots+X_n}{n}$，那么

$$
E(\overline{X}_n)=E\left(\frac{X_1+X_2+\cdots+X_n}{n}\right)=\frac{1}{n}\Big[E(X_1)+E(X_2)+\cdots+E(X_n)\Big]=\mu,
$$

$$
D(\overline{X}_n)=D\left(\frac{X_1+X_2+\cdots+X_n}{n}\right)=\frac{1}{n^2}\Big[D(X_1)+D(X_2)+\cdots+D(X_n)\Big]=\frac{\sigma^2}{n}.
$$

对 $\overline{X}_n$ 利用切比雪夫不等式得

$$
P\Big(|\overline{X}_n-\mu|\geqslant k\frac{\sigma}{\sqrt{n}}\Big)\leqslant\frac{1}{k^2},\quad \forall\, k>0.
$$

对任意的 $\varepsilon>0$，取 $k=\varepsilon\sqrt{n}/\sigma$ 即得

$$
P(|\overline{X}_n-\mu|\geqslant\varepsilon)\leqslant\frac{\sigma^2}{n\varepsilon^2},
$$

在不等式两边求极限即得.　□

大数定律表明，如果对一个固定的分布进行独立抽样，那么样本均值任意接近分布期望的概率趋于 1. 大数定律的重要性在于为统计方法和随机模拟方法进行数学计算提供了理论依据.

3.5.3 中心极限定理

中心极限定理是概率论的瑰宝之一，其第一个版本是被法国数学家棣莫弗发现的，他在 1733 年发表的论文中使用正态分布去估计大量抛掷硬币出现正面次数的二项分布. 这个成果险些被历史遗忘，所幸法国数学家拉普拉斯在 1812 年发表的论文中拯救了这个默默无名的理论. 拉普拉斯扩展了棣莫弗的理论，指出任意的二项分布都可用正态分布逼近. 但同棣莫弗一样，拉普拉斯的发现在当时并未引起很大反响. 直到十九世纪末中心极限定理的重要性才被世人所知. 1901 年，俄国数学家李雅普诺夫证明了对于更普遍的随机变量，伴随着随机变量个数的增加，它们的和将收敛于正态分布，而此正态分布的期望和方差由这些随机变量的期望和方差确定.

定理 3.7 (中心极限定理) 设 $\{X_n\}_1^\infty$ 是一个独立同分布的随机变量序列，它们的期望 μ 和方差 σ^2 都是有限的，令

$$\overline{X}_n = \frac{X_1+X_2+\cdots+X_n}{n}, \qquad Z_n = \frac{\overline{X}_n-\mu}{\sigma/\sqrt{n}},$$

那么 $\lim\limits_{n\to\infty} Z_n \sim N(0,1)$，即

$$\lim_{n\to\infty} P(Z_n \leqslant x) = \Phi(x) = \int_{-\infty}^{x} \frac{1}{\sqrt{2\pi}} e^{-t^2/2}\,\mathrm{d}t.$$

例 3.44 设一家宾馆有 500 间客房，每间客房装有一台 2 千瓦的空调. 若入住率为 80%，那么需要多少千瓦电力才能有 99% 的把握保证有足够的电力使用空调？

解 将客房编号，令 $X_i = \begin{cases} 2, & \text{第 } i \text{ 间开了空调} \\ 0, & \text{第 } i \text{ 间没开空调} \end{cases}$, $i=1,2,\cdots,500$，那么

$$\mu = E(X_i) = 2\times 0.8 = 1.6, \quad \sigma^2 = D(X_i) = 2^2\times 0.8 - 1.6^2 = 0.64.$$

由中心极限定理知，$\sum\limits_{i=1}^{n} X_i$ 的概率分布可用 $N(n\mu, n\sigma^2)$ 近似，即

$$P\Big(\frac{\sum_i X_i - 500\cdot 1.6}{\sqrt{500\cdot 0.64}} \leqslant x\Big) \approx \Phi(x),$$

查正态分布数值表知 $\Phi(2.33)=0.99$，所以所需电力满足

$$\sum_i X_i \leqslant 500\cdot 1.6 + 2.33\cdot\sqrt{500\cdot 0.64} = 842,$$

即需要 842 千瓦的电力就可以有 99% 的把握保证有足够的电力使用空调. □

例 3.45　一个天文学家要测量遥远的恒星到地球之间的距离(光年). 由于大气条件以及仪器的误差，每次测量得不到距离的准确值，而只能得到一个估计值. 因此，天文学家采用多次测量，用这些测量值的平均值作为距离真值的估计值. 如果每次测量值是独立同分布的随机变量的观测值，随机变量的期望为 d (距离真值)，方差为 $\sigma^2=4$，那么要重复多少次才能达到 ± 0.5 光年的精度？

解　设 $\{X_n\}_1^\infty$ 是测量值的随机变量序列. 由中心极限定理知

$$Z_n=\frac{\sum_{i=1}^n X_i-nd}{2\sqrt{n}}$$

近似服从标准正态分布. 记测量均值 $\overline{X}_n=\dfrac{X_1+X_2+\cdots+X_n}{n}$，那么

$$P\big(|\overline{X}_n-d|\leqslant 0.5\big)=P\Big(|Z_n|\leqslant 0.5\cdot\frac{\sqrt{n}}{2}\Big)\approx\Phi(\frac{\sqrt{n}}{4})-\Phi(-\frac{\sqrt{n}}{4})=2\Phi(\frac{\sqrt{n}}{4})-1.$$

如果天文学家希望以 95% 的把握保证达到 ± 0.5 光年的精度，那么

$$2\Phi(\frac{\sqrt{n^*}}{4})-1=0.95\quad\Rightarrow\quad n^*=7.84^2\approx 61.47,$$

所以天文学家应做 62 次重复观测.

如果用切比雪夫不等式研究上面的问题，则可以得出在同样的要求下天文学家应做 320 次重复观测，具体计算过程留给读者.　□

3.5.4　蒙特卡罗法

蒙特卡罗是摩纳哥的赌城，在第二次世界大战期间，美籍匈牙利数学家冯 • 诺伊曼和美国数学家乌拉姆参与研制原子弹有关的工作，该工作以蒙特卡罗为其代号. 他们的具体工作是对核裂变中的中子随机扩散进行模拟，从此随机模拟法被称为蒙特卡罗法 (Mente Carlo Method).

例 3.46　(蒙特卡罗法求圆周率)

圆周率就是单位圆的面积，我们将单位圆放在它的外切正方形中，然后再正方形中均匀地随机取 n 个点，那么只要 n 足够大，大数定律告诉我们应该有

$$\frac{\text{落在单位圆内的点的个数}}{n}\approx\frac{\pi}{4}.$$

那么一个自然的问题是，这个近似有多好？中心极限定律给出了回答. 设随机变量 $X_i=1$ 表示第 i 个点落在单位圆内，$X_i=0$ 表示第 i 个点落在单位圆外，那么我们就

得到一个相互独立且都满足两点分布 $b(1,\pi/4)$ 的随机变量序列 $\{X_i\}$. 计算均值和方差得

$$E(X_i)=\frac{\pi}{4},\ D(X_i)=\frac{\pi}{4}(1-\frac{\pi}{4}).$$

由中心极限定理知，当 n 充分大时

$$\frac{1}{n}(X_1+X_2+\cdots+X_n)\ \text{近似服从}\ N\Big(\frac{\pi}{4},\ \frac{\pi/4(1-\pi/4)}{n}\Big).$$

标准差 $O(\frac{1}{\sqrt{n}})$ 的结果告诉我们，当你取 100 万个点时，误差约为 10^{-3}. 可以通过数学软件来实现上面的过程，从而得出圆周率的近似值.

```
In[ ]:= MCM[numdo_] := Module[{}, win = 0;
                        |模块
   For[n = 1, n ≤ numdo, n++,
   |For循环
    win = win +
      If[RandomReal[{-1, 1}] ^2 + RandomReal[{-1, 1}] ^2 ≤ 1, 1, 0]];
      |…  |伪随机实数                |伪随机实数
   Print[N[4 win / numdo]]]
   |打印  |数值运算

In[ ]:= MCM[10^6]
   3.14103
```

例 3.47　(*蒙特卡罗法求定积分*)

考虑定积分 $\int_a^b f(x)\,\mathrm{d}x$. 假设 $\xi_1, \xi_2, \cdots, \xi_n, \cdots$ 是服从 $U(a,b)$ 的独立随机变量序列，计算期望

$$E(f(\xi_i))=\int_a^b f(x)\frac{1}{b-a}\,\mathrm{d}x.$$

于是利用大数定律得

$$\frac{1}{n}\Big(f(\xi_1)+f(\xi_2)+\cdots+f(\xi_n)\Big)\xrightarrow{P}\int_a^b f(x)\frac{1}{b-a}\,\mathrm{d}x,$$

即

$$\int_a^b f(x)\,\mathrm{d}x\approx(b-a)\frac{1}{n}\Big(f(\xi_1)+f(\xi_2)+\cdots+f(\xi_n)\Big).$$

我们可以用此结果编写程序计算积分 $\int_0^1\frac{\sin x}{x}\,\mathrm{d}x$，并将结果与该积分的精确值做比对，看其误差程度是否与 $\frac{1}{\sqrt{n}}$ 是同一数量级，具体运算过程留给读者完成. 另外值得注意的是，用蒙特卡罗法计算复杂高维积分，相比传统方法具有一定的优势.

3.5.5　习题

1. 证明离散情形的马尔可夫不等式和切比雪夫不等式.

2. 已知 $X \sim e(1)$，分别用马尔可夫不等式和切比雪夫不等式估计 $X \geqslant 4$ 的概率，并与真实值做比较.

3. 已知正常成年男性的每毫升血液中含白细胞个数的均值为 7300，标准差为 700. 请利用切比雪夫不等式估计成年男性的每毫升血液中含白细胞个数在 $5200 \sim 9400$ 之间的概率.

4. 令 Y 是抛一枚均匀硬币 40 次中出现正面的次数. 求 $Y = 20$ 的精确概率，然后用正态分布近似，并比较这两个结果.

5. 某工厂每个月生产 1 万台液晶电视，但其液晶片车间生产液晶片的合格率为 80%，为了以 99.7% 的把握保证出厂的液晶电视都能装上合格的液晶片，请问该液晶片车间每月至少应该生产多少液晶片？

6. 某地区每天发生车祸的数量服从均值为 2 的泊松分布. 利用中心极限定理估算，一年内在该地区至少发生 800 起车祸的概率.

7. 利用 Mathematica 演示服从均匀分布的随机变量之和趋于正态分布的过程.

8. 用蒙特卡罗法计算椭圆 $\dfrac{x^2}{4} + \dfrac{y^2}{9} \leqslant 1$ 的面积，并与 6π 比较.

9. 如何用蒙特卡罗法计算积分 $\displaystyle\int_{-\infty}^{\infty} e^{-x^2}\,\mathrm{d}x$？用所得的结果与 $\sqrt{\pi}$ 比较.

3.6　统计基础简介

3.6.1　统计的基本概念

统计的任务是，根据实际观测到的随机试验的结果，对事件的概率或随机变量的分布、均值以及方差等作出估计或者推测. 统计一般分为两个方面的内容：一个是随机抽样的方法，即对所研究的全体中抽取一小部分进行观察和研究，主要研究如何抽样，抽多少，怎么抽；另外一个问题是统计推断，就是对抽样得到的数据进行合理的分析，作出科学的推断，即数据处理. 一般来说，需要根据统计推断的要求来设计抽样方案，所以如何进行统计推断是统计的最重要的问题.

我们将被考察对象的全体称为总体 (population)，总体中的每个元素称为个体. 例如一批产品的寿命是一个总体，而其中一个产品的寿命是一个个体，我们用 X 表示灯泡的寿命，因为 X 的值随个体不同而变化，所以将 X 看成一个随机变量，将随机变量 X 满足的概率分布称为总体满足的概率分布. 如果能测量每个灯泡的寿命，那当然总体的情况就了解清楚了，但是这在许多情况下是没有必要或者根本不可能的. 因此将"普查"改为"抽查"是一种可行的办法，即从总体中抽取出的部分个体，这些抽取出的个体组成的集合称为样本 (sample). 样本中所含的个体称为样品，样本中所含样品的数目称为样本容量 (sample size).

定义 3.22　在总体 X 中抽取样本，用随机变量 $X_1, X_2, \cdots, X_n$ 表示该样本. 为了使抽取到的样本能反映总体的特性，一般我们要求 $X_1, X_2, \cdots, X_n$ 与 X 具有相同的概率分布，且 $X_1, X_2, \cdots, X_n$ 相互独立，此时我们称样本 $X_1, X_2, \cdots, X_n$ 为简单随机样本. 对这组样本进行观测得到的具体数值 $x_1, x_2, \cdots, x_n$，称它们为样本观测值.

定义 3.23　设 $X_1, X_2, \cdots, X_n$ 是总体 X 的一个简单随机样本，那么以 $X_1, X_2, \cdots, X_n$ 为变量的 n 元随机变量函数 $\varphi(X_1,X_2,\cdots,X_n)$ 称为统计量. 定义

$$\overline{X}=\frac{1}{n}\sum_{i=1}^{n}X_i,\qquad S^2=\frac{1}{n-1}\sum_{i=1}^{n}(X_i-\overline{X})^2,$$

分别称为样本均值和(修正)样本方差，S 称为样本标准差. 样本均值、样本方差以及样本标准差是最常用的统计量.

定义 3.24　利用样本观测值 $x_1, x_2, \cdots, x_n$ 定义

$$\overline{x}=\frac{1}{n}\sum_{i=1}^{n}x_i,\qquad s^2=\frac{1}{n-1}\sum_{i=1}^{n}(x_i-\overline{x})^2,$$

称它们为样本均值观测值和样本方差观测值.

大多数统计推断都是基于简单随机样本进行的，除了简单随机样本外，常见的样本类型还有对总体进行分类抽样、系统抽样、整群抽样等得到的样本.

分类抽样是在抽样之前先将总体划分为若干类，然后从各类中抽取元素组成样本，其优点是可以使样本分布在各类中，使得样本在总体中的分布比较均匀.

系统抽样也称为等距抽样，是将总体中的元素按照某种顺序排列，确定一个随机起点后，每隔一定的间隔抽取一个元素，直至抽取 n 个元素组成一个样本.

整群抽样是将总体划分为若干个群，抽取部分群组成一个样本，然后对抽中的每个群的所有元素进行观测.

3.6.2 参数估计

参数估计是在样本统计量的基础上，根据样本信息推断所关心的总体参数. 参数估计的方法有点估计和区间估计两种.

例 3.48　(德国坦克问题) 设坦克序列号的范围是从 1 到 N，假设我们记录了 n 个序列号 $x_1, x_2, \cdots, x_n$，我们尝试求出未知参数 N.

解　将所有坦克的序列号看成总体 X，总体满足从 1 到 N 的离散均匀分布，即

$$P(X=i)=\frac{1}{N},\ i=1,2,\cdots,N.$$

从而求得期望为

$$EX=\frac{1+2+\cdots+N}{N}=\frac{N+1}{2},$$

方差为

$$DX=E(X^2)-(EX)^2=\frac{(N+1)(2N+1)}{6}-(\frac{N+1}{2})^2=\frac{N^2-1}{12}.$$

设 $X_1, X_2, \cdots, X_n$ 是总体 X 的一个简单随机样本，那么由大数定律可以得到

$$\overline{X}\approx EX=\frac{N+1}{2}\ \Rightarrow\ \widehat{N}=2\overline{X}-1.$$

未知参数上加箭头表示这是此参数的估计值，上面的估计值由样本均值给出，我们称之为均值法. 另外一种方法是

$$S^2\approx DX=\frac{N^2-1}{12}\ \Rightarrow\ \widehat{N}=\sqrt{12S^2+1},$$

这个估计值由样本方差给出，称之为方差法. 均值法和方差法都属于矩方法. 可以看到，这里我们用矩方法理论推导出的估计值 $\widehat{N}$ 是一个随机的统计量，要得到具体的估计值，需要带入样本均值和样本方差的具体观测值. □

例 3.49　考虑德国坦克问题. 假设有 $N=500$ 辆德军坦克，用数学软件随机抽取 50 辆，记录其序列号，分别用期望法、均值法和方差法得出 N 的具体估计值.

解　用 Mathematica 编写下面的程序，做随机模拟的数学实验.

```
In[*]:= tankgame[numdo_] := Module[{}, m = 50;
                            模块
    hao = RandomInteger[{1, numdo}, m];
          伪随机整数
```

```
junzhi = (1/m) Sum[hao[[k]], {k, 1, m}];

fangcha = (1/(m - 1)) Sum[(hao[[k]] - junzhi)^2, {k, 1, m}];

Print[N[(m + 1)/m Max[hao] - 1]];
 |打印 |数值运算 |最大值

Print[N[2 junzhi - 1]];
       |数值运算

Print[N[Sqrt[12 fangcha + 1]]]
       |数值运算

In[∘]:= tankgame[500]
483.5
460.84
490.514
```

□

在上面的例子中，我们给出了未知参数 N 的估计值，这种估计我们称为*点估计*. 未知参数点估计的方法多种多样[19]，一个自然的问题就是哪个估计方法得到的估计值更好呢？我们需要给出一些判别标准，为此引入无偏估计和估计有效性比较的概念. 如果 $E(\widehat{N})=N$，那么我们称该估计是*无偏估计*；如果 $\widehat{N}_1$ 和 $\widehat{N}_2$ 都是未知参数 N 的无偏估计，那么我们就比较方差，如果 $D(\widehat{N}_1)<D(\widehat{N}_2)$，那么我们称估计 $\widehat{N}_1$ 比 $\widehat{N}_2$ *有效*.

例 3.50 证明：$E(\overline{X})=EX,\ E(S^2)=DX$. 此结果表明：样本均值 $\overline{X}$ 是总体期望 EX 的无偏估计，修正样本方差 S^2 是总体方差 DX 的无偏估计.

证明 记 $EX=\mu,\ DX=\sigma^2$，容易看到

$$E(\overline{X})=E\left(\frac{1}{n}(X_1+X_2+\cdots+X_n)\right)=\frac{1}{n}\cdot n\cdot\mu=EX.$$

注意到

$$(n-1)S^2=\sum_{i=1}^{n}(X_i-\overline{X})^2=\sum_{i=1}^{n}[(X_i-\mu)-(\overline{X}-\mu)]^2$$

$$=\sum_{i=1}^{n}(X_i-\mu)^2+n(\overline{X}-\mu)^2-2(\overline{X}-\mu)\sum_{i=1}^{n}(X_i-\mu)=\sum_{i=1}^{n}(X_i-\mu)^2-n(\overline{X}-\mu)^2,$$

[19]除了矩方法外，常用的点估计方法还有极大似然估计. 一般来说，矩估计比较方便，但当样本容量较大时，矩估计的精度不及极大似然估计.

于是

$$E\left((n-1)S^2\right)=E\left(\sum_{i=1}^{n}(X_i-\mu)^2\right)-nE\left((\overline{X}-\mu)^2\right)$$

$$=n\sigma^2-nD(\overline{X})=n\sigma^2-n\cdot\frac{\sigma^2}{n}=(n-1)\sigma^2,$$

即 $E(S^2)=DX$. □

参数的点估计只是给出了未知参数的一个近似值，估计值本身既没有反映出这种近似的精确度，也没有给出误差的范围. 为了弥补这些不足，人们提出区间估计. 区间估计给出了参数的一个范围，并保证参数以指定的较大的概率属于这个范围. 设未知参数为 θ，那么区间估计就是给出 $\theta_1\leqslant\theta\leqslant\theta_2$ 以及 $P(\theta_1\leqslant\theta\leqslant\theta_2)=1-\alpha$，其中 $[\theta_1,\theta_2]$ 称为参数 θ 的置信区间，指标 $1-\alpha$ 称为该区间的置信度.

例 3.51　设 $X_1, X_2, \cdots, X_n$ 是总体 $X\sim N(\mu,\sigma^2)$ 的一个简单随机样本. 已知 σ，令 $Z=\frac{\overline{X}-\mu}{\sigma/\sqrt{n}}$，那么可以证得 $Z\sim N(0,1)$. 利用样本均值 $\overline{X}$，在置信度为 $1-\alpha$ 的条件下，求参数 μ 的置信区间.

解　本题中我们取一个对称区间 $[-\lambda,\lambda]$，使得 $P(|Z|\leqslant\lambda)=1-\alpha$. 引入分位点的概念 $u_{\alpha/2}=\Phi^{-1}(1-\dfrac{\alpha}{2})$，则

$$\lambda=u_{\alpha/2},\quad -u_{\alpha/2}\leqslant Z\leqslant u_{\alpha/2},$$

所以参数 μ 的置信区间为

$$\overline{X}-u_{\alpha/2}\frac{\sigma}{\sqrt{n}}\leqslant\mu\leqslant\overline{X}+u_{\alpha/2}\frac{\sigma}{\sqrt{n}}.$$

如果给定一组样本观测值 $x_1, x_2, \cdots, x_n$，那么我们就可以得到一个具体的置信区间

$$\overline{x}-u_{\alpha/2}\frac{\sigma}{\sqrt{n}}\leqslant\mu\leqslant\overline{x}+u_{\alpha/2}\frac{\sigma}{\sqrt{n}}.$$

□

值得注意的是，在小样本 $(n<30)$ 的情况下，一般需要要求总体满足正态分布，而在大样本 $(n\geq 30)$ 的情况下，由中心极限定理知，$Z=\frac{\overline{X}-\mu}{\sigma/\sqrt{n}}$ 近似满足标准正态分布，所以上面的求置信区间的方法仍然有效.

例 3.52　已知幼儿的身高在正常情况下满足正态分布. 现从某幼儿园 5 岁到 6 岁的幼儿中随机抽查 9 人，身高 (厘米) 分别是 $115,120,131,115,109,115,115,105,110$. 假设 5 至 6 岁幼儿身高总体的标准差是 $\sigma=7$，那么在置信度为 95% 的条件下，给出总体均值 μ 的置信区间.

解　样本容量为 $n=9$，计算样本均值的观测值

$$\bar{x}=\frac{1}{9}(115+120+\cdots+110)=115.$$

对于 $\alpha=0.05$，查标准正态分布表得分位点 $u_{\alpha/2}=1.96$. 所以总体均值 μ 的置信度为 95% 的置信区间为

$$[115-1.96\frac{7}{\sqrt{9}},\ 115+1.96\frac{7}{\sqrt{9}}]=[110.43,119.57].$$

□

3.6.3 假设检验

在很多情况下，我们需要用数据来评估一个结论是否正确，比如确定一种新药是否比现有的药更好. 假设检验的第一步是建立一个*原假设* H_0，原假设通常与研究者试图证明的结论相反，我们假定原假设成立，并试图用数据来推翻它. 在建立了原假设后，还需要提出*对立假设*或*备择假设* H_1.

确定了原假设与对立假设后，我们应该如何检验它们呢？我们假定原假设成立，然后考察我们的数据，在原假设下如果得到这些数据的概率很小，那么我们就认为原假设 H_0 不成立，从而得到对立假设 H_1 成立. 在上面的过程中，在原假设下得到这些数据的概率究竟需要多么小，才能认为原假设不成立. 为此，我们设置一个*显著性水平* α，比如取 $\alpha=0.05$ 就是说如果在原假设下得到这些数据的概率小于 5%，那么我们就拒绝原假设. 对于显著性水平 α 的取法需要根据具体的问题来设置，比如我们评估一项新外科手术技术的有效性，那么应该设置一个非常低的 $\alpha=0.01$，来确保新技术确实与大多数外科医生已经习惯的旧技术有很大的不同.

例 3.53　(Z 检验) 某家外卖公司推出了一项新的广告宣传活动，声称它处理每一个订单所花费的平均时间是 45 秒. 你作为一个怀疑论者，当你下次去这家外卖公司时，你做了一些调查：在 20 个订单样本中，你发现平均服务时间是 48 秒，标准差是 8 秒. 鉴于这些数据，你还能相信该外卖公司的宣传吗？

解　记参数 μ 是平均服务时间，原假设 $H_0:\mu\leqslant 45$，对立假设 $H_1:\mu>45$，显著性水平 $\alpha=0.05$.

如果原假设成立，记总体 $X\sim N(\mu,\sigma^2)$ 是订单的等待时间，其中 $\mu\leqslant 45,\ \sigma\approx 8$. 那么对于容量为 $n=20$ 的样本 $X_1,X_2,\cdots,X_n$，样本均值应该满足 $\overline{X}\sim N(\mu,\frac{\sigma^2}{n})$. 记

$$Z=\frac{\overline{X}-\mu}{\sigma/\sqrt{n}},$$

那么 Z 服从标准正态分布 $N(0,1)$. 观测结果为 $\bar{x}=48$，计算 $\bar{x}$ 对应的 z 值为

$$z=\frac{48-45}{8/\sqrt{20}}=\frac{3}{1.79}=1.68,$$

计算 p 值(概率)为

$$p=P(Z\geqslant 1.68)=1-\Phi(1.68)=1-0.9535=4.65\%.$$

此概率即为 $\mu=45$ 的情况下，$P(\overline{X}\geq 48)=4.65\%$. 上面的计算中，我们取 $\mu=45$，如果 $\mu<45$，容易看到 p 值会更小. 由于 p 值小于 0.05，所以原假设不成立，我们接受对立假设. □

我们将服从标准正态分布统计量的检验方法称为 Z 检验. 容易看到检验中所计算的 p 值是关于数据的概率，它与原假设的对或错的概率无关，具体来说，p 值反映的是在总体的许多样本中某一类数据出现的经常程度，它是当原假设正确时，得到目前这个数据的概率. 显然 p 值越小，那么拒绝原假设的理由就越充分.

值得注意的是，如果总体不满足正态分布，一般来说，在方差已知的情况下，当样本容量 $n\geq 30$ 时，Z 会近似满足标准正态分布，仍然可以按照上面的方法计算并做出判断. 另外一个注意点是，在上面的分析中，我们将样本标准差的观测值 8 作为真实标准差来计算，从严格的理论角度来说，这是不正确的. 如果方差未知，用样本方差去替代它，会出现 t 分布，t 分布近似于标准正态分布，处理方法类似.

例 3.54　(双侧检验) 假设你正在测量 30 个某种灯泡的使用寿命，检验出它们的平均使用寿命是 2050 小时，并且已知标准差为 $\sigma=100$ 小时. 在 $\alpha=0.05$ 的显著性水平下，你会拒绝“灯泡的平均使用寿命是 2000 小时”的假设吗？

解　原假设为 $H_0:\ \mu=2000$，因此对立假设为 $H_1:\ \mu\neq 2000$. 在这个问题中，如果要否定原假设，那么我们既需要考虑灯泡使用时间大于 2000 小时的可能性，也需要考虑灯泡使用时间小于 2000 小时的可能性，此种情况我们称为双侧检验. 省去一些说明性语言，直接计算 z 值

$$z=\frac{2050-2000}{100/\sqrt{30}}=\frac{50}{18.26}=2.74,$$

由于是双侧检验，所以 p 值(概率)为

$$p=P(|Z|\geqslant 2.74)=2[1-\Phi(2.74)]=2\cdot(1-0.9969)=0.0062.$$

由于 p 值小于 0.05，所以原假设不成立，我们接受对立假设. □

例 3.55　假设一家汽车保险公司从上海搬到了南京，它们想了解南京这个新市场. 在上海，某一年提出索赔的保单持有人(司机)占总投保人数的百分比为 25%，即索赔概率为 $p_1 = 0.25$. 在南京的第一年，该公司发现投保的 10000 名司机中有 2300 人提出了索赔. 请在 $\alpha = 0.05$ 的水平下，判断在南京投保的司机提出索赔的概率 p_2 是否小于 0.25？

解　原假设为 $H_0: p_2 \geqslant 0.25$，对立假设 $H_1: p_2 < 0.25$. 如果原假设成立，那么总体 $X \sim b(1, p_2)$，其中 $p_2 \geqslant 0.25$. 这个问题里相当于总体中每个司机都被采样，样本容量就是 $n = 10000$. 每个样品 $X_i \sim b(1, p_2)$，于是

$$E\Big(\sum_{i=1}^{n} X_i\Big) = np_2,\ D\Big(\sum_{i=1}^{n} X_i\Big) = np_2(1-p_2).$$

记

$$Z = \frac{\sum X_i - np_2}{\sqrt{np_2(1-p_2)}},$$

那么由中心极限定理知 Z 近似服从标准正态分布. 观测结果为 $\sum x_i = 2300$，计算 z 值为

$$z = \frac{2300 - 2500}{\sqrt{10000 \times 0.25 \times 0.75}} = -\frac{200}{43.3} = -4.62,$$

计算 p 值(概率)为

$$p = P(Z \leqslant -4.62) = \Phi(-4.62) = 1.92 \times 10^{-6}.$$

上面的计算中，我们取 $p_2 = 0.25$，如果 $p_2 > 0.25$，分析可知此时对应的 p 值会更小. 由于 p 值远小于 0.05，所以原假设不成立，我们接受对立假设 $H_1: p_2 < 0.25$.　□

3.6.4　用数学软件进行统计计算

实际统计分析的数据量是非常大的，必须使用计算机通过软件来实现统计计算. 常见的专业统计软件有：SAS, SPSS, R, Excel 等等. 下面我们以通用数学软件 Mathematica 为例，简单介绍如何用数学软件进行统计计算.

例 3.56　随机抽取某品牌的 10 袋开心果，测得的质量 (克) 为

100.01, 100.03, 100.05, 99.96, 99.98, 100.06, 99.91, 100.09, 99.90, 100.04.

假设开心果的质量服从正态分布，试求样本均值，样本方差以及中位数，并估计一袋开心果的质量小于 99.9 克的概率.

解　利用 Mathematica 进行计算.

```
In[ ]:= data = {100.01, 100.03, 100.05, 99.96, 99.98, 100.06, 99.91,
            100.09, 99.90, 100.04};

In[ ]:= Mean[data]
        平均值

Out[ ]= 100.003

In[ ]:= Variance[data]
        方差

Out[ ]= 0.00409

In[ ]:= Median[data]
        中位数

Out[ ]= 100.02

In[ ]:= kxg = NormalDistribution[Mean[data], √Variance[data]];
              正态分布           平均值

        p = CDF[kxg, 99.9]
            累积分布函数

Out[ ]= 0.0536384
```

需要注意的是 Mathematica 中正态分布的参数形式为 $[\mu,\sigma]$，不是 $[\mu,\sigma^2]$. □

例 3.57　利用数学软件计算例 3.52 中的幼儿身高总体均值的置信区间.

解　此问题需要调用“假设检验函数库”中的函数 MeanCI[ ]，其中 CI 是 Confidence Interval 的缩写，是置信区间的意思.

```
In[ ]:= Needs["HypothesisTesting`"];          (*调用假设检验函数库*)
        需要
        sgdata = {115, 120, 131, 115, 109, 115, 115, 105, 110};
        MeanCI[sgdata, KnownVariance → 7^2, ConfidenceLevel → 0.95]
                                                置信级别

Out[ ]= {110.427, 119.573}
```

值得注意的是，当总体方差未知时，用 MeanCI[ ] 一样可以得到总体均值的置信区间，此时是基于 t 分布给出的估计. □

例 3.58　已知例 3.53 中外卖公司订单处理时间的 20 个具体的样本数据(秒)为

43, 45, 43, 49, 50, 48, 49, 48, 51, 44, 47, 49, 50, 48, 51, 46, 45, 52, 53, 49.

利用数学软件计算 p 值，并做例题中均值的假设检验.

解　记参数 μ 是平均服务时间，原假设 H_0：$\mu \leqslant 45$，对立假设 H_1：$\mu > 45$，显著性水平 $\alpha = 0.05$. 此问题需要调用“假设检验函数库”中的函数 MeanTest[ ].

```
In[◦]:= Needs["HypothesisTesting`"];        (*调用假设检验函数库*)
        需要
        sjdata = {43, 45, 43, 49, 50, 48, 49, 48, 51, 44, 47, 49, 50, 48,
           51, 46, 45, 52, 53, 49};
        MeanTest[sjdata, 45, KnownVariance → 8^2, SignificanceLevel → 0.05]
                                                  显著性水平

Out[◦]= {OneSidedPValue → 0.0467663,
         Reject null hypothesis at significance level → 0.05}
```

此结果表明，在原假设条件下，得到数据的概率为 $0.0467663 < 0.05$，所以拒绝原假设，接受对立假设 H_1：$\mu > 45$. □

例 3.59　(总体分布的检验) 在假设检验中，很多情况下，我们总是假设总体服从正态分布，如果这个假设不成立，那么参数的假设检验就会失效. 因此，有必要对总体的分布进行检测.

考虑上海股票市场的某个股票的买卖强度指标 RSI，RSI 指标在 0 到 100 之间，RSI 指标很大表示市场火热处于超买状态，RSI 指标很小表示市场冷清处于超卖状态. 获取该股票在 60 个交易日的 RSI 指标数据如下：

65.35, 56.82, 58.7, 60.81, 64.31, 65.52, 64.87, 61.86, 63.87, 65.25, 72.63, 75.79, 76.36, 70.65, 70.74, 75.31, 72.01, 72.82, 58.66, 55.8, 56.42, 51.14, 51.7, 47.85, 41.07, 42.3, 40.47, 41.4, 41.99, 39.96, 39.06, 46.9, 50.65, 48.11, 47.88, 49.57, 51.95, 50.72, 47.1, 47.4,47.71, 47.29, 47.66, 51.21, 53.17, 55.24, 58.45, 56.99, 60.15, 55.27,62.63, 61.96, 59.05, 58.79, 58.94, 55.77, 58.84, 58.68, 59.33, 57.04.

请用数学软件检测这些数据满足什么分布？并由此建立一个股票投资策略.

解　输入 RSI 数据，将数据存储到数组 rsi 中.

```
In[◦]:= rsi = {65.35, 56.82, 58.7, 60.81, 64.31, 65.52, 64.87, 61.86,
           63.87, 65.25, 72.63, 75.79, 76.36, 70.65, 70.74, 75.31,
           72.01, 72.82, 58.66, 55.8, 56.42, 51.14, 51.7, 47.85,
           41.07, 42.3, 40.47, 41.4, 41.99, 39.96, 39.06, 46.9,
           50.65, 48.11, 47.88, 49.57, 51.95, 50.72, 47.1, 47.4,
           47.71, 47.29, 47.66, 51.21, 53.17, 55.24, 58.45, 56.99,
           60.15, 55.27, 62.63, 61.96, 59.05, 58.79, 58.94, 55.77,
           58.84, 58.68, 59.33, 57.04};
```

用 SmoothHistogram[ ] 画出数据的概率密度函数的分布图，发现其与正态分布的概率密度函数图形比较接近，再用 DistributionFitTest[ ] 进行量化检测，此时会返回一个数值 $p \in [0,1]$. 如果该数值大于 0.05，则可以认为用正态分布去拟合这些数据是可行的. 数值 p 越接近 1，则数据分布越接近正态分布.

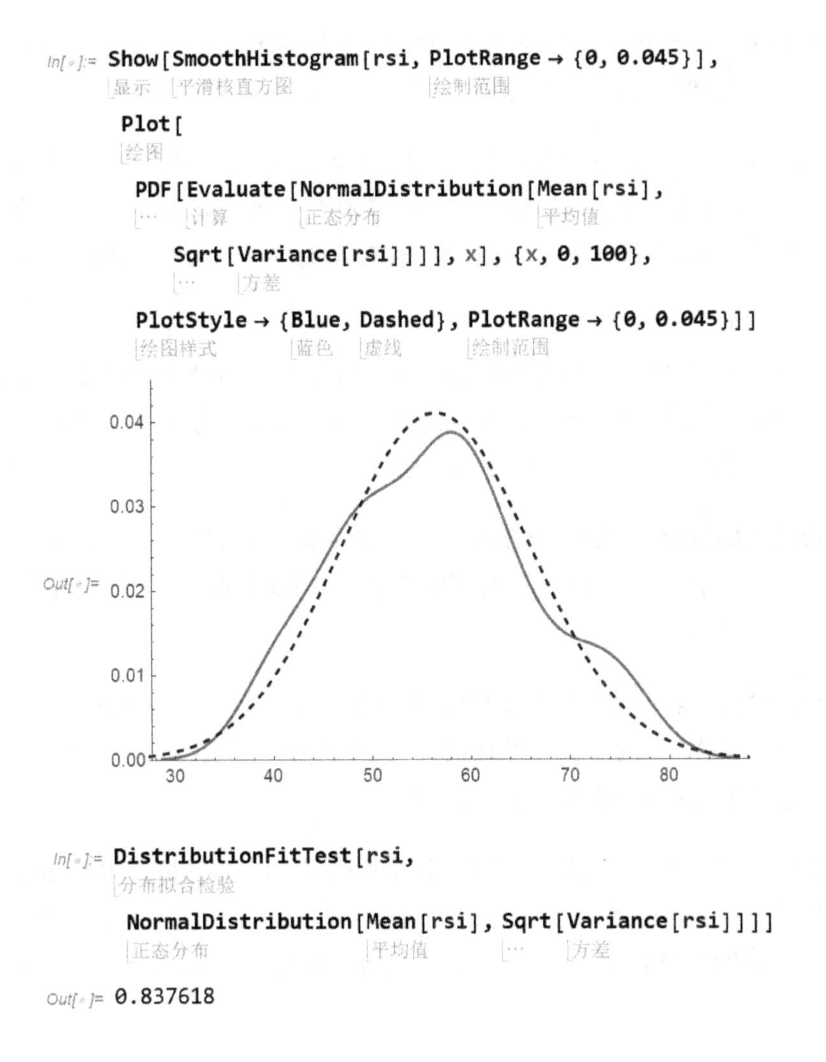

投资策略：利用此股票的 RSI 数据，验证对应分布是否为正态分布，然后用 Quantile[rsi, 0.01] 和 Quantile[rsi, 0.95] 计算出 RSI 指标的 1% 分位点 a 和 95% 分位点 b，当股票的 RSI 小于 a 时，说明该股票的买卖冷清，可以择机低价买入股票；而当股票的 RSI 大于 b 时，则说明该股票的买卖过热，需要规避风险及时卖出股票，获得收益. 基于 RSI 数据的投资策略是典型的均值回归策略. □

3.6.5　习题

1. 某地区每月因交通事故死亡的人数为 3, 0, 2, 5, 4, 2, 5, 2, 1, 2, 1, 3. 由统计资料知，死亡人数服从参数为 λ 的泊松分布，请给出 λ 的点估计.

2. 设总体 $X \sim U(a,b)$，对其做简单随机抽样得到样本观测值 $x_1, x_2, \cdots, x_n$，请利用样本均值观测值 $\bar{x}$ 和样本方差观测值 s^2 得出参数 a, b 具体的估计值.

3. 某大学本科生每天参加体育锻炼的时间服从正态分布，从该大学本科生中随机抽选 100 人，调查得到他们平均每天参加体育锻炼的时间为 35 分钟，已知总体标准差为 6 分钟. 求该大学本科生平均每天参加体育锻炼的时间 μ 的置信度为 95% 的置信区间.

4. (样本容量问题) 根据以往的调查数据，某产品的重量的标准差不超过 2 克. 估计该产品的平均重量时，要求允许误差不超过 0.2 克，置信度为 95%，请问从全部 4 万件产品中应抽取多少件产品进行调查才合适？

5. 假设健康人的收缩压服从正态分布 $N(110, 10^2)$. 如果医院里有一个患者的收缩压是 137，那么求出这个患者的 z 值和相应的 p 值，并由此判断此人血压是否正常？显著水平为 5%.

6. 某地区的猪患某种病的概率为 0.25，假设每头猪是否患病与其他猪无关. 现在研制了一种新预防药，选用 12 头猪做试验，结果这 12 头猪服用此药后均未患病，请问我们可以有多大的把握认为这种新药有效？

7. 根据经验知，某工厂的职工加工一种零件所需的时间(分钟)服从正态分布 $N(16, 3.2^2)$. 采用新加工技术后，随机抽取 9 名职工进行操作，结果平均所需时间为 13.6 分钟. 请问采用新加工技术后，职工的平均操作时间是否明显减少？显著水平为 5%.

8. 某工厂生产某种肥料的含氮量满足正态分布 $N(0.56, 0.01^2)$. 现在经过改进配方，对改进后的肥料取样，测得含氮量为

$$0.561,\ 0.559,\ 0.564,\ 0.558,\ 0.572,\ 0.559,\ 0.575,\ 0.571,\ 0.571.$$

假定改进配方前后的含氮量的方差不变，那么请问改进配方后肥料的含氮量有无明显提高？显著水平为 5%. 本题请用数学软件进行计算.

3.7　数据的关系

3.7.1　相关和相关系数

收集到不同随机变量的抽样数据后，我们经常需要分析不同数据之间的关系. 如果一种数据的增长会促进另外一种数据的增长，那么我们称它们为正相关，比如身高和体重，受教育时间与收入都是正相关的典型例子. 如果一种数据的增长会导致另外一种数据的下降，那么我们称它们为负相关，比如空气污染物的增加会导致人的寿命的缩短. 如果两种数据之间不存在什么值得重视的联系，例如人的姓氏笔画数与其收入，那么我们称它们为零相关.

各种数据之间是否相关，相关程度如何，具有重要的理论和实际意义. 英国统计学家高尔顿 (1822-1911) 提出了“相关系数 (correlation)”的概念，用来量化两种数据之间的关联程度，相关系数 $r\in[-1,1]$.

如果两种数据的相关系数为 1，那么它们绝对的正相关，例如汽车以匀速行驶，其行驶时间和路程是绝对的正相关，相关系数为 1. 如果两种数据的相关系数为 -1，那么它们绝对的负相关，例如若一个人每月收入不变，则其每月的消费与储蓄是绝对负相关，相关系数为 -1. 如果两种数据相关系数为 0，则表示它们没有关联. 当相关系数 $0<r<1$ 时，此时两种数据为正相关，表示其一的增加一般会引起另外一个的增加，但有例外. 例如人的身高和体重，虽然身材高大的人一般体重会较大，但例外的情况也有. 相关系数越接近 1，两者的关系越密切，但只要达不到 1，两者的关系就不是绝对的. 当相关系数小于 $-1<r<0$ 时，此时两种数据为负相关，表示其一的增加一般会引起另外一个的减小，但有例外.

例 3.60　(相关系数的计算) 设从某大学的男生中随机抽出 10 名学生，测量身高 (cm) 和体重 (kg)，结果如下，记为 (x_i,y_i)，$i=1,2,\cdots,10$. 请计算身高和体重的相关系数.

$$(171,65),\quad(175,68),\quad(168,58),\quad(177,75),\quad(180,69),$$

$$(175,66),\quad(181,72),\quad(173,63),\quad(179,71),\quad(164,59).$$

解　(1) 计算身高和体重的均值.

$$\bar{x}=\frac{1}{10}(171+175+\cdots+164)=174.3,$$
$$\bar{y}=\frac{1}{10}(65+68+\cdots+59)=66.6.$$

(2) 减去前面算出的均值，让数据的均值变为 0，得到向量

$$\mathbf{u} = (x_1 - \overline{x},\ x_2 - \overline{x},\ \cdots,\ x_{10} - \overline{x})^T = (-3.3,\ 0.7,\ \cdots,\ -10.3)^T,$$

$$\mathbf{v} = (y_1 - \overline{y},\ y_2 - \overline{y},\ \cdots,\ y_{10} - \overline{y})^T = (-1.6,\ 1.4,\ \cdots,\ -7.6)^T.$$

(3) 我们将相关系数定义为向量 $\mathbf{u}, \mathbf{v}$ 交角 θ 的余弦，计算得

$$r = \cos\theta = \frac{\mathbf{u}^T\mathbf{v}}{\|\mathbf{u}\|\,\|\mathbf{v}\|} = 0.874109.$$

□

这里我们计算出的 r 由样本计算所得，所以称为“样本相关系数”. 由于样本只是总体的一部分，它受到偶然性的影响，于是样本相关系数 r 中也包含了偶然的成分，不一定能完全真实的反映总体中的情况. 就我们这个例子来说，要了解该大学全体男学生这个总体中身高和体重的关系，必须对所有男学生的身高和体重做测量，那样算出的相关系数 ρ (总体相关系数)，才能确切反映相关的程度. 样本相关系数 r 作为总体相关系数 ρ 的一个估计，随着样本量的增加，误差会越来越小.

3.7.2 回归方程

相关系数给出了不同随机变量之间关系紧密程度的一个数量刻画. 在应用中，我们更加关心的是如何求出不同随机变量的确切函数关系，从而我们就可以从一个变量的值去预测另外一个变量的值. 拿人的身高和体重来说，体重与身高有关，一个人身高 1.85 米体重 80 千克，不能算超重，但是如果一个人身高 1.6 米也有同样的体重，那就是属于重度肥胖了. 由此我们需要寻找身高和体重之间的标准关系，并以此来衡量一个人是否超重或者过瘦. 这样的标准一般不能从医学的理论上推导出来，而是应该分析数据用统计的方法来得到.

例 3.61　利用前面例子里的男大学生身高体重的数据，建立表示身高 X 和体重 Y 关系的线性表达式. *变量关系的表达式称为回归方程.*

解　设回归方程为 $Y = a + bX$，其中 a, b 是要求的参数. 代入测量的身高体重的数据 (x_i, y_i)，$i = 1, 2, \cdots, 10$，得到线性方程组

$$\begin{cases} a + bx_1 = y_1 \\ a + bx_2 = y_2 \\ \cdots\cdots \\ a + bx_{10} = y_{10} \end{cases}.$$

用最小二乘法求得参数 $a=-88.115$，$b=0.887636$，所以身高和体重的回归方程为

$$Y=-88.115+0.887636X.$$

本例中数据的散点图和回归方程的图形如下.

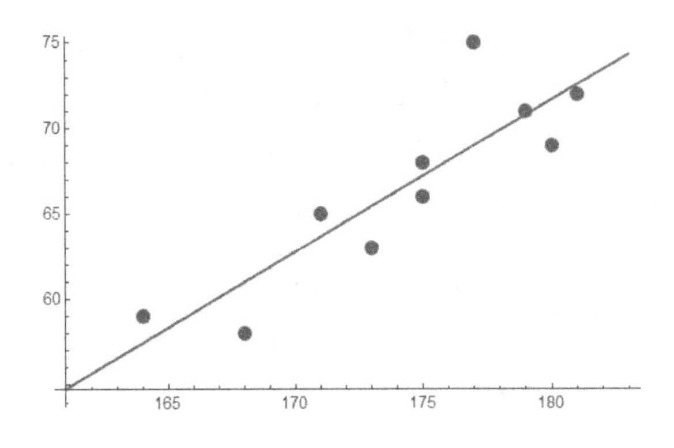

□

更多的身高体重数据可以得到更加精确的回归方程. 回归方程体现了变量之间的关系，这个方程也不是对群体中任一个个体都对，只是在平均意义上用一个简洁的函数关系总括了变量之间复杂关系的大趋势. 如果变量 X 和 Y 的关系越密切，即它们的相关系数的绝对值 $|r|$ 越接近于 1，那么回归方程的代表性就越强；如果相关系数接近 0，那么变量 X 和 Y 的很小，回归方程就没有多大意义.

回归方程在实际问题中应用广泛，是统计分析中应用最广的一种方法. 回归的应用主要包含两个方面，一是预测，例如利用回归方程，我们只要知道一个学生的身高就可以预测他的体重，或者测量他的体重就可以预测其身高，二是控制，即调节一个变量使得另外一个目标变量处于指定的范围内. 在实际应用中，往往需要同时处理很多的变量，另外回归方程的形式也不再限于线性方程，会复杂很多.

回归 (regression) 这个名称是高尔顿在研究遗传现象时提出的. 一般来说，高个子人的子女一般偏高，如此一代一代传下去，人的身高分布应该有两极分化的趋势，即个子很高和个子很矮的人会越来越多，而处于中等个子的人会越来越少. 但是实际观察到的情况却不是这样，一代一代人的身高的分布基本上保持稳定. 高尔顿认识到这个矛盾，并尝试提出解释. 高尔顿研究了身高数据，发现个子高父母的子女往往比其父母要矮，而个子矮父母的子女往往比其父母要高，这一现象被称为向“向均值回归”. 值得注意的是，并不是所有情况下，数据都会显示出“向均值回归”的现象，但是回归这个称呼在统计学里已成习惯，就一直沿用下来.

3.7.3 非线性回归的例子

例 3.62 (*芯片发展的摩尔定律*) 从 1970 年代开始，计算机芯片的体积随着性能的增长而变小，这是工程师在硅基芯片上放置越来越多的晶体管的结果. 英特尔公司的创始人之一的摩尔 (Gordon Moore) 在 1965 年提出预测，每个芯片的晶体管数量将在每 18 个月翻一番，这个描述芯片小型化速度的规律被称为摩尔定律. 下图给出了英特尔公司从 1975 年到 1995 年生产的芯片所含晶体管数量的数据. 请根据这些数据建立回归方程，并考虑摩尔定律是否准确？

芯片型号	生产年份	离 1975 的年数	芯片中晶体管数量
8080	1975	0	4500
8086	1978	3	29000
80286	1982	7	90000
80386	1985	10	229000
80486	1989	14	1200000
Pentium	1993	18	3100000
Pentium Pro	1995	20	5500000

解　记芯片发展年数即离 1975 的年数为 x_i，对应的芯片中晶体管数量为 y_i. 请读者画出数据 (x_i, y_i), $i = 1, 2, \cdots, 7$ 的散点图. 容易发现数据之间不再是线性关系，而是呈现出 $y = ae^{bx}$ 的指数函数关系，其中参数 a, b 需要用数据求得. 这虽然是一个非线性的回归方程，但是却可以变形为

$$\ln y = \ln a + bx,$$

即 $\ln y$ 与 x 是线性关系. 代入数据得到线性方程组

$$\begin{cases} \ln a + bx_1 = \ln y_1 \\ \ln a + bx_2 = \ln y_2 \\ \cdots\cdots \\ \ln a + bx_7 = \ln y_7 \end{cases}.$$

利用最小二乘法解得 $\ln a = 8.888369$, $a = e^{\ln a} = 7247.189$, $b = 0.34281$. 于是芯片发展年数与芯片中晶体管数量的回归方程为

$$y = 7247.189\, e^{0.34281\, x}.$$

接下来，由此结果来考虑摩尔定律是否准确. 利用 $e^{0.34281} = 2^{0.49457}$，将回归方程改

写为

$$y = 7247.189 \cdot 2^{0.49457x}.$$

变量 y 翻倍，意味着 $2^{0.49457x} = 2$，所以 $0.49457x = 1$，于是可得 y 翻倍所需的年数约为 2 年，这个结果比摩尔定律中的 18 个月要慢一些. □

常见的可以转化为线性关系的非线性回归方程还有

$$y = ax^b, \quad y = \frac{1}{a+bx}, \quad y = \frac{x}{a+bx}, \quad y = 1 - e^{-x^b/a}, \quad y = \frac{c}{1+e^{a+bx}}.$$

如果变量之间的非线性方程不能转化为线性方程，那么就需要求解非线性的方程组，此时可以用梯度下降法等数值算法去求其数值解.

3.7.4 多组数据的关系

我们用相关系数来刻画两组数据关系的紧密程度，进一步地我们用相关系数矩阵来表示多组数据关系的紧密程度.

例 3.63 随机抽取某大学 7 名同学的文科数学成绩的数据，此数据包括平时作业得分、期中测验得分和期末测验得分，请分析这三种数据的相关程度，并建立线性回归方程.

学生编号	平时得分	期中得分	期末得分
s1	95	100	96
s2	80	83	82
s3	83	76	85
s4	75	80	69
s5	86	91	80
s6	65	61	51
s7	76	69	62
平均分	80	80	75

解 记三种数据为 X, Y, Z，随机抽取的数据记为 (x_i, y_i, z_i)，$i = 1, 2, \cdots, 7$. 减去各自的均分后得到三个向量

$$\mathbf{u} = (15, 0, 3, -5, 6, -15, -4),$$

$$\mathbf{v} = (20, 3, -4, 0, 11, -19, -11),$$

$$\mathbf{w} = (21, 7, 10, -6, 5, -24, -13).$$

计算三种数据之间的相关系数

$$r_{XY} = \frac{\mathbf{u}^T \mathbf{v}}{\|\mathbf{u}\| \, \|\mathbf{v}\|} = 0.920, \quad r_{XZ} = \frac{\mathbf{u}^T \mathbf{w}}{\|\mathbf{u}\| \, \|\mathbf{w}\|} = 0.944, \quad r_{YZ} = \frac{\mathbf{v}^T \mathbf{w}}{\|\mathbf{v}\| \, \|\mathbf{w}\|} = 0.881.$$

可以看到，这三种数据都是正相关. 我们经常将多组数据的相关系数写成矩阵形式，即下面的相关系数矩阵

$$\begin{pmatrix} 1 & 0.920 & 0.944 \\ 0.920 & 1 & 0.881 \\ 0.944 & 0.881 & 1 \end{pmatrix}.$$

再计算三种数据的线性回归方程. 设回归方程为 $Z = c_0 + c_1 X + c_2 Y$，将数据代入得到线性方程组

$$\begin{cases} c_0 + c_1 x_1 + c_2 y_1 = z_1 \\ c_0 + c_1 x_2 + c_2 y_2 = z_2 \\ \cdots\cdots \\ c_0 + c_1 x_7 + c_2 y_7 = z_7 \end{cases}.$$

利用最小二乘法解得

$$c_0 = -45.0014, \quad c_1 = 1.41165, \quad c_2 = 0.0883707,$$

所以回归方程为

$$Z = -45.0014 + 1.41165X + 0.0883707Y.$$

该问题数据的散点图和回归方程的图形如下.

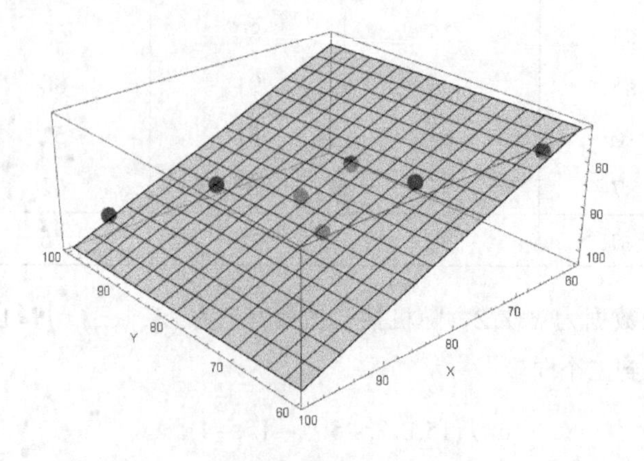

□

附录 A　数学软件 Mathematica 简介

近三十年来，随着互联网技术、计算芯片以及计算软件的高速发展，个人计算机、个人网络设备和数学软件逐渐走进每个人的生活. 我们这里以 Wolfram Research 公司的 Mathematica 软件为例，给大家简单介绍一下数学软件的用途和用法.

Mathematica 可以用于解决各个领域的涉及复杂的符号计算和数值计算的问题，它替代了许多以前只能靠纸和笔解决的工作. 它逐渐成为工程技术、数学教育以及科学研究等领域的工作者的好伙伴.

具体来说，Mathematica 的符号运算可以用来做各种代数运算，函数运算，求极限，求导数，求积分，求解某些类型的微分方程，做级数展开，进行矩阵运算，进行概率计算和统计运算等等. Mathematica 的数值运算和图形表示能力也值得称道. 最新版的 Mathematica 也已经加入了各种人工智能算法.

Mathematica 的能力不仅仅在于上面说的这些功能，更重要的是它将这些功能有机地结合在一起. 人们可以根据自己的需要，将符号运算、图形展示和数值模拟有机的衔接到一起去解决复杂问题. 同时 Mathematica 还是一个编程语言，可以自己编写程序去解决各种特殊问题.

这里我们谈几个注意点. Mathematica 中自带大量的函数，函数的首字母为大写字母，变量放在中括号里，两个数之间的空格表示乘法，同时按下“Shift+Enter”即可运行程序. 我们可以定义自己需要的函数，做运算，画出图形，并做动画演示. Mathematica 配有数学面板，方便输入各种特殊的字母和数学符号.

下面我们通过一些简单具体的例子来学习 Mathematica 的最基本用法. 至于更复杂的功能，我们可以学习软件自带的“帮助”文档，该文档提供了非常丰富的示例.

1. 给出 π 的数值，要求 100 位有效数字. Mathematica 中求数值结果用“N[ ]”，此函数默认 6 位有效数字.

```
In[∘]:= N[Pi]
          圆周率

Out[∘]= 3.14159

In[∘]:= N[π, 100]
          数值运算

Out[∘]= 3.1415926535897932384626433832795028841971693993751058209749445
          92307816406286208998628034825342117068
```

2. 定义函数 $f(x) = x^3 - 2x + 1 - \cos 2x$，并画出函数的图形.

```
In[•]:= f[x_] := x^3 - 2 x + 1 - Cos[2 x];
                                  余弦
        Plot[f[x], {x, -2, 2}, Frame → True]
        绘图                   边框     真
```

Out[•]=

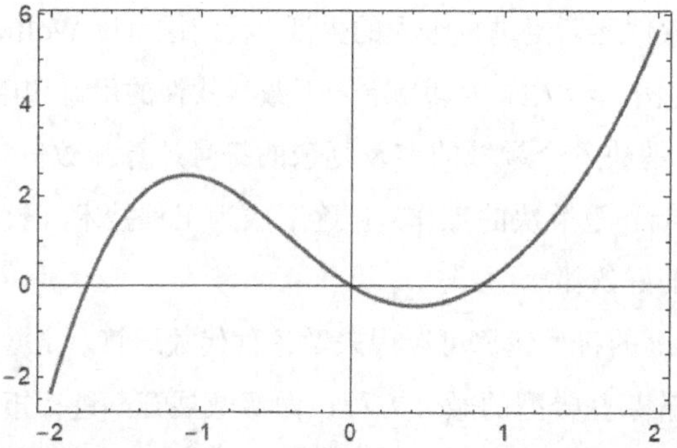

3. 函数的导数与积分.

```
In[•]:= f[x_] := x^2 Log[x]
                     对数

In[•]:= f'[x]

Out[•]= x + 2 x Log[x]
```

In[•]:= $\int \sqrt{x^2 - a^2}\,dx$

Out[•]= $\frac{1}{2} x \sqrt{-a^2 + x^2} - \frac{1}{2} a^2 \text{Log}\left[x + \sqrt{-a^2 + x^2}\right]$

4. 对矩阵做初等行变换化为最简形.

In[•]:= RowReduce $\left[\begin{pmatrix} 1 & 2 & 3 & 2 \\ 4 & 5 & 6 & 1 \\ 1 & 8 & 4 & 2 \end{pmatrix}\right]$ // MatrixForm
行约化　　　　　　矩阵格式

Out[•]//MatrixForm=

$$\begin{pmatrix} 1 & 0 & 0 & -\frac{46}{33} \\ 0 & 1 & 0 & -\frac{7}{33} \\ 0 & 0 & 1 & \frac{14}{11} \end{pmatrix}$$

5. 求出前 20 个素数，按顺序对应于平面中 20 个点，再做线性拟合.

```
In[ ]:= fp = Table[Prime[x], {x, 20}]
             表格    素数

Out[ ]= {2, 3, 5, 7, 11, 13, 17, 19, 23,
         29, 31, 37, 41, 43, 47, 53, 59, 61, 67, 71}

In[ ]:= a1 = Fit[fp, {1, x}, x]
             拟合

Out[ ]= -7.67368 + 3.77368 x
```

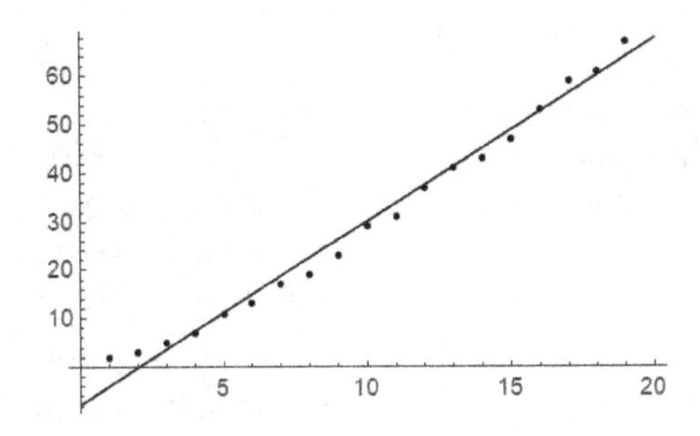

6. 生日问题中的概率计算.

```
In[ ]:= For[i = 23, i < 100, i = i + 20,
        For循环

          Print["n=", i, "     P=", N[1 - ∏_{n=1}^{i} (365 - n + 1)/365]]]
          打印                      数值运算

        n=23    P=0.507297
        n=43    P=0.923923
        n=63    P=0.996604
        n=83    P=0.99996
```

7. 求满足标准正态分布的随机变量取值的概率.

```
In[ ]:= Probability[x ≤ 1, x ≈ NormalDistribution[]]
        概率                     正态分布
```

Out[ ]= $\frac{1}{2}\left(1+\text{Erf}\left[\frac{1}{\sqrt{2}}\right]\right)$

```
In[ ]:= NProbability[x ≤ 1, x ≈ NormalDistribution[]]
        数值概率                  正态分布

Out[ ]= 0.841345
```

附录 B　标准正态分布的分布函数

x	0.00	0.01	0.02	0.03	0.04	0.05	0.06	0.07	0.08	0.09
0.	0.5000	0.5040	0.5080	0.5120	0.5160	0.5199	0.5239	0.5279	0.5319	0.5359
0.1	0.5398	0.5438	0.5478	0.5517	0.5557	0.5596	0.5636	0.5675	0.5714	0.5753
0.2	0.5793	0.5832	0.5871	0.5910	0.5948	0.5987	0.6026	0.6064	0.6103	0.6141
0.3	0.6179	0.6217	0.6255	0.6293	0.6331	0.6368	0.6406	0.6443	0.6480	0.6517
0.4	0.6554	0.6591	0.6628	0.6664	0.6700	0.6736	0.6772	0.6808	0.6844	0.6879
0.5	0.6915	0.6950	0.6985	0.7019	0.7054	0.7088	0.7123	0.7157	0.7190	0.7224
0.6	0.7257	0.7291	0.7324	0.7357	0.7389	0.7422	0.7454	0.7486	0.7517	0.7549
0.7	0.7580	0.7611	0.7642	0.7673	0.7704	0.7734	0.7764	0.7794	0.7823	0.7852
0.8	0.7881	0.7910	0.7939	0.7967	0.7995	0.8023	0.8051	0.8078	0.8106	0.8133
0.9	0.8159	0.8186	0.8212	0.8238	0.8264	0.8289	0.8315	0.8340	0.8365	0.8389
1.	0.8413	0.8438	0.8461	0.8485	0.8508	0.8531	0.8554	0.8577	0.8599	0.8621
1.1	0.8643	0.8665	0.8686	0.8708	0.8729	0.8749	0.8770	0.8790	0.8810	0.8830
1.2	0.8849	0.8869	0.8888	0.8907	0.8925	0.8944	0.8962	0.8980	0.8997	0.9015
1.3	0.9032	0.9049	0.9066	0.9082	0.9099	0.9115	0.9131	0.9147	0.9162	0.9177
1.4	0.9192	0.9207	0.9222	0.9236	0.9251	0.9265	0.9279	0.9292	0.9306	0.9319
1.5	0.9332	0.9345	0.9357	0.9370	0.9382	0.9394	0.9406	0.9418	0.9429	0.9441
1.6	0.9452	0.9463	0.9474	0.9484	0.9495	0.9505	0.9515	0.9525	0.9535	0.9545
1.7	0.9554	0.9564	0.9573	0.9582	0.9591	0.9599	0.9608	0.9616	0.9625	0.9633
1.8	0.9641	0.9649	0.9656	0.9664	0.9671	0.9678	0.9686	0.9693	0.9699	0.9706
1.9	0.9713	0.9719	0.9726	0.9732	0.9738	0.9744	0.9750	0.9756	0.9761	0.9767
2.	0.9772	0.9778	0.9783	0.9788	0.9793	0.9798	0.9803	0.9808	0.9812	0.9817
2.1	0.9821	0.9826	0.9830	0.9834	0.9838	0.9842	0.9846	0.9850	0.9854	0.9857
2.2	0.9861	0.9864	0.9868	0.9871	0.9875	0.9878	0.9881	0.9884	0.9887	0.9890
2.3	0.9893	0.9896	0.9898	0.9901	0.9904	0.9906	0.9909	0.9911	0.9913	0.9916
2.4	0.9918	0.9920	0.9922	0.9925	0.9927	0.9929	0.9931	0.9932	0.9934	0.9936
2.5	0.9938	0.9940	0.9941	0.9943	0.9945	0.9946	0.9948	0.9949	0.9951	0.9952
2.6	0.9953	0.9955	0.9956	0.9957	0.9959	0.9960	0.9961	0.9962	0.9963	0.9964
2.7	0.9965	0.9966	0.9967	0.9968	0.9969	0.9970	0.9971	0.9972	0.9973	0.9974
2.8	0.9974	0.9975	0.9976	0.9977	0.9977	0.9978	0.9979	0.9979	0.9980	0.9981
2.9	0.9981	0.9982	0.9982	0.9983	0.9984	0.9984	0.9985	0.9985	0.9986	0.9986
3.	0.9987	0.9987	0.9987	0.9988	0.9988	0.9989	0.9989	0.9989	0.9990	0.9990
3.1	0.9990	0.9991	0.9991	0.9991	0.9992	0.9992	0.9992	0.9992	0.9993	0.9993
3.2	0.9993	0.9993	0.9994	0.9994	0.9994	0.9994	0.9994	0.9995	0.9995	0.9995
3.3	0.9995	0.9995	0.9995	0.9996	0.9996	0.9996	0.9996	0.9996	0.9996	0.9997
3.4	0.9997	0.9997	0.9997	0.9997	0.9997	0.9997	0.9997	0.9997	0.9997	0.9998

附录 C　搜索引擎的网页排名问题

问题：大家在上网搜索网页时，搜索引擎都会返回成千上万条结果，这些结果是如何排序，将用户最想看到的结果排在前面呢？

最先给互联网上的众多网站排序的是雅虎，雅虎采用目录分类的方式让用户进行检索，所以雅虎的搜索引擎存在一个问题：收录的网站太少，而且只能对网页中常见内容相关的用词进行检索. 第一个高质量的搜索引擎来自谷歌的“PageRank”(1998)，它认为如果一个网页被很多其他网页所链接，那么该网页就是重要的，此网页就应该排在前面. 下面我们用线性代数知识来阐述“PageRank”算法.

我们用向量 $X=(x_1,x_2,\cdots,x_n)^T$ 表示第 1 个、第 2 个、…、第 n 个网页的排名得分，再用矩阵

$$A=\begin{pmatrix} a_{11} & a_{12} & \cdots & a_{1n} \\ a_{21} & a_{22} & \cdots & a_{2n} \\ \vdots & & & \\ a_{m1} & a_{m2} & \cdots & a_{mn} \end{pmatrix}$$

表示网页之间的链接的数目，其中 a_{ij} 表示第 i 个网页指向第 j 个网页的链接数. 矩阵 A 是已知的，是一个非常巨大且稀疏的矩阵，向量 X 是我们需要求出来的. 我们采用迭代算法，选取初始排名得分都相同，即

$$X_0=(\frac{1}{n},\frac{1}{n},\cdots,\frac{1}{n}),\qquad X_k=AX_{k-1},\quad k=1,2,\cdots,$$

其中 X_k 是第 k 次迭代的结果. 这样我们得到一个向量列 $\{X_k\}$，可以证明该向量列收敛于某个向量 X^*. 因而当两次迭代的结果相差很小时，我们就可以停止迭代运算，一般来说迭代 10 次左右就基本上达到要求了.

由于网页之间的链接数相比互联网的规模非常稀疏，因此计算网页排名也需要对小概率事件进行正则化处理，即

$$X_k=\left(\frac{\alpha}{n}I+(1-\alpha)A\right)\cdot X_{k-1},$$

其中 α 是一个较小的常数，被称为正则化常数. 网页排名的计算主要是矩阵乘法，需要巨大算力来支持，一般是将这种计算分解为许多小任务，在多台计算机上并行处理，这个贡献则是属于谷歌中国的张智威 (2007). 现在的谷歌搜索引擎已经比最初的复杂完善了很多，而且其他的搜索引擎也基本都达到了谷歌的技术水平.

附录 D　三维向量的向量积

设 $\mathbf{x}=(x_1,x_2,x_3)^T$, $\mathbf{y}=(y_1,y_2,y_3)^T$ 是 $\mathbb{R}^3$ 中的两个不共线的列向量，可以定义 $\mathbf{x}$ 与 $\mathbf{y}$ 的向量积 (叉乘)，向量积是一个向量，记为 $\mathbf{x}\times\mathbf{y}$，规定 $\mathbf{x}\times\mathbf{y}$ 的方向垂直于 $\mathbf{x}$ 和 $\mathbf{y}$，且三个向量 $\mathbf{x}$, $\mathbf{y}$, $\mathbf{x}\times\mathbf{y}$ 的方向符合右手法则，同时规定向量 $\mathbf{x}\times\mathbf{y}$ 的长度为

$$\|\mathbf{x}\times\mathbf{y}\|=\|\mathbf{x}\|\cdot\|\mathbf{y}\|\cdot\sin\theta,$$

其中 θ 是 $\mathbf{x}$ 与 $\mathbf{y}$ 的夹角. 用向量 $\mathbf{x}$ 与 $\mathbf{y}$ 作为平行四边形的两条邻边，做出一个平行四边形，那么向量 $\mathbf{x}\times\mathbf{y}$ 的长度就是该平行四边形的面积.

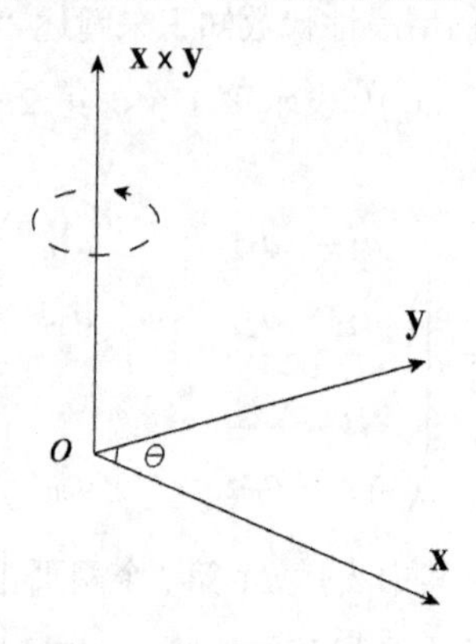

我们来推导 $\mathbf{x}\times\mathbf{y}$ 的计算公式. 记 $\mathbf{e}_1=(1,0,0)^T$, $\mathbf{e}_2=(0,1,0)^T$, $\mathbf{e}_3=(0,0,1)^T$, 那么根据向量积的定义，我们有

$$\mathbf{e}_1\times\mathbf{e}_1=\mathbf{0},\ \ \mathbf{e}_2\times\mathbf{e}_2=\mathbf{0},\ \ \mathbf{e}_3\times\mathbf{e}_3=\mathbf{0},\ \ \mathbf{e}_1\times\mathbf{e}_2=\mathbf{e}_3,\ \ \mathbf{e}_2\times\mathbf{e}_1=-\mathbf{e}_3,$$

$$\mathbf{e}_2\times\mathbf{e}_3=\mathbf{e}_1,\ \ \mathbf{e}_3\times\mathbf{e}_2=-\mathbf{e}_1,\ \ \mathbf{e}_3\times\mathbf{e}_1=\mathbf{e}_2,\ \ \mathbf{e}_1\times\mathbf{e}_3=-\mathbf{e}_2.$$

利用上面的结果计算向量积.

$$\begin{aligned}\mathbf{x}\times\mathbf{y}&=(x_1\mathbf{e}_1+x_2\mathbf{e}_2+x_3\mathbf{e}_3)\times(y_1\mathbf{e}_1+y_2\mathbf{e}_2+y_3\mathbf{e}_3)\\&=(x_2y_3-x_3y_2)\mathbf{e}_1+(x_3y_1-x_1y_3)\mathbf{e}_2+(x_1y_2-x_2y_1)\mathbf{e}_3.\end{aligned}$$

用行列式可以将此计算公式写成一个容易记忆的形式，即

$$\mathbf{x}\times\mathbf{y}=\begin{vmatrix}\mathbf{e}_1&\mathbf{e}_2&\mathbf{e}_3\\x_1&x_2&x_3\\y_1&y_2&y_3\end{vmatrix}.$$

附录 E　秘书招聘问题

问题：要从 n 名候选人中通过面试选聘一名秘书，每次面试一人，面试后如果觉得不聘用，以后不能反悔. 问采取什么策略，才能使得聘用的人为候选人中最佳者的概率达到最大？(股票市场中股票的买卖也有类似的问题.)

Step 1. 我们先将该问题用数学语言表示出来. 令 $r<n$，先面试 $r-1$ 人，都不聘用他们. 从第 r 人开始，录用第一个比前面面试的人都优秀的人，那么此人是 n 个人中最优秀的概率 $P(r)$ 是多少呢？求出 $P(r)$，再选取 r 使得 $P(r)$ 取到最大值.

Step 2. 利用全概公式计算 $P(r)$.

$$
\begin{aligned}
P(r) &= \sum_{k=r}^{n} P(\text{第 } k \text{ 个最优秀且第 } k \text{ 个被选中}) \\
&= \sum_{k=r}^{n} P(\text{第 } k \text{ 个最优秀}) \cdot P(\text{第 } k \text{ 个被选中} \mid \text{第 } k \text{ 个最优秀}) \\
&= \sum_{k=r}^{n} \frac{1}{n} \cdot P(\text{前 } k-1 \text{ 个中最优秀在前 } r-1 \text{ 个中}) \\
&= \sum_{k=r}^{n} \frac{1}{n} \cdot \frac{r-1}{k-1} = \frac{r-1}{n} \sum_{k=r}^{n} \frac{1}{k-1}.
\end{aligned}
$$

Step 3. 选取 r 使得 $P(r)=\dfrac{r-1}{n}\displaystyle\sum_{k=r}^{n}\frac{1}{k-1}$ 取到最大值.

取定候选人的总数 n 后，可用数学软件计算出最优的 r. 例如取 $n=30$，可算得 $r=12$ 为最优，即从第 12 人开始选是最优策略.

```
In[ ]:= n = 30;
For[i = 2, i < n, i++, Print["r=", i , "    P=", N[(i - 1)/n Sum[1/(k - 1), {k, i, n}]]]]
[For循环          [打印          [数值运算
```

要得到最优的 r 的解析表达式是很困难的. 一般将该问题转化为另外一个优化问题，即最优的 r 满足

$$r^{*}=\min\{r \geqslant 1 \mid \frac{1}{r}+\frac{1}{r+1}+\cdots+\frac{1}{n-r} \leqslant 1\}.$$

根据此结果，我们得到当 $n=5,6,7$ 时，最优的 $r^{*}=3$，此时对应的概率分别是 $P(r^{*})=0.433,\ 0.428,\ 0.414$. 当 n 很大时，$P(r)\approx\dfrac{r}{n}\ln\dfrac{n}{r}$，由此可以估计出 $r^{*}\approx n/e$，且此时对应的概率是 $P(r^{*})=1/e\approx 0.36788\cdots$.

习题参考答案

I. 微积分

习题 1.2.6

1. 提示：(1) $|\frac{\sin n}{n}-0| \leqslant \frac{1}{n}$,　(2) $|q^n-0|=|q|^n<\varepsilon \;\Leftrightarrow\; n>\frac{\ln\varepsilon}{\ln|q|}$,

$$(3)\ \left|\sqrt{n^2+n}-n-\frac{1}{2}\right|=\frac{1/4}{\sqrt{n^2+n}+n+\frac{1}{2}}<\frac{1}{8n}.$$

2. (1) $\frac{1}{2}$,　(2) $\frac{1}{3}$,　(3) 3.

3. 提示：从某一项之后，数列单调减，极限为 0.

4. 提示：从第二项开始数列下界为 $\sqrt{3}$，且从第二项开始数列单调减.

5. 提示：$|q|<1$ 时，级数收敛；$|q|\geq 1$ 时，级数发散.

6. 提示：$\sum\limits_{1}^{N} a_n \leq \sum\limits_{1}^{N} b_n < +\infty$.

7. 提示：$\{S_{2n}\}$ 单调增有上界.　　8. 提示：$\{x_n\}$ 单调减有下界.

9. $\lim y_n=\frac{1+\sqrt{5}}{2}$，$\{x_n\}$ 的通项见线性代数特征值部分的例题.

习题 1.3.9

1. 因为 $x\to 1$，不妨设 $|x-1|<\frac{1}{4}$，于是 $2x-1>\frac{1}{2}$，所以

$$\left|\frac{1}{2x-1}-1\right|=\frac{2|x-1|}{|2x-1|}<4|x-1|.$$

2. (1) 0,　(2) -1,　(3) $\frac{2}{3}$,　(4) α,　(5) $\frac{1}{\sqrt{2}}$,　(6) e^{-1}.

3. $\alpha=\frac{1}{4}$,　$\beta=\frac{1}{2}$.

4. $a=1$,　$b=\frac{2}{3}$.　　5. 垂直渐近线 $x=-3$, $x=1$，斜渐近线 $y=x-2$.

6. $a\geq 0$,　$b<0$.

7. $k\pi$, $k=\pm1,\pm2,\cdots$ 是第二类间断点，0 是第一类间断点.

8. $f(x)=x^3-2x-5$, $f\in C[2,3]$, $f(2)\cdot f(3)<0$，由零点存在定理即得.

9. 提示：

$$z=|z|(\cos\theta+i\sin\theta),\ z^n=|z|^n(\cos n\theta+i\sin n\theta).$$

将 $(1+\frac{iy}{n})^n$ 用极坐标表示，求极限即得.

习题 1.4.7

1. 不存在.

2. (1) 2, (2) 6.

3. (1) $y=\frac{1}{3}(x-1)+1$, (2) $y=\frac{1}{12}(x-8)+2$, (3) $x=0$.

4. (1) $-\frac{2}{(x-1)^2}$, (2) $e^{2x}+2xe^{2x}$, (3) $\frac{2x+1}{x^2+x+1}$,

(4) $-\frac{1}{x^2\sqrt{1-1/x^2}}$, (5) $2x\sin\frac{1}{x}-\cos\frac{1}{x}$, (6) $\frac{y}{2}(\frac{1}{x-1}-\frac{1}{x+3})$,

(7) $\frac{x}{(x^2+2)\sqrt{x^2+1}}$, (8) $\frac{1}{\sqrt{x^2-1}}$, (9) $\frac{\sin x}{\cos^2 x}=\sec x\cdot\tan x$.

5. (1) $\frac{1}{x}$, (2) $-2e^x\sin x$, (3) $2\sec^2 x\cdot\tan x$.

6. (1) $y'=5x^4$, $y''=20x^3$, $y'''=60x^2$, $y^{(4)}=120x$, $y^{(5)}=120$, $y^{(n)}=0$, $n\geq 6$,

(2) $\frac{n!}{(1-x)^{n+1}}$, (3) $2^n\sin(2x+\frac{n\pi}{2})$.

7. (1) $\mathrm{d}y=2\sin x\cos x\mathrm{d}x$, (2) $\mathrm{d}y=[\ln(1+x^2)+\frac{2x^2}{1+x^2}]\mathrm{d}x$.

8. (1) $-\frac{1}{2}\cos 2x$, (2) $-\frac{1}{2}e^{-2x}$.

9. (1) $\frac{\mathrm{d}y}{\mathrm{d}x}=\frac{\sin t}{1-\cos t}$, (2) $\frac{\mathrm{d}^2y}{\mathrm{d}x^2}=-\frac{1}{(1-\cos t)^2}$.

10. (1) 1.03, (2) 0.003, (3) $\frac{1}{2}-\frac{\sqrt{3}}{360}\pi\approx 0.484885$.

习题 1.5.5

1. 提示：零点存在定理+罗尔定理. 2. 提示：罗尔定理+反证法.

3. 两个.

4. 提示：利用拉格朗日定理的推论. 5. 略.

6. 提示：等式两边 0 处的值相等以及导函数相同.

7. 提示：利用函数的单调性.

8. 提示：转化为比较 $\frac{\ln\pi}{\pi}$ 与 $\frac{\ln e}{e}$，令 $f(x)=\frac{\ln x}{x}$，由单调性即得.

9. 提示：画出图形，构造函数 $F(x)=f(1-x)-f(x+1)$, $0<x<1$ 可以证得 $p+q>2$，构造函数 $G(x)=f(x)-f(e-x)$, $0<x<1$，可以证得 $p+q<e$.

10. (1) $\frac{\ln 2}{\ln 3}$, (2) 1, (3) $\frac{1}{2}$, (4) $\sqrt{6}$, (5) 0, (6) $\frac{2}{3}$.

11. 1.

习题 1.6.5

1. $P_2(x)=1+\frac{1}{2}x-\frac{1}{8}x^2$，$|\sqrt{1+x}-P_2(x)|\leqslant\frac{x^3}{16}$.

2. $$\sin x=\frac{1}{2}+\frac{\sqrt{3}}{2}(x-\frac{\pi}{6})-\frac{1}{4}(x-\frac{\pi}{6})^2-\frac{\sqrt{3}}{12}(x-\frac{\pi}{6})^3+\frac{1}{48}(x-\frac{\pi}{6})^4$$
$$+\frac{\sqrt{3}}{240}(x-\frac{\pi}{6})^5+o((x-\frac{\pi}{6})^5).$$

3. $-\frac{1}{12}$.

4. $\sin\frac{\pi}{180}\approx\frac{\pi}{180}-\frac{1}{6}(\frac{\pi}{180})^3\approx 0.017452406$.

5. 直接将三个函数的泰勒级数带入验证即可.

习题 1.7.5

1. (1) 最大值 -12，最小值 -28. (2) 最大值 $2^{2/3}$，最小值 1.

2. $(4,17)$.

3. 面积 $S(t)=R^2\sin t$，$0<t<\pi$，$S_{max}=S(\pi/2)=R^2$. 此题有多种解法.

4. n 倍.

5. 剩余顶角为 $\sqrt{\frac{8}{3}}\pi$.

6. 250.

7. $(-\infty,0)$ 凹，$(0,1)$ 凸，$(1,+\infty)$ 凹，拐点 $(0,1)$，$(1,0)$.

8. $(-\infty,0)$ 增，$(0,+\infty)$ 减，$f(0)=1$ 极大值，水平渐近线 $y=0$.

   $(-\infty,-\frac{1}{\sqrt{2}})$ 凹，$(-\frac{1}{\sqrt{2}},\frac{1}{\sqrt{2}})$ 凸，$(\frac{1}{\sqrt{2}},+\infty)$ 凹，拐点 $(\pm\frac{1}{\sqrt{2}},e^{-1/2})$.

9. $r_2=4/3$，$r_3=43/33\approx 1.30303$，$r_4\approx 1.30278$.

   如果取 $r_1=-0.5$，则牛顿法失效.

10. 若取 $r_1=-2$，则近似实根为 $r_7=-0.762186$.

11. 提示：利用单调有界准则.

习题 1.8.5

1.

(1) $2\sqrt{x}+C$,

(2) $\frac{1}{2}\tan x+C$,

(3) $\frac{1}{12}(2x+1)^6+C$,

(4) $\ln\left|\frac{x}{x+1}\right|+C$,

(5) $\frac{1}{\sqrt{6}}\arctan\sqrt{\frac{3}{2}}x+C$,

(6) $\frac{1}{\sqrt{3}}\arcsin\sqrt{\frac{3}{2}}x+C$,

(7) $\frac{1}{2}\ln(x^2+1)+C$,

(8) $-\cos x+\frac{1}{3}\cos^3 x+C$,

(9) $\frac{1}{2}\sec^2 x+\ln|\cos x|+C$,

(10) $\ln\left|\frac{\sqrt{1+e^x}-1}{\sqrt{1+e^x}+1}\right|+C$,

(11) $\frac{1}{2}xe^{2x}-\frac{1}{4}e^{2x}+C$,

(12) $\frac{x^2}{2}\arctan x-\frac{x}{2}+\frac{1}{2}\arctan x+C$,

(13) $x\arcsin x+\sqrt{1-x^2}+C$,

(14) $\frac{1}{2}e^x(\cos x+\sin x)+C$.

2. $f(x)=2\sqrt{x}+C$.

3. $-\frac{1}{3}(1-x^2)^{3/2}+C$.

4. $\frac{1}{2}\left(\frac{\cos x-\sin^2 x}{(1+x\sin x)^2}\right)^2+C$.

5. $I_1=\frac{1}{2}(x+\ln|\sin x+\cos x|)+C$, $I_2=\frac{1}{2}(x-\ln|\sin x+\cos x|)+C$.

习题 1.9.4

1. $W=\lim\sum_{k=1}^{n}F(\xi_k)\Delta x_k$.

2. (1) 4, (2) 0, (3) 2π.

3. $e-1$.

4. 提示：利用绝对值的定义.

5. $3e^{-4}\leqslant\int_{-1}^{2}e^{-x^2}\,dx\leqslant 3$.

习题 1.10.5

1. $\frac{1}{3}$. 2. $\frac{2}{1-\pi}$. 3. 24.5. 4. (1) $\frac{\pi}{4}$, (2) $\frac{1}{p+1}$.

5.

(1) $\dfrac{3}{4}(3^{4/3}-1)$, (2) $-\dfrac{1}{12}\ln 5$,

(3) $1-\ln(e+1)+\ln 2$, (4) $\dfrac{\pi}{16}$,

(5) $\tan\dfrac{1}{2}$, (6) $1-2e^{-1}$,

(7) $\dfrac{4}{5}$, (8) π^2-4.

6. 提示：(1) 令 $x=\dfrac{\pi}{2}-t$；(2) $\dfrac{\pi}{4}$. 7. 提示：等式左边对参数 a 求导.

8. $\dfrac{2}{3}(1-\sqrt{2})$. 9. 提示：对 $\displaystyle\int_{x_0}^{x} f'(t)\,\mathrm{d}(t-x)$ 做分部积分即得.

10. 用梯形公式计算得 0.745866，精确值为 0.746824.

11. (1) $\dfrac{\pi}{\sqrt{2}}$, (2) $\dfrac{1}{2}$, (3) $\dfrac{3}{2}$, (4) -1.

习题 1.11.6

1. $e+e^{-1}-2$. 2. $\dfrac{1}{3}$. 3. $\dfrac{8}{3}\pi$. 4. $\dfrac{2}{3}\pi Rh^2$.

5. $2\pi^2(\dfrac{d}{2}+R)R^2$. 6. 6.

7. 提示：$x(\theta)=r(\theta)\cos\theta$，$y(\theta)=r(\theta)\sin\theta$，由此计算弧长微元.

8. $\dfrac{28}{3}$. 9. $W=mgR^2(\dfrac{1}{R}-\dfrac{1}{R+h})$，其中 g 为地球表面的重力加速度.

II. 线性代数

习题 2.1.4

1. $\left(\begin{array}{cc|c} 4 & 3 & 4 \\ \frac{2}{3} & 4 & 3 \end{array}\right) \to \left(\begin{array}{cc|c} 1 & 0 & \frac{1}{2} \\ 0 & 1 & \frac{2}{3} \end{array}\right)$

2. $\left(\begin{array}{ccc|c} 2 & -3 & -1 & 1 \\ 1 & -1 & 1 & 6 \\ -2 & -3 & 1 & 5 \end{array}\right) \to \left(\begin{array}{ccc|c} 1 & 0 & 0 & 1 \\ 0 & 1 & 0 & -1 \\ 0 & 0 & 1 & 4 \end{array}\right)$.

在 Mathematica 中，用 RowReduce[ ] 命令将矩阵化为最简形.

3. $2C_6H_6+3O_2 \to 12C+6H_2O$.

4. $x_1=280$, $x_2=230$, $x_3=350$, $x_4=590$.

5. (1) $a=5, b=4$ 时，方程组有无穷多个解；(2) $a=5, b\neq 4$ 时，方程组无解.

习题 2.2.6

1. $A=\begin{pmatrix}1&1&0\\2&0&-1\end{pmatrix}$.

2. (1) $2A-3B=\begin{pmatrix}3&2&2\\5&-3&-1\\-4&16&1\end{pmatrix}$ (2) $AB=\begin{pmatrix}8&-15&11\\0&-4&-3\\-1&-6&6\end{pmatrix}$

(3) $BA=\begin{pmatrix}5&5&8\\-10&-1&-9\\15&4&6\end{pmatrix}$ (4) $(BA)^T=\begin{pmatrix}5&-10&15\\5&-1&4\\8&-9&6\end{pmatrix}$ (5) $A^TB^T=(BA)^T$.

3. 直接计算验证即可.

4. $A^2=A^3=A^n=A$.

5. $R^n=\begin{pmatrix}\cos n\theta&-\sin n\theta\\\sin n\theta&\cos n\theta\end{pmatrix}$.

6. $\mathbf{b}=2\alpha_1+\alpha_2$, $\mathbf{c}=-\frac{5}{2}\alpha_1-\frac{1}{4}\alpha_2$.

7. 直接计算验证即可.

习题 2.3.4

1. (1) $\begin{pmatrix}-2&0\\0&1\end{pmatrix}$, (2) $\begin{pmatrix}1&0&0\\0&0&1\\0&1&0\end{pmatrix}$, (3) $\begin{pmatrix}1&0&0\\0&1&0\\0&2&1\end{pmatrix}$.

2. $C^{-1}=(E_1E_2)^{-1}=E_2^{-1}E_1^{-1}$.

3. $A=LU=\begin{pmatrix}1&0&0\\3&1&0\\2&-1&1\end{pmatrix}\begin{pmatrix}2&1&1\\0&1&2\\0&0&3\end{pmatrix}$.

4. (1) $\begin{pmatrix}0&1\\1&1\end{pmatrix}$, (2) $\begin{pmatrix}-4&3\\3/2&-1\end{pmatrix}$, (3) $\begin{pmatrix}2&-3&3\\-3/5&6/5&-1\\-2/5&-1/5&0\end{pmatrix}$.

5. (1) $X=A^{-1}B=\begin{pmatrix}-1&0\\4&2\end{pmatrix}$, (2) $Y=BA^{-1}=\begin{pmatrix}-8&5\\-14&9\end{pmatrix}$.

习题 2.4.5

1. (1) 0，不可逆； (2) -3，可逆； (3) 2，可逆.

2. $\det M_{21}=-8$, $\det M_{22}=-2$, $\det M_{23}=5$, $\det A=-3$.

3. (1) 0, (2) $(1-t^2)^2$.

4. $(x_2-x_1)(x_3-x_1)(x_3-x_2)$. 5. $c=-3$ 或 5.

6. $\det(2A)=8$, $\det(-A)=\frac{1}{2}$, $\det(A^2)=\frac{1}{4}$, $\det(A^{-1})=2$.

7. $x_1=4$, $x_2=-2$, $x_3=2$. 8. $|A|\neq 0$, $B=A^{-1}$.

习题 2.5.5

1. (1) 否； (2) 是.

2. (1) 线性无关； (2) 线性相关.

3. $\mathbf{u}=3\mathbf{x}_1-2\mathbf{x}_2$. 4. $\mathbf{x}$ 不在，$\mathbf{y}$ 在. 5. $(1,0,1,3)^T+\alpha(1,-2,1,3)^T$.

6. 通解为 $\alpha(2,0,1,0)^T+\beta(1,0,0,1)^T+(-\frac{9}{5},\frac{6}{5},0,0)^T$.

7. (1) $\lambda\neq 2$; (2) $\lambda=2$, $a\neq -3$; (3) $\lambda=2$, $a=-3$, $\mathbf{x}=(-2,1,0)^T+\alpha(-1,0,1)^T$.

8. 行空间的一组基为 $\{(1,0,3,7,0), (0,1,1,3,0), (0,0,0,0,0,1)\}$.

   列空间的一组基为 $\{(1,-1,0,1)^T, (-2,3,1,2)^T, (2,-2,4,5)^T\}$.

习题 2.6.5

1. $\mathbf{p}=\frac{1}{3}(-2,1,2,0)^T$.

2. $\beta_1=\frac{1}{2}(1,1,-1,-1)^T$, $\beta_2=\frac{1}{2}(1,-1,1,-1)^T$, $\beta_3=\frac{1}{2}(1,-1,-1,1)^T$.

3. $\mathbf{x}=\sum\limits_{k=1}^{n}c_k\alpha_k$, $c_k=\mathbf{x}^T\alpha_k$. 4. $S^{\perp}=\mathrm{Span}\big((-4,8,1)^T\big)$.

5. $0.25x^2-0.25x+2.75$. 6. $a=-0.230751$, $b=0.934157$, $r=3.86965$.

习题 2.7.5

1. $\lambda_1=1$, $(1,1)^T$; $\lambda_2=0$, $(-1,1)^T$. 2. $\lambda_1=-1$, $(-1,1)^T$; $\lambda_2=1$, $(1,1)^T$.

3. $\lambda_1=\cos\theta-i\sin\theta$, $(-i,1)^T$; $\lambda_2=\cos\theta+i\sin\theta$, $(i,1)^T$.

4. $A^n=XD^nX^{-1}=\begin{pmatrix}1&1\\1&0\end{pmatrix}\begin{pmatrix}6^n&0\\0&1\end{pmatrix}\begin{pmatrix}0&1\\1&-1\end{pmatrix}=\begin{pmatrix}1&6^n-1\\0&6^n\end{pmatrix}$.

5. $A=QDQ^T=\begin{pmatrix}\frac{1}{\sqrt{3}}&-\frac{1}{\sqrt{2}}&-\frac{1}{\sqrt{6}}\\\frac{1}{\sqrt{3}}&0&\frac{2}{\sqrt{6}}\\\frac{1}{\sqrt{3}}&\frac{1}{\sqrt{2}}&-\frac{1}{\sqrt{6}}\end{pmatrix}\begin{pmatrix}5&0&0\\0&-1&0\\0&0&-1\end{pmatrix}\begin{pmatrix}\frac{1}{\sqrt{3}}&\frac{1}{\sqrt{3}}&\frac{1}{\sqrt{3}}\\-\frac{1}{\sqrt{2}}&0&\frac{1}{\sqrt{2}}\\-\frac{1}{\sqrt{6}}&\frac{2}{\sqrt{6}}&-\frac{1}{\sqrt{6}}\end{pmatrix}$.

6. 用 Mathematica 计算，略.

III. 概率统计

习题 3.1.5

1. $P(A+B+C)=\frac{5}{8}$. 2. (1) 0.252551, (2) 0.27602.

3. $P(X=k)=C_5^k(\frac{1}{6})^k(\frac{5}{6})^{5-k}$, $k=0,1,2,3,4,5$.

4. $\frac{2}{m+1}$. 5. $\frac{1}{4}$. 6. $1-0.9998^{30000}=99.7523\%$.

7. $P(X\geqslant 1)=1-(1-\frac{1}{n})^n$.

8. $P(n)=1-1\cdot\frac{364}{365}\cdot\frac{363}{365}\cdots\frac{365-(n-1)}{365}$, $P(57)=0.990122$. 9. $\frac{1}{2}$.

习题 3.2.5

1. d. 2. c. 3. (1) $\frac{7}{10}$, (2) $\frac{3}{7}$. 4. 0.3024.

5. (1) $\frac{11}{36}$, (2) $\frac{1}{3}$. 6. $\frac{15}{36}$. 7. 用条件概率解释.

8. $\frac{mp}{mp-p+1}$. 9. (1) 0.84, (2) 6. 10. 14%.

11. 20/21. 12. $q(a)=\frac{b}{a+b}$.

习题 3.3.4

1. 保险公司亏本的概率为
$$P(X>120)=1-P(X\leqslant 120)=1-\sum_{k=0}^{120}C_{10000}^k 0.006^k 0.994^{10000-k}\approx 2.4\times 10^{-12}.$$
保险公司的利润不少于 40 万元的概率为
$$P(X\leqslant 80)=\sum_{k=0}^{80}C_{10000}^k 0.006^k 0.994^{10000-k}\approx 0.995.$$

2. $P(n)=\sum_{k=0}^{n}C_{1000}^k 0.05^k 0.95^{1000-k}$, $P(66)=0.989409$, $P(67)=0.992592$.

3. $P(X\leqslant 3)=\sum_{k=0}^{3}\frac{0.5^k}{k!}e^{-0.5}=0.998248$.

4. (1) $\frac{1}{3}$, (2) $\frac{1}{3}$.

5. $P(X>45)=e^{-3/2}=0.22313$. 6. 0.3413.

7. $\sigma^2=(\frac{3}{0.8002})^2=14.0555$, $\mu=0.6745\sigma=2.52874$.

8. (1) 0.8665, (2) 符合要求.

习题 3.4.4

1. $EX = 9.3$, $EY = 9.1$，甲的射击水平较高.　　2. 404.

3. 方案一运走费用 8000，方案二建墙期望费用 1100，方案三不采取措施期望费用 3100，所以应采用第二种方案.

4. 提示：总局数 $X = 5+Y$，后面的局数 Y 的分布为

$$P(Y=k) = (1-p)p^k,\ k = 0,1,2,\cdots.$$

所以 $EX = 5+EY = 4+\dfrac{1}{1-p}$，一共输掉的局数的期望为 $4(1-p)+1$.

5. 用定义计算即得.

6. 1.　　7. $\dfrac{6}{5}$.　　8. $\dfrac{35}{12}$.

9. $n=8$, $p=\dfrac{1}{4}$.　　10. $\mu=1$, $\sigma=2$.

习题 3.5.5

1. 仿照连续情形的证明过程即可.

2. 马尔可夫 0.25, 切比雪夫 $\frac{1}{9} \approx 0.111111$，真实值 $e^{-4} \approx 0.018316$.

3. 将切比雪夫不等式写为 $P(|X-\mu| \geqslant k) \leqslant \dfrac{\sigma^2}{k^2}$，计算即得概率不超过 $\dfrac{8}{9}$.

4. $P(Y=20) = 0.125371$，正态近似值 $P(19.5 < Y < 20.5) = 0.125633$.

5. 12655.　　6. 0.0048.　　7-9. 用 Mathematica 编程实现，略.

习题 3.6.5

1. 均值法得点估计 $\hat{\lambda} = 2.5$，方差法得点估计 $\hat{\lambda} = 2.45$.

2. 点估计 $\hat{a} = \bar{x} - \sqrt{3}s$,　$\hat{b} = \bar{x} + \sqrt{3}s$.

3. 置信区间为 [33.824, 36.176].

4. $P(|\overline{X}-\mu| < 0.2) > 0.95 \ \Rightarrow\ n \geqslant 385$.

5. $z = 2.7$,　$p = 2(1-\Phi(2.7)) = 0.007 < 0.05$，此人血压不正常.

6. 假设新药无效，在此假设下，12 头猪均未患病的概率为 $0.75^{12} \approx 0.032 < 0.05$，所以假设不成立.

7. 假设新技术无效，在此假设下，单侧检验求出 $p = 0.0122 < 0.05$，所以假设不成立，应该认为新技术有效.

8. 假设改进无效，在此假设下，单侧检验求出 $p = 0.0478 < 0.05$，所以假设不成立，应该认为改进有效.

参考文献

[1] 张筑生. 数学分析新讲 [M]. 北京：北京大学出版社，1998.

[2] 宋柏生, 罗庆来. 高等数学 [M]. 北京：高等教育出版社，2006.

[3] 王元明. 数学是什么 [M]. 南京：东南大学出版社，2003.

[4] 张福保, 薛星美, 潮小李. 数学分析讲义 [M]. 北京：科学出版社，2019.

[5] 严守权, 姚孟臣, 张传伦，等. 大学文科数学 [M]. 2 版. 北京：中国人民大学出版社，2008.

[6] 姚孟臣. 大学文科数学简明教程 [M]. 北京：北京大学出版社，2004.

[7] 张饴慈. 大学文科数学 [M]. 2 版. 北京：科学出版社，2008.

[8] 小平邦彦. 微积分入门 [M]. 2 版. 裴东河，译. 北京：人民邮电出版社，2019.

[9] I.Anshel, D.Goldfeld. 微积分教程：计算机代数方法 [M]. 许明，译. 北京：高等教育出版社，2005.

[10] 陈建龙, 周建华, 张小向等. 线性代数 [M]. 2 版. 北京：科学出版社，2016.

[11] S.J.Leon. Linear Algebra with Applications (Ninth Edition) [M]. England: Pearson, 2015.

[12] 何书元. 概率论 [M]. 北京：北京大学出版社，2006.

[13] 贾俊平. 统计学 [M]. 7 版. 北京：中国人民大学出版社，2018.

[14] 严加安. 日常生活中的概率和博弈问题. 数学与人文 (I) [M]. 北京：高等教育出版社，2010.

[15] S.M.Ross. 概率论基础教程 [M]. 郑忠国，詹从赞，译. 北京: 人民邮电出版社, 2010.

[16] S.J.Miller. 普林斯顿概率论读本 [M]. 李馨，译. 北京：人民邮电出版社，2020.

[17] L.C.Evans. Introduction to Stochastic Differential Equations [M]. New York: American Mathematical Society, 2017.

[18] 万福永, 戴浩晖. 数学实验教程 [M]. 北京：科学出版社，2003.

[19] 吴军. 数学之美 [M]. 2 版. 北京：人民邮电出版社，2014.

参考文献